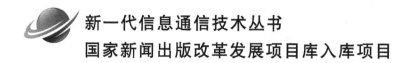

新一代信息通信技术丛书

国家新闻出版改革发展项目库入库项目

无线网络频谱信息表征、测量与利用

尉志青 冯志勇 牛阳阳 吴慧慈 姚茹兵 ◎著

U0290901

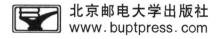

北京邮电大学出版社

www.buptpress.com

内 容 简 介

无线网络频谱资源缺乏与网络容量需求激增的问题日益突出，提高无线网络的频谱利用率至关重要，为此，认知无线电网络的概念被提出，通过多域认知可发现频谱机会，从而提升频谱利用率。本书通过建立频谱信息表征、测量和传递理论，突破二维和三维频谱信息测量方法，构建了多维频谱资源利用方法，最终提升了无线网络的频谱利用率。希望本书能帮助读者了解认知无线电网络中的频谱信息表征、测量与利用方法，为读者后续学习、研究和工程实践带来一定的启发，提供一些帮助。

本书可以作为信息通信技术行业技术人员的参考书，也可以作为高校本科生、研究生的参考书。

图书在版编目（CIP）数据

无线网络频谱信息表征、测量与利用／尉志青等著．

北京：北京邮电大学出版社，2024． -- ISBN 978-7

-5635-7284-7

Ⅰ．TN911．6

中国国家版本馆 CIP 数据核字第 2024LR8949 号

策划编辑：姚　顺　刘纳新　　责任编辑：王小莹　　责任校对：张会良　　封面设计：七星博纳

出版发行：北京邮电大学出版社

社　　　址：北京市海淀区西土城路 10 号

邮政编码：100876

发 行 部：电话：010-62282185　传真：010-62283578

E-mail：publish@bupt.edu.cn

经　　　销：各地新华书店

印　　　刷：保定市中画美凯印刷有限公司

开　　　本：787 mm×1 092 mm　1/16

印　　　张：14.75

字　　　数：392 千字

版　　　次：2024 年 8 月第 1 版

印　　　次：2024 年 8 月第 1 次印刷

ISBN 978-7-5635-7284-7　　　　　　　　　　　　　　　定价：65.00 元

在社交网络、流媒体、在线游戏等业务的驱动下,移动通信网络的流量呈指数型增长。而容量增长的途径主要有异构组网技术、频谱资源技术、高效传输新技术等,在所有容量增长的途径中,以异构组网技术和频谱资源技术最为重要,它们对容量增长的贡献最为显著,而认知无线电网络即致力于解决这两项技术的相关问题。认知无线电网络扩展了认知无线电的概念,将针对节点频域感知的认知无线电扩展为针对多域认知(包括网络、用户域等)的认知无线电网络,相比于单域频谱认知,多域频谱认知必然可以发现更多的频谱机会,从而使无线网络从整体上具备了认知能力,解决了异构无线网络融合难题,且提高了频谱利用效率。

认知无线电网络通过认知的手段获得环境中的空闲频谱信息,这是认知无线电网络进行学习和重构的重要前提。频谱信息被准确、快速地获取之后,被高效传递到控制平面,在控制平面经过处理、分析、决策和执行以后,可以控制和优化认知无线电网络的性能参数,提高频谱利用率。因此频谱信息的获取、传递和高效利用对于提升无线网络容量至关重要。然而,认知无线电网络中频谱资源的高效利用面临异构频谱信息难表征、复杂频谱信息难测量、多维频谱资源难利用等问题。为此,本书研究无线网络频谱信息高效表征、测量与利用方法。

第一,本书构建频谱信息表征理论,针对空间和时间维度的频谱信息,使用"地理熵"和"时间熵"表示空时频谱信息的不确定性,使用"无线电参数误差"表示频谱信息表征的错误率,得到地理熵、时间熵、无线电环境误差与频谱信息表征的参数以及栅格操作的关系,揭示频谱信息空时表征的对偶性;其次建立频谱信息度量理论,面向非完美认知,用"频谱信息量"统一量化多个维度的频谱信息,表示认知无线电网络通过认知的手段消除的资源状态的不确定性,得到频谱信息量与系统参数,尤其是与频谱利用率和主/次系统干扰概率的关系,进一步将频谱信息量应用于频谱检测的参数优化中;最后研究频谱信息传递方法,基于频谱信息表征理论设计准确快速的频谱信息传递方案和栅格融合方案,从而实现在移动环境下高效传递频谱信息。

第二,本书研究二维和三维频谱环境地图的构建。在二维频谱环境地图的构建方面,通过Delaunay三角化等方法高效表征二维平面上的频谱信息。在三维频谱环境地图的构建方面,为了精准地构建频谱环境地图,本书借助于无人机的高机动性设计了一种快速精准的频谱测量方法,其利用无人机的路径规划来完成三维空间中频谱信息的测量。同时,本书分析了三维空间中频谱环境地图构建的精度和效率之间的关系,得出了无人机测量误差和测量精度的关系式。

第三,本书研究多维频谱资源的利用方法,设计了基于"黑白灰"三区划分的空时频谱接入模型,得到了空时频谱空洞的位置,其中黑区内只允许主用户部署,次用户不允许部署在黑区,灰区内的次用户有时间维度频谱机会,次用户可以通过"检测-接入"的方法机会式地使用主用户的频谱,白区内的次用户有空间维度频谱机会,次用户可以持续以最大发射功率在主用户频谱工作,而不用担心对主用户的干扰。我们从理论上分析了三区的边界,并且得到了在灰区和白区之间的过渡区存在的条件。基于三区划分的架构,我们进一步设计了数据库辅助的空时频谱接入方法。空时频谱接入因为可以填补主用户的"容量盲区",所以可以提升整个区域的频谱利用率和网络容量。此外,我们进一步在角度、高度等维度寻求频谱机会,提升频谱利用率和网络容量。

全书包含 9 章,构成了 3 个部分:第一部分概述了无线网络和频谱信息表征、测量与传递理论,包括第 1 章和第 2 章;第二部分介绍了二维和三维频谱环境地图的构建方法,包括第 3 章和第 4 章;第三部分分析了多维频谱资源利用和容量分析理论,包括第 5 章到第 9 章。本书的研究得到了一些项目的资助,其中包括国家重点研发计划课题(编号:2020YFA0711302)、北京市自然科学基金-海淀原始创新联合基金项目(编号:L192031)、中央高校基本科研业务费专项资金(编号:2024ZCJH01)、国家自然科学基金项目(编号:62271081、92267202),在此感谢科学技术部高技术研究发展中心、国家自然科学基金委员会与北京市自然科学基金委员会。

通过本书,我们希望能帮助读者了解无线网络频谱信息表征、测量与利用方面的研究,为读者后续研究和工程实践带来一定的启发,提供一些帮助。但是受限于作者的知识水平,本书难免有不足之处,希望读者予以批评指正。

尉志青

目　录

第1章

概　述

在信息时代,无线通信作为市场潜力巨大、发展迅速、应用前景广阔的关键领域备受瞩目,被列为国家未来发展的优先方向。认知无线电网络(Cognitive Radio Network,CRN)是一种引领无线通信技术发展的前沿领域,其核心理念是通过多域认知拓展频谱机会,使网络节点能够主动感知和理解其周围的无线环境,这有利于实现更高效的频谱资源管理和提升网络整体性能。

1.1　研究背景及主要研究内容

1.1.1　认知无线电网络的研究背景

随着经济社会的不断发展,通信网络也在发生着深刻的变革,其中最明显的变化是由面向点到点连接的通信网络发展为面向信息连接的信息网络。近几年,互联网一方面与传统行业融合发展,另一方面在不断变革和颠覆传统行业(比如购物、医疗、教育、餐饮、旅游、金融等行业),互联网已经深度融合于经济社会的各领域,成为经济增长的重要驱动力,这就是"互联网+"的概念[1]。在"互联网+"的新机遇之下,移动通信迅速发展,以移动互联网、物联网、云计算、大数据等为代表的新技术正在渗透到人们的日常生活中。以购物为例,据"京东商城"2014年第四季度的财报显示,第四季度移动端订单量占比36%,显示了移动互联网的巨大潜力。截至2015年,在社交网络领域,移动终端的3个具有代表性的社交应用的用户数和月活跃用户数情况如下:微信(WeChat)的用户数为7亿,月活跃用户数为4.38亿;WhatsApp的用户数为近10亿,月活跃用户数为7亿;Line的用户数为5.6亿,月活跃用户数为1.7亿[2]。移动互联网已经成为社交网络服务(Social Networking Services,SNS)的主战场。在搜索领域,据百度2014年第三季度财报显示,百度移动端搜索流量已经超越了PC(个人电脑)端,成为百度搜索新的利润增长点[3]。实际上2013年已经成为移动互联网发展的元年,在部分地区移动互联网的流量已经超过桌面互联网。例如,印度在2012年移动互联网的流量已达到60%,而桌面互联网的流量下滑至40%[4]。所有的这些变化不一而足地显示了"互联网+"的巨大潜力,在经济增长的刺激之下,"互联网+"依托移动互联网、物联网等技术,对移动通信提出了更高的容量、时延等方面的需求,这为移动通信的发展带来重大的挑战和机遇。在智能手机、平板电脑等设备以及社交网络、流媒体、在线游戏等业务的驱动下,移动通信网络的流量呈指数级增长,据美国高通公司(Qualcomm)给出的数据,2020 年移动通信网络承载的流量是 2010 年的1 000 倍[5],这催生了人们对第五代移动通信技术(5th Generation Mobile Communication Technology,5G)的研究。

5G 以高速率(峰值速率约为 10 Gbit/s)、低时延(时延约为 1 ms)、大量连接(以满足物联网需求)等为特征[6-8],得到了国内外学者和标准化组织的大量研究。欧洲电信标准组织(European Telecommunications Standards Institute,ETSI)的 METIS 和 5GNOW 等项目研究了 5G 的物理层基础技术[9-10]。英国成立了 5G 研究中心,致力于建立一个 5G 的系统原型。第三代合作伙伴计划(3rd Generation Partnership Project,3GPP)也开始了 5G 相关的标准化工作,致力于在 2020 年实现 5G 的商用。中国的 IMT-2020 论坛研究了 5G 的需求、关键技术和标准化工作。韩国成立了 5G Forum,也致力于 5G 关键技术的研究。另外,中国移动、爱立信、华为、中兴、三星等公司也开始了 5G 关键技术的研究。5G 的重要需求是网络容量实现1 000 倍增长,根据文献[11],网络容量增长的途径主要有无线组网技术、频谱资源技术、高效传输新技术等,如图 1-1 所示。在所有网络容量增长的途径中,以组网技术和频谱资源技术最为重要,对容量增长的贡献最为显著。

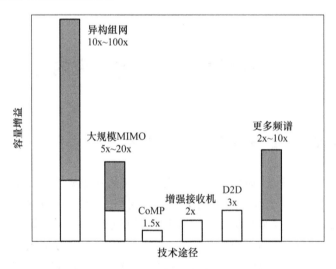

图 1-1　网络容量增长的主要途径[11]

如图 1-1 所示,虽然频谱资源技术是网络容量增长的主要途径之一,然而目前频谱资源仍然存在着巨大的缺口。在 2020 年移动通信需要的频谱已经达到 1 280～1 720 MHz,但是目前只有 833 MHz 的频谱可以分配给移动通信使用,所以移动通信的频谱非常紧缺[12-13],我国适合移动通信的频段几乎均分殆尽。但是在传统固定频率划分的情况下,频谱利用率极低。美国 Shared Spectrum 公司对美国 30～3 000 MHz 的频带进行测量,发现频谱利用率仅为5.2%[14-19]。而美国联邦通信委员会(Federal Communications Commission,FCC)对纽约市的频谱测量结果显示,纽约作为一个国际都市,其频谱利用率也只有 13.1%[20]。新加坡资讯通信研究院对 80～5 850 MHz 的频带进行了频谱测量,发现频谱利用率仅为 4.54%[21]。北京邮电大学对北京市商业区 440～2 700 MH 的频带进行了测量,测量显示:尽管北京市商业区的人较多,但是频谱利用率仅为 15.2%[22]。另外,如图 1-1 所示,异构组网技术也是容量增长的途径之一。注意到静态、孤立的网络难以满足用户多样化的通信需求,因为移动通信网络承载的业务是异构的,不同业务要求的服务质量(Quality of Service,QoS)是千差万别的,而单一的网络难以匹配异构的业务。所以在 5G 的研究中,异构组网技术也是关键技术,人们提出多种异构网络融合方案,比如无线网络虚拟化[23-24]。无线网络虚拟化借鉴软件定义网络(Software Defined Network,SDN)的部分思想[25],将包括基础设施、频谱等资源进行池化管理,然后按需划分若干虚拟网络,进而优化匹配用户的业务,为用户提供无缝的、平滑的业务体验,并提升以频谱为代表的资源的利用效率。以无线网络虚拟化为代表的异构网络融合方案目前已经在 3GPP 实现标准化[26-27],在网络共享的架构、功能描述、业务特征和需求等方面做出了规定。

如前所述,异构组网技术和频谱资源技术是网络容量增长的主要推动力。而认知无线电网络正致力于解决这两项技术的相关问题。在前面的论述中发现:频谱资源的利用率不论是在时域还是在空域都很低,这对异构网络的融合提出了很大的挑战。可以说,传统的静态频谱规划策略在未来高速发展的异构无线网络环境中已经不再适用。为了解决这个问题,Mitola 提出了认知无线电(Cognitive Radio,CR)的概念[28]。它是一种具有环境感知功能的无线电技术,认知无线电设备可以对认知到的资源信息进行处理、分析、决策、执行,并且将执行的结果反馈到认知的环节,形成闭环控制,通过学习、重构来适应不断变化的无线环境。Mitola 的认知无线电概念比较超前,甚至包括情景感知和内容感知等内容,比如认知无线电设备可以识别用户的行为,进而调控自己的通信参数,具有较高的智能。Haykin 在文献[29]中对认知无线电的研究进行了具体化,提出了认知无线电的目标是提升频谱利用率,其手段是频谱检测、动态频谱管理、功率控制等。且在认知无线电的研究中主要有两个实体——主用户(Primary User,PU)和次用户(Secondary User,SU),主用户拥有授权频谱,而次用户在不干扰主用户的前提下,可以动态使用主用户的频谱,以提升整体的频谱利用效率。在文献[29]发表之后,国内外学者对认知无线电开始进行大量研究。此后基于认知无线电的理念,文献[30]提出了认知无线电网络的概念,将针对节点频域感知的认知无线电扩展为针对多域认知(包括无线、网络、用户域等)的认知无线电网络,使无线网络从整体上具备了认知能力,解决了异构无线网络融合难题,提高了包括频谱在内的网络资源的利用效率。同理,认知无线电网络也有两个实体——主网络(primary network)和次网络(secondary network),次网络可以在不影响主用户工作的前提下,动态使用主用户的资源,实现异构网络融合(将主、次网络视为异构无线网络)。由于认知无线电网络把物理层的认知扩展到多域认知,所以认知无线电网络的资源利用不局限于无线域,而是扩展到了多域。在异构的认知无线电网络中,多种无线接入技术(Radio Access Technology,RAT)共存,因此无线环境中以频谱为代表的资源可以划归到多个域,比如无线域、网络域、政策域、用户域等。多个域的资源信息复杂且繁多,因为每个域都可能有频谱机会,所以相比于单个域的频谱信息,多个域的频谱信息必然包含更多的频谱机会。综上所述,认知无线电网络是实现频谱高效利用和异构网络融合的重要手段。

1.1.2 认知无线电网络的主要研究内容

因为认知无线电网络在高效频谱利用和异构网络融合方面具有巨大潜力,所以认知无线电网络得到了学术界和产业界的大量研究。下面用一种新的分类学归纳认知无线电网络的研究内容。图 1-2 归纳了一个简洁、直观的认知无线电网络模型,其主要包括 3 个平面,即认知平面、控制平面和数据平面(接入平面)。认知平面收集控制平面和数据平面的信息,其中主要是可用资源的状态信息,我们称之为认知信息,然后认知信息被传递至控制平面,经过处理、分析、决策和执行以后,控制和优化数据平面。同时数据平面和控制平面将认知信息反馈到认知平面,形成闭环的控制,以实现网络动态适应不断变化的无线及网络环境。其中在数据平面,多个接入网构成一个资源池,比如,在图 1-2 中长期演进(Long Term Evolution,LTE)网络、无线局域网(Wireless Local Area Network,WLAN)和电视网络等形成一个资源池,动态利用多域资源。目前对认知无线电网络的研究主要集中在频谱资源,另外,网络之间有等级之分,即主网络拥有授权频谱,而次网络只能机会式地利用主用户的频谱,但是这种狭义的认知无线电网络模型也可以纳入图 1-2 所示的模型中。从长期发展的角度来看,异构网络之间动态共享多域的资源是未来的趋势。例如,美国奥巴马政府在 2010 年发布了"频谱高速公路计划",计划拿出 1 000 MHz 联邦频谱用于宽带频谱共享[31]。在这个计划中,不同的无线设备和业务动态共享公共的频谱,从而提升频谱利用率,促进商业模式的创新和社会的发展。在图 1-2 所示的认知无线电网络模型中,认知无线电网络与传统无线网络最核心的区别是认知无线电网络多了认知平面,认知平面作为认知环[28-32]的重要驱动,负责获取、处理、传递认知信息,是控制平面决策的基础,也是无线网络动态适变的关键。

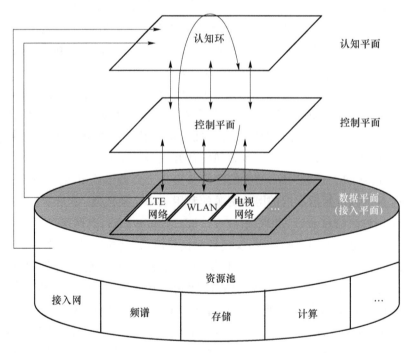

图 1-2　认知无线电网络模型

认知信息是认知无线电网络中的多域(包括无线域、网络域、政策域、用户域等)可用资源状态信息,而常见的无线域可用资源状态信息又包括空间维度、时间维度、角度维度、码字维度等的资源信息(域是比维更广的概念)[33-35]。因为本书研究的认知信息主要是集中在无线域的频谱信息,所以我们在正文中将认知信息具体化为频谱信息。这里以认知信息为中心,构造一种新的分类学方法,将认知无线电网络的研究内容归纳为以下几个方面。

1. 认知信息的获取、表征与测量

认知无线电网络通过认知的手段获得环境中的空闲资源信息(主要是频谱信息),这是认知无线电网络进行学习和重构的重要前提。认知无线电网络感知环境主要有两种方法:第一种方法是频谱检测方法[32-36],即认知用户检测频谱的占用状态;第二种方法是认知数据库方法[37-39],即构建一个频谱占用信息的数据库,认知用户在需要频谱的时候访问数据库,会查询其所在的地点和时间的频谱信息。认知数据库结合认知导频信道(Cognitive Pilot Channel,CPC)技术[40-42]将提升认知数据库中认知信息的传输效率和准确性,最终提升频谱使用效率,所以认知信息的快速准确获取也是提升频谱利用率的重要环节。

① 频谱检测方法:频谱检测从参与检测的节点数来分类,主要包括单点检测和协作检测[36]。单点检测又包括能量检测、波形检测、匹配滤波检测、循环平稳特征检测等。能量检测将接收信号的能量与一个阈值对比,如果其超过阈值即判定主用户存在,否则判定主用户不存在。能量检测具有较低的计算复杂度和实现复杂度[38],是一种最常用的频谱感知方法,并且在先验信息未知时,能量检测是最优的频谱检测方法。但是能量检测的阈值依赖背景噪声[39],因为能量检测只使用接收信号的能量参数,所以能量检测不能区分目标信号和噪声[40]。因此在信噪比(Signal to Noise Ratio,SNR)较低或者检测扩频信号时,能量检测的性能较差[40-41]。而波形检测的原理类似扩频解扩的原理,接收端利用发送端的信号模板与接收信号进行相关运算,同时将相关运算的结果与一个阈值对比,如果超过这个阈值,即判定主用户存在[36]。波形检测在低信噪比的时候优于能量检测,但是需要信号的先验信息。匹配滤波检测在已知信号先验信息的条件下是最优检测方法,但是匹配滤波器检测的前提条件往往难以满足,所以匹配滤波器是一种理论意义上的最优检测器[42]。循环平稳特征检测利用接收信号的循环平稳特征进行检测,在较低的信噪比水平下也能有较好的性能,且使用不同的循环频率可以区分不同的调制信号和干扰信号类型,但是循环平稳检测的运算量大,复杂度高[43-45]。协作频谱检测可以分为集中式和分布式协作检测两种,在集中式协作检测里面,多个次用户先独立进行频谱检测,然后将接收信号或者判决结果发送给融合中心,在融合中心做统一的判决。如果次用户将判决结果发送给融合中心,那么这种方案即硬判决方案;如果次用户将接收信号发送给融合中心,那么这种方案即软判决方案[46-48]。而分布式协作检测没有融合中心,所以没有全局信息,最终基于局部检测信息的交互做出判决,这类方法一般称为"基于共识的协作检测方法"[49]。除了按照单点检测和协作检测的分类方法来分类,频谱检测还可以从单维检测和多维检测的角度来划分。传统的频谱检测,不管是单点检测还是协作检测,都可以归纳为单域检测,但是为了更加高效地利用频谱,人们设计了多维频谱检测方法,其中最具代表性的是空时二维频谱检测算法,以检测空时维度的频谱机会,提升频谱的利用率[50-58]。

② 认知数据库方法:目前认知数据库方法主要用于获取和存储 TV 白频谱的信息。美国联邦通信委员会、欧洲邮电管理局会议(European Conference of Postal and Telecommunications Administrations,CEPT)和电气与电子工程师协会(Institute of Electrical and Electronics Engineers,IEEE)都制定了相关的规定、标准等[59-62],允许在 TV 白频谱上部署非授权无线电设备,最具代表性的是 IEEE 802.22 标准[62]。在使用 TV 白频谱的方法中,最具代表性的是认知数据库方法。因为频谱检测具有隐藏终端、检测精度不高、难以适应复杂电磁环境等问题,所以对于 TV 白频谱来说,认知数据库方法被视为一种简单、有效且准确的频谱信息获取方法。另外,因为认知终端不需要进行频谱检测,所以认知终端也避免了时间和能量的消耗,降低了认知终端的复杂度。认知数据库是一种装置,负责获取、存储、处理和分发频谱信

息[63]。它能精确记录频谱空洞,有效预防次用户对主用户的干扰[64],通过利用低功率的认知无线电设备,可以在空间和频谱维度上自由传输信息,这显著提高了频谱的利用效率[65-66]。

认知信息获取之后的环节就是认知信息的表征和测量环节,认知信息表征和测量将有助于指导认知信息获取方法,比如频谱检测的参数优化方法和认知数据库的构建方法,同时也可以更加有效地利用频谱资源。为了表征认知无线电网络的多域资源,文献[67]~[70]研究了基于矢量资源模型的资源表征方法,利用矩阵空间设计了认知网络资源的解析方法,从用户需求的角度完成了异构网络中各个网络资源的统一表征。为了解决认知无线电网络中认知信息的测量问题,文献[31]、[71]、[72]提出了认知信息量、地理熵、信息密度等概念来测量认知信息,使用信息论工具来分析认知过程;将次用户认知主用户活动状态的过程解释为次用户通过认知手段消除主用户状态的不确定性的过程;同时进一步在单点频谱检测和协作频谱检测的场景下,计算了次用户获得的认知信息量(消除的主用户的不确定性),并且将其用于指导频谱检测的参数优化和认知数据库的设计,最终提升了频谱利用效率。

2. 认知信息的传递

认知信息的传递既涉及小范围的认知信息交互,比如分布式协作检测中用户基于局部认知信息交互从而达到关于主用户状态的共识,又涉及大范围的认知信息传递,这大多是认知数据库和认知用户之间的认知信息传递。认知信息的传递方途径归纳如下。

① 认知导频信道:为了在认知终端和认知数据库间建立有效的传输链路,人们提出认知导频信道的概念[72-75]。认知导频信道利用公共信令信道传输多域认知信息,比如空闲频谱信息、可用接入网信息、信息频谱策略等(在本书中我们主要考虑空闲频谱信息)。一般来说,认知导频信道有两种模式传递认知信息,即点播模式和广播模式[73]。点播模式在认知用户密度较小的时候效率较高,而广播模式在认知用户密度较大的时候效果较好。认知导频信道提供了一种将资源信息传输给终端的公共载体,是认知无线电网络的重要组成部分。实际上,多域认知数据库和认知导频信道都已经被 ITU 接受为认知无线电网络的备选技术,并已经写进 ITU-R WP5A 的标准中。

② 公共控制信道:在认知无线电网络中,为了在次用户之间灵活交换认知信息,需要设计一个公共控制信道[76-78]。公共控制信道作为一个公共的传输媒介,在认知无线电网络中承担发送端-接收端握手、邻居发现、信道接入协商、拓扑重构、路由信息更新以及次用户协作等任务[79-80]。例如,认知用户可以通过在公共控制信道向邻居认知用户广播控制信息,以显示它的存在,维持它与其他节点的联系与整个网络的连通性。进一步,在协作检测中认知用户可以共享频谱检测的结果,以协作作出判决,提升频谱检测的性能[46,81]。在认知无线电网络内部,认知用户也需要通知其他用户主用户状态、频谱可用性、网络拓扑等参数,以提升次用户吞吐量和频谱利用效率。因此,公共控制信道是保持认知无线电网络中认知信息交流畅通的重要通道。

3. 认知信息的应用

如图 1-2 所示,认知平面将认知信息传输到控制平面,认知信息在控制平面经过处理、分析、决策和执行以后,可以控制和优化认知无线电网络。具体来说,认知信息主要用于认知无线电网络的资源管理和重构,具体描述如下。

① 认知无线电网络的资源管理。认知无线电网络的资源管理是一个非常广的研究课题,有不同的分类方法。在这里按照功能的不同,将资源管理归纳为如下几类。

a. 媒体接入控制:在认知无线电网络中次用户接入授权频谱的方法称为媒体接入控制

(Medium Access Control,MAC),认知无线电网络中的媒体接入控制有多个目标,比如降低次用户之间的碰撞概率、减少对主用户的干扰、提升频谱利用效率、实现次用户之间的公平性等。而这些目标之间会相互制约,比如频谱利用效率和公平性之间有着权衡关系。另外,频谱空洞存在于多个维度,比如空间维度、时间维度、角度维度、极化维度等,所以多维频谱空洞的接入也是媒体接入的重要研究内容。在认知无线电网络媒体接入控制的研究中,既有协议设计和原型实现的研究,也有理论方法方面的研究。文献[82]设计了认知多信道无线网络中的认知 MAC 协议,文献[83]开发了一个系统原型,其中使用了基于检测和预测的认知 MAC 协议,解决了认知无线电网络和无线局域网的干扰共存问题。文献[84]使用连续时间马尔可夫链,在理论上得到了认知无线电网络的频谱利用效率和公平性之间的权衡关系,并且基于此关系设计了一个分布式的多信道认知 MAC 协议。文献[85]设计了随机信道选择协议,并且基于学习理论优化了次用户的信道选择概率。

b. 资源分配:认知无线电网络灵活动态地利用多域资源,以提升多域资源的利用效率。认知无线电网络中的资源种类繁多,比如频谱、功率、时隙、空间、天线、接入网等,并且认知网络的资源分配中面临众多约束,比如对主用户的干扰约束以及频谱空洞分布非均匀、认知信息非完美、信道传输环境复杂等约束[32,86,87]。

c. 频谱切换:当主用户出现或者次用户的传输信道条件较差的时候,次用户需要停止传输,寻找新的适合传输的频谱,认知无线电网络中的这种操作称为频谱切换[88]。因为在次用户寻找新频谱的时间内次用户的传输是暂停的,这给次用户的传输带来了额外的时延,因此一个好的频谱切换算法将能使次用户平滑切换到新的频谱,并且使得次用户的时延尽量小。

d. 认知路由设计:在传统的无线网络中,所有的网络节点使用固定的频谱,这样网络拓扑基本上是静态的,路由设计相对简单;但是在认知无线电网络中,主用户的动态性为信道带来不确定性,次用户在不同的时间和空间的信道是可变的,这为无线组网,尤其是路由设计带来了挑战,在这种情况下,认知无线电网络路由设计不仅要适应不断动态变化的环境,还要满足网络的性能要求,比如高吞吐量、高连通性(鲁棒性)、低时延、低丢包率等[89-91]。

② 认知无线电网络的重构。在认知信息的辅助下,认知无线电网络可以进行重构操作,重构操作是在软件定义的无线电(Software-Defined Radio,SDR)的基础上进行的,认知无线电网络可以自适应地改变网络参数、协议组件,甚至硬件结构,以适应动态变化的无线和网络环境[29,88]。依据重构机制的作用域,将重构行为分 3 个尺度。

a. 小尺度:以具体系统参数作为决策对象,作用于特定网元(如用户或基站)。参数重构可归结为最优化问题进行求解,其结果为一组能获得最大系统性能的参数值。按照这组参数值进行配置就可以实现对动态环境的适应。

b. 中尺度:以协议整体作为基本单元,重构时根据环境变化进行成套的切换。协议重构的对象为协议组件,目标是提供更好的服务以满足 QoS 要求。

c. 大尺度:业务和网络拓扑重构是一种从网络和功能的角度出发,对全网资源进行综合调度,以实现最优分配的方法,包括业务分流机制的引入和全网拓扑重构的研究。

4. 认知信息的目标

认知平面将认知信息传输到控制平面,认知信息在控制平面经过处理、分析、决策和执行以后,可以控制和优化认知无线电网络的性能参数。在不同的网络及业务模型下,评价认知无线电网络的性能参数是多样的,最常见的性能参数是容量、频谱利用率、连通性、丢包率、时延等,在这里我们选择两个参数(即容量和连通性)进行分析。容量是评价通信网络的主要参数,主要反映网络的有效性,而连通性是评价多跳通信网络可靠性的重要参数。

(1) 容量

无线网络容量作为衡量无线网络信息传输极限的参数,受网络其他性能参数的影响,比如能量、频谱、时延、信道状态参数(Channel State Information,CSI)反馈、信道模型、可靠性、安全性等,网络容量也和这些参数有着一些基本的权衡关系。在分析网络容量时,根据网络容量与其他网络参数的权衡关系,可得到不同的网络定义。例如,中断容量(outage capacity)是侧重"容量-可靠性"的权衡关系,研究在中断概率约束下的网络容量。文献[92]~[94]研究的就是认知网络的中断容量,并且研究了提升中断容量的方法。另外,最近学术界提出的传输容量(transmission capacity)本质上是用随机几何方法得到的中断容量,在节点服从随机泊松点分布的情况下,传输容量是在一定的中断概率约束下单位面积的节点集的可达数据速率,认知无线电网络传输容量研究中具有代表性的文献是[95]、[96]。有效容量(effective capacity)是侧重"容量-时延"的权衡关系,研究在时延约束下的网络容量。文献[97]、[98]研究的就是认知无线电网络的有效容量以及在保证有效容量之下进行异构网络的调控。因为网络的瞬时容量是一个随机变量,而网络的遍历容量在网络瞬态容量是各态历经的条件下表示网络容量的期望值。文献[99]、[100]、[101]研究的就是认知无线电网络的遍历容量以及其他网络参数对它的影响。最后,上述的容量研究主要研究的是链路容量,Gupta 和 Kumar 在文献[102]中得到了大规模无线网络的容量,自从他们开创性的成果发表以来,大规模无线网络的容量尺度律得到了广泛的研究,并影响了大规模认知无线电网络容量的研究[103-105]。

(2) 连通性

连通性是衡量随机自组织网络的一个关键参数,从 Gupta 和 Kumar 开创性的成果[106]发表之后,大规模无线网络的渐进连通性得到了广泛的研究。Zhang 等人在文献[107]进一步考虑了 k-连通性的概念,即在任何两个节点之间有至少存在 k 个不相交路径的情形。因为主用户和次用户之间的相互影响,认知自组织网络(Cognitive Radio Ad Hoc Network,CRAHN)的连通性研究不同于传统的自组织网络。在认知无线电网络中,因为主用户业务在空间和时间维度具有动态性,所以次用户的信道状态是动态的[108]。Ren 等人在文献[108]中使用连续渗透理论和遍历性理论推导了认知自组织网络的时延和连通性尺度律。Ao 等人在文献[109]中使用渗透理论推导了协作认知无线电网络的连通性规律。在文献[110]中,Abbagnale 等人提出了基于拉普拉斯矩阵的方法来衡量认知自组织网络的连通性。

由以上的分析可见,认知无线电网络的主要目标是提升以容量为代表的网络性能,而提升网络性能的方法有提升认知信息的获取精度、提升认知信息的传输效率、提出更高效的资源管理方法和重构方法等,而最终衡量网络性能的指标有容量、频谱利用率、连通性等。本书专注于认知无线电网络高效频谱利用的方法和认知无线电网络的性能分析,包括认知信息的准确获取和高效传递、认知无线电网络多维频谱空洞的发现和利用,以及认知无线电网络以容量为代表的网络性能分析等内容。

1.2 研究现状

认知无线电网络的目标之一是实现频谱的高效利用,为了实现这个目标,下面从**认知信息的获取和传递、认知信息的应用、认知信息的目标**3 个层面来概述研究进展。在认知信息的获取和传递方面,实现认知信息的准确获取和快速传递将有利于认知无线电网络快速准确地接入频谱空洞,提高认知无线电网络的频谱利用效率,并最终提升网络容量,同时降低通信时延。在认知信息的应用方面,研究多维频谱空洞接入方法,利用多维频谱空洞将可以提升认知无线电网络的容量和频谱利用率。在认知信息的目标方面,将主要使用容量来衡量认知无线电网络的性能,并分析在多维频谱接入的情况下认知无线电网络的容量问题。

1.2.1 认知信息的获取和传递

认知信息的获取主要有两种方法,即频谱检测方法和认知数据库方法。在这里我们主要回顾认知数据库方法中的认知信息获取和传递。认知数据库是获取、存储、处理和分发认知信息的装置,可以辅助用户有效地接入多维频谱空洞,从而提升频谱的利用效率。尽管在认知数据库方面已经有很多研究,但是现有的研究主要集中在认知数据库的构建和认知数据库的应用上。认知数据库的构建方法常见于研究无线电环境地图(Radio Environment Map,REM)的文献。无线电环境地图是为了动态频谱接入而提出的一个数据库,用于存储多域认知信息,比如地理特征、频谱政策、频谱空洞信息、授权用户的位置、用户的策略等[111-112]。无线电环境地图的构建有两种方法:第一种方法是直接利用授权用户的部署数据库获取授权用户的参数,比如获取电视塔的参数,然后利用预测模型构建无线电环境地图;第二种方法是通过传感器测量和插值方法来构建无线电环境地图。在文献[113]中,Grimoud 等人利用 Kriging 插值方法来迭代地构建无线电环境地图,以减少需要的测量次数。在文献[114]中,Riihijarvi 等人利用测量数据之间的相关性来降低无线电环境地图构建的复杂度。Atanasovski 在文献[115]中开发了一个无线电环境地图的演示系统,利用异构的频谱传感器来构建无线电环境地图。在文献[116]中,Yilmaz 等人设计了一个传感器的布点算法,通过考虑用户的分布来提升无线电环境地图构造方法的性能。注意到构建无线电环境地图时的目标是降低测量的次数,并且保证构建的精度。但是无线电环境地图的构建精度和测量次数有一个权衡关系。在文献[117]中,Faint 等人利用计算机模拟的方法研究了测量次数和构建精度的关系。在文献[71]中,从理论上得到了测量次数和构建精度的关系:假设测量次数为 M,构建误差为 p_e,那么二者的关系为 $p_e = \kappa \frac{1}{\sqrt{M}}$,其 κ 是与 M 无关的常数。

认知数据库的应用主要集中在两个方面。

① 认知数据库辅助动态频谱接入:在数据库的支持下,认知无线电网络可以进行高效的资源分配,主要是频谱分配。Feng 等人在文献[118]、[119]、[120]中研究了数据库支持下的频谱拍卖、频谱定价等策略,并研究了认知数据库应用于认知无线电网络的商业模型。认知数据库和频谱检测方法作为两种认知信息获取方法,文献[121]从系统容量的角度比较了两种方法的优势和劣势。而文献[122]在 3 种场景(即主用户是雷达网络、电视网络和蜂窝网络的场景)下,研究了认知信息的获取方法,发现电视白频谱接入适合采用数据库的方式,而雷达白频谱接入适合采用数据库辅助的频谱检测方式,而蜂窝空闲频谱的接入适合采用频谱检测的方式。

② 认知数据库辅助认知无线电网络安全:认知数据库由于具有全局的认知信息,所以可以辅助认知无线电网络安全,文献[123]、[124]提出了一种数据库辅助的安全频谱接入机制,并且可以检测和排除主用户模拟攻击(Primary-User Emulation Attack,PUEA)。

在认知数据库应用的场景中,认知用户需要访问认知数据库才能获得他所在地点和时间的认知信息,这些信息可以进一步指导认知用户的频谱利用,但是目前研究认知信息从认知数据库传递到认知用户的策略的文献较少,文献对于影响频谱信息传递性能的因素也少有分析。尤其当认知用户具有移动性的时候,文献对于认知用户何时访问认知数据库,以什么样的频度访问认知数据库等问题都没有回答。而这些问题对于频谱信息的传递效率、认知用户的性能等都有影响。在认知数据库中,为了传递频谱信息,认知数据库管辖的整个区域首先被划分为小矩形,它在文献[61]中被称为"像素",在文献[74]、[75]中被称为"栅格",在本书中我们使用栅格这个称呼,其中栅格是频谱信息传递的最小处理单位。按照文献[73],认知信息主要有两种传输模式,即点播模式和广播模式。在广播模式中,数据库周期性地发送每个栅格的频谱信息,比如栅格 i 的无线电参数,在数据库发送的频谱信息中信头包括栅格 i 的坐标信息和栅格 i 的无线电参数,每个次用户都能接收到栅格 i 的频谱信息,并且解出来信头,次用户如果结合自己的地理信息判断自己在栅格 i 内部,则继续解出来剩下的无线电参数信息,否则弃掉这条频谱信息。因为广播模式的效率只和栅格数量有关,不受次用户数量的影响,因此广播模式在次用户数量较大的时候效率较高。在点播方式中,当次用户位于栅格 i 内部的时候,次用户访问数据库,以获取栅格 i 处的可用频谱信息:首先次用户提供自己的地理坐标信息,然后数据库若查询到次用户处于栅格 i,就将栅格 i 的无线电参数发送给次用户。之所以数据库发送栅格 i 的频谱信息,而非次用户处的频谱信息,一是因为考虑到数据库的分辨率没有那么高,二是因为考虑到次用户具有一定的移动性,实际上在次用户接收到频谱信息的时候,次用户的地理位置有可能已经变了。

在频谱信息的点播模式中,当次用户位于栅格内部的时候,次用户只需要请求一次频谱信息,只要次用户仍然在栅格内部就不需要重新请求频谱信息,但是当次用户离开原来的栅格的时候,就需要重新请求频谱信息。在频谱信息的广播模式中,认知数据库对每个栅格轮流广播对应栅格的频谱信息,而栅格里面的次用户只要接收信息即可。频谱信息的点播模式和广播模式在下文中有详细描述,在这里可以直观地知道:栅格的大小对于频谱信息的传递具有重要影响。当栅格太大的时候,频谱信息的传递效率较高,但是精度较差;当栅格太小的时候,频谱信息的传递效率较低,但是精度较高。文献[59]、[61]、[64]研究了频谱信息传递的精度,文献[59]、[61]建议栅格的边长设置为 30~200 m。然而,大多数的研究没有考虑栅格的尺寸对频谱信息传递的影响,更没有考虑栅格融合的可能性。因此可以发现,频谱信息传递的各个环节的研究不管是在理论上还是在实践中都有很多空白。

1.2.2　认知信息的应用:多维频谱空洞接入

文献[36]提出了多维频谱空洞的概念,包括时间维度、空间维度、码维度、角度维度等的频谱机会,之后有一些文献研究了多维频谱空洞接入方法。下面针对研究空时维度、角度维度和高度维度的内容进行文献回顾。

探索和发掘可用的频谱空洞可以提升认知无线电网络的频谱利用率。在空时维度的频谱空洞利用方面,为了发掘频谱空洞,人们设计了一些空时检测的算法,以检测空时维度的频谱机会。其中 Tandra 等人在文献[50]和[51]中设计了一种空时频谱检测方案,并且针对空时频谱检测提出一种新的测量方法。在此基础上,多种空时频谱检测方案在文献[56]、[57]、[125]、[126]中得到了研究。其中 Do 等人在文献[56]中提出了一种两阶段频谱检测方案:次用户在第一阶段检测时域频谱机会,如果时域机会不存在,则次用户在第二个阶段转而检测空域频谱机会。Ding 等人在文献[57]、[125]中研究了认知无线电网络中的空时频谱检测,并且提出一个二维检测(Two-Dimensional Sensing,TDS)架构来提升空时频谱检测的性能。文献[126]进一步研究了协作空时频谱检测,利用机器学习方法来提升协作空时检测的性能。虽然上述文献大量研究了空时频谱检测的算法和性能,但是仍然很少涉及空时频谱空洞的理论计算,上述文献一般假设空时频谱空洞的位置是已知的。在空时频谱接入方面,文献[52]提出了"主用户排斥区(Primary Exclusive Region,PER)"的概念,在 PER 内部,只允许主用户部署,次用户不能工作,在 PER 外部,次用户有空间维度的频谱机会,即次用户可以以最大功率发射,而不用担心对主用户的干扰。之后文献[127]提出了"黑白灰"三区的概念,在黑区和灰区次用户可以利用时间维度的频谱空洞,而在白区次用户可以利用空间维度的频谱空洞。但是文献[127]只提出了一个架构,没有进一步进行理论分析和实验验证。文献[128]和[129]为空时频谱检测和接入设计了三区划分的结构,包括黑区、白区和灰区,并且计算了三区的半径,其中灰区的半径根据频谱检测的虚警概率和误检概率的约束得到,而白区半径通过分析次用户到主用户的聚合干扰以及对主用户的影响得到;另外,通过动态频谱租赁的视角得到了最优的黑区半径。我们也分析了多主网络场景下的三区边界。此外,灰区和白区之间的过渡区可能存在,我们得到了过渡区存在的条件。因此,我们最终得到了一个相对完备的三区划分架构。

可以灵活地利用多个维度的频谱空洞,在文献[130]中,Wang 等人提出了通过认知中继利用时间、空间、位置、角度 4 个维度的频谱空洞的架构和方法,并验证了同时使用 4 个维度的频谱空洞可以提升认知无线电网络的容量,但是文献[130]主要考察链路级的性能。认知无线电网络通过波束赋形可以利用角度维频谱空洞,认知无线电网络利用角度维频谱空洞的研究内容主要包括以下 3 方面。

① 波束成形方法研究:在文献[131]中,Zheng 等人研究了认知无线电网络中的鲁棒波束赋形方法,Zhang 等人在文献[132]中进一步研究了认知无线电网络在知道部分信道状态信息下的鲁棒波束成形方法,Singh 等人在文献[133]中研究了认知无线电网络的协作波束成形方法。

② 认知无线电网络采用波束成形方法的网络优化研究:在这部分研究中,波束成形是一个约束,主要研究的问题是在认知无线电网络采用波束成形方法的情况下功率和速率的优化,以实现网络容量的最大化或者用户之间的公平性[134-136]。

③ 认知无线电网络通过波束成形方法实现绿色通信的研究:因为波束成形方法可以将能量集中在有用的方向,从而避免了能量的耗散,可以节能,所以认知无线电网络利用角度维频谱空洞可以实现绿色通信,一般在波束成形的背景下,以用户的 QoS 为约束,最小化网络和用户的发射功率[137-139]。

除了利用空间、时间、角度等维度的频谱空洞,认知无线电网络还可以利用高度维度的频谱空洞。无线网络的三维部署也可以提升网络容量,文献[140]、[141]是最早研究 3D(three dimensional)无线网络容量尺度律的文献,证明了三维网络部署可以增加无线网络信息传输的自由度,提升网络容量。在此基础上,WEI 等人和 Li 等人分别在文献[142]、[143]中使用新的方法得到了 3D 随机无线网络的容量尺度律,他们的成果说明:无线网络三维部署虽然会增加信息传输的自由度,但是也会带来额外的干扰,只有在路损因子足够大(大于 3)的情况下 3D 无线网络的容量才会得到明显的提升。Hu 等人在文献[144]也研究了 3D 无线网络的容量,使用渗透理论得到 3D 无线网络的容量尺度律。此外,也有文献研究了网络三维部署的应用,比如,在文献[145]中,Cai 等人研究了三维超宽带(Ultra-Wideband,UWB)网络的部署以及容量尺度律。而针对认知无线电网络利用高度维度频谱空洞的研究较少,散见于认知卫星相关的研究中。在欧盟第七框架计划中信息与通信技术工作组项目致力于将之前陆地通信系统项目中的认知无线电技术引入卫星通信,研究卫星通信的动态频谱接入,并研究卫星通信系统和地面通信系统的共存与融合[146-150]。除此之外,认知无线电网络利用高度维度频谱空洞的研究较少,本书研究认知无线电网络利用高度维度频谱空洞情况下的网络协议以及容量。

1.2.3 认知信息的目标:提升网络容量

无线网络容量提升的方法如下:一是通过优化网络的架构、设计和部署以及资源调度的方案来提升容量,如文献[152]通过协作中继来提升网络的频谱效率和容量;二是通过开发网络新的自由度,从而提升资源利用效率,最终提升网络的容量,如文献[153]、[154]通过利用方向维度的频谱空洞来提升认知网络的容量。但是需要说明的是,上述两种方法是以增加现有系统和方法的复杂性为前提的。由于实际网络部署得不理想,无线网络的容量潜力没有被完全发掘出来。在这种情况下就需要部署层叠的认知无线电网络,认知无线电网络采用高级的信号处理和传输方法,比如干扰对齐、极化域传输、波束赋形、干扰取消等,如果认知无线电网络进一步利用主网络信号、调制、编码等的先验信息,那么层叠网络可以几乎不影响主网络的传输,即几乎不影响主网络的容量。在这种情况下,主、次网络异构组网使得固定区域所支持的网络容量提升了,即填充了主网络的"容量盲区"。

认知无线电网络的容量可以分为链路容量和网络容量,链路容量主要是研究认知网络的一条参考链路在不同的网络架构、设计、部署以及资源调度的方案下的容量,而网络容量主要是基于随机几何、渗透理论研究大规模认知无线电网络的吞吐量容量。

在链路容量方面,认知信息的完美程度对网络的容量有显著的影响。Chung 等人在文献[151]中研究了在使用时间维度频谱空洞的条件下,认知信息不完美对认知无线电网络容量的影响。Liu 等人在文献[92]、[93]中研究了次用户信道状态信息的不完美程度对主、次网络容量的影响,即次用户信道状态信息的不完美程度越高,其对主用户的干扰越大,次网络的容量越小。文献[94]、[99]研究了信道估计误差、反馈时延等参数对次网络的容量的影响,对这些影响因素的改善可以提升次网络的容量。在此背景下,学者们进一步研究提升次网络的容量以及减少对主用户产生的影响的方法。从理论来说,在次用户的信道状态信息是完美的以及次用户的干扰足够小的情况下,次用户对主用户的影响可以忽略,在这种情况下,主网络的频谱空洞越大(即频谱机会越多),次网络的容量提升得越多,整个区域的容量也提升得越多。在文献[152]中,次网络使用协作中继动态来利用主网络的频谱空洞,并且通过动态时隙分配,合理有效地利用主网络的频谱空洞,在提升次网络频谱效率的同时,也提升了次网络的容量,根据验证,在合理的参数配置下,系统容量可以提升一倍。

在网络容量方面,认知网络的容量主要集中在传输容量(transmission capacity)和容量尺度律(capacity scaling law)方面。传输容量是由 Weber 等人在文献[155]中提出的,在节点服从随机泊松点分布的情况下,传输容量是在一定的中断概率约束下单位面积的节点集可以传输的最大数据速率。之后 Yin 等人在文献[95]、[156]中研究了认知无线电网络的传输容量。Lee 等人在文献[96]中研究了认知无线电网络在干扰取消方案下的传输容量。也有一些文献在多输入多输出(Multiple Input Multiple Output,MIMO)、协作中继等场景下研究认知无线电网络的传输容量[157-158]。在大规模认知无线电网络容量尺度律方面,自从 Gupta 和 Kumar 揭示了网络的单点容量是 $\Theta(1/\sqrt{n\log n})$[102],最近关于认知无线电网络的容量尺度律研究也得到了类似的结果,在文献[103]中,Jeon 等人研究了认知自组织网络(Cognitive Radio Ad Hoc Network,CRAHN)的容量尺度律,得到了以下结论:在 n 个次用户节点和 m 个主用户节点共存的异构场景下,次用户能获得和单独网络同样的容量尺度律 $\Theta(1/\sqrt{n\log n})$。在文献[104]中,Yin 等人在一个更加实际的场景中获得了同样的结论,即次用户只知道主用户发射机的位置,而不知道主用户接收机的位置。这个结论进一步被 Huang 等人在文献[105]中用一个更加普适的模型验证了。之后文献[159]使用渗透理论研究了认知无线电网络的容量尺度律。文献[160]研究了认知无线电网络的容量,得到了更紧的界。文献[161]研究了不同主网络模型(比如主网络是纯自组织网络或者混合网络)下认知无线电网络的容量尺度律。而文献[162]研究了主、次网络协作下的认知无线电网络容量,主、次网络协作是动态频谱租赁中的一个重要方式,因此文献[162]的研究对动态频谱管理有着重要的意义。

1.3　本书内容结构

本书关注认知无线电网络中频谱资源高效利用面临的异构频谱信息难表征、复杂频谱信息难测量、多维频谱资源难利用等问题,深入研究无线网络频谱信息高效表征、测量与利用方法。本书研究内容包含 3 个部分:第一部分概述了认知无线电网络和频谱信息表征、测量与传递理论;第二部分介绍了二维和三维频谱环境地图构建方法;第三部分分析了多维频谱资源利用和容量分析理论。

本书分为 9 章,相应章节安排如下。

第 1 章为概述。该章首先阐述了认知无线电网络的研究背景和主要研究内容,然后分析了认知网络中认知信息获取、传递和应用的研究现状,最后说明了本书内容结构。

第 2 章为无线网络频谱信息表征、测量与传递。该章首先使用地理熵和时间熵表示空时频谱信息的不确定性,然后使用无线电参数误差(Radio Parameters Error,RPE)表示频谱信息表征的错误率,最后建立频谱信息测量理论和频谱信息传递方法。

第 3 章为基于多边形和三角化的二维频谱环境地图构建。该章研究了认知数据库支持的认知无线电网络中的认知信息压缩问题,提出了一种基于 Delaunay 三角化的三角形网格划分算法。

第 4 章为利用无人机的三维频谱环境地图构建。为了精准地构建频谱环境地图,该章借助于无人机的高机动性设计了一种快速精准的频谱测量方法来评估频谱的使用状态以及频谱资源可视化呈现。

第 5 章为无线网络空时二维频谱机会。该章研究了空时频谱空洞的位置问题,计算了"黑白灰"3 个区域的边界,这样有利于发掘并利用空时频谱空洞。

第 6 章为空时二维频谱的利用和惩罚。该章将博弈论引入时空机会频谱的共享问题中,提出基于博弈论的可靠频谱共享策略。

第 7 章为无线网络角度维频谱机会。该章首先研究了授权、非授权用户均采用毫米波定向天线进行通信时的频谱机会,并求出其干扰概率,然后分析了在干扰允许的场景下 5G 异构网络的频谱机会。

第8章为无线网络角度维频谱机会容量分析。为了进一步提高认知无线电网络的频谱利用效率,该章探索了认知无线电网络利用角度维频谱机会的情形。

第9章为无线网络高度维频谱机会。该章分析了三维网络模型下认知无线电网络利用高度维频谱机会的方法,设计了一种3D认知无线电网络的网络协议并分析了容量提升效果。

本章参考文献

[1] 移动政务实验室. 创新 2.0 研究,"互联网+"引领创新 2.0 时代创新驱动发展"新常态" [EB/OL]. (2015-03-15) [2024-04-01]. http://www. mgov. cn/complexity/info150306. htm.

[2] 新浪专栏. 创事记. 微信、whatsapp 与 LINE 到底有啥区别[EB/OL]. (2015-01-29) [2024-04-01]. http://tech. sina. com. cn/zl/post/detail/i/2015-0129/pid_8470628. htm.

[3] 腾讯财经. 百度 2014 年第三季度财报简析[EB/OL]. (2014-10-30) [2024-4-1]. http://www. googuu. net/pages/content/view/3570. htm.

[4] 钛媒体. 年度总结:移动端流量超越临界点,迎接移动互联网商业化元年[EB/OL]. (2012-12-28) [2024-04-01]. http://www. tmtpost. com/8472. html.

[5] QUALCOMM. The 1000x data challenge [EB/OL]. (2013-11-17) [2024-04-01]. https://www. qualcomm. com/invention/technologies/1000x.

[6] IMT-2020(5G). White paper on 5g vision and requirements[EB/OL]. (2016-04-06) [2024-04-01]. https://www. researchgate. net/publication/300366604_5G_Vision_and_Requirements_for_Mobile_Communication_System_towards_Year_2020.

[7] ANDREWS J G, BUZZI S, CHOI W, et al. What will 5g be[J]. IEEE Journal on Selected Areas in Communications, 2014, 32(6):1065-1082.

[8] CHETTRI L, BERA R. Comprehensive survey on internet of things (IoT) toward 5G wireless systems[J]. IEEE Internet of Things Journal, 2020, 7(1):16-32.

[9] CHIH-LIN I, CORBETT R, HAN S, et al. Toward green and soft:a 5G perspective [J]. IEEE Communications Magazine, 2014, 52(2):66-73.

[10] MARVI M, AIJAZ A, KHURRAM M. Toward an automated data offloading framework for multi-rat 5G wireless networks[J]. IEEE Transactions on Network and Service Management, 2020, 17(4): 2584-2597.

[11] HWANG I, SONG B, SOLIIMAN S S. A holistic view on hyper-dense heterogeneous and small cell networks[J]. IEEE Communications Magazine, 2013, 51(6): 20-27.

[12] ITU-R M. 2079. Technical and operational information for identifying spectrum for the terrestrial component of future development of imt-2000 and imt-advanced[EB/OL]. (2007-10-03) [2024-04-01]. https://www. itu. int/dms_pub/itu-r/opb/rep/R-REP-M. 2079-2006-PDF-E. pdf.

[13] 张平,冯志勇. 认知无线电网络[M]. 北京:科学出版社,2010.

[14] MCHENRY M A, STEADMAN K. Spectrum occupancy measurements: location 1 of

6：Riverbend park，Great Falls，Virginia［R/OL］．（2004-04-09）［2024-04-01］．https：//dl. acm. org/doi/10. 1145/1234388. 1234389.

［15］ MCHENRY M A，STEADMAN K. Spectrum occupancy measurements：location 2 of 6：Tyson's square center，Vienna，Virginia［R/OL］．（2004-04-09）［2024-04-01］．https：//dl. acm. org/doi/10. 1145/1234388. 1234389.

［16］ MCHENRY M A，CHUNDURI S. Spectrum occupancy measurements：location 3 of 6：national science foundation building roof［R/OL］．（2004-04-16）［2024-04-01］．https：//dl. acm. org/doi/10. 1145/1234388. 1234389.

［17］ MCHENRY M A，MCCLOSKEY D，LANE-ROBERTS G. Spectrum occupancy measurements：location 4 of 6：republican national convention，New York city，August 30 2004-September 3，2004，Revision 2［R］．Shared Spectrum Company Report，2005.

［18］ MCHENRY M A，STEADMAN K. Spectrum Occupancy measurements：location 5 of 6：national radio astronomy observatory（NRAO），Green Bank，West Virginia，October 10-11 2004，Revision 3［R］．Shared Spectrum Company Report，2005.

［19］ MCHENRY M A，MCCLOSKEY D，BATES J. Spectrum occupancy measurements：location 6 of 6：shared spectrum building roof，Vienna，Virginia，December 15-16 2004. shared［R］．Shared Spectrum Company Report，2005.

［20］ KOLODZY P，AVOIDANCE I. Spectrum policy task force［R］．Federal Commun. Comm. ，Washington，DC，Rep. ET Docket，2002.

［21］ ISLAM M H，KOH C L，OH S W，et al. Spectrum survey in singapore：occupancy measurements and analyses［C］//2008 International Conference on Cognitive Radio Oriented Wireless Networks and Communications（CrownCom）. 2008：1-7.

［22］ XUE J，FENG Z，CHEN K. Beijing spectrum survey for cognitive radio applications［C］//2013 IEEE 78th Vehicular Technology Conference（VTC Fall），2013：1-5.

［23］ ADEBAYO A，RAWAT D B. Scalable service-driven database-enabled wireless network virtualization for robust RF sharing［J］．IEEE Transactions on Services Computing，2022，15（5）：3008-3018.

［24］ COSTA-PEREZ X，SWETINA J，GUO T，et al. Radio access network virtualization for future mobile carrier networks［J］．IEEE Communications Magazine，2013，51（7）：27-35.

［25］ SEZER S，SCOTT-HAYWARD S，CHOUHAN P，et al. Are we ready for SDN? Implementation challenges for software-defined networks［J］．IEEE Communications Magazine，2013，51（7）：36-43.

［26］ 3GPP. Technical specification group services and system aspects；network sharing；architecture and functional description［EB/OL］．（2021-06-17）［2024-04-01］．https：//www. 3gpp. org/ftp/tsg_sa/WG5_TM/TSGS5_137e/SA_92e/32130-h10. doc.

［27］ 3GPP. Technical specification group services and system aspects；service aspects and requirements for network sharing［EB/OL］．（2021-06-17）［2024-04-01］．https：//view. officeapps. live. com/op/view. aspx? src ＝ https％3A％2F％2Fwww. 3gpp.

org％2Fftp％2Ftsg_sa％2FWG5_TM％2FTSGS5_137e％2FSA_92e％2F32130-h10. doc&wdOrigin＝BROWSELINK．

[28] MITOLA J. Cognitive radio：an integrated agent architecture for software defined radio[EB/OL]．（2006-06-01）[[2024-04-01]. https：//www. semanticscholar. org/ paper/Cognitive-Radio-An-Integrated-Agent-Architecture-Mitola/82dc0e2ea785f48708 16764c25f3d9ae856d9809.

[29] HAYKIN S. Cognitive Radio：Brain-empowered wireless communications [J]. IEEE Journal on Selected Areas in Communications，2005,23(2)：201-220.

[30] ITU-R M. 2225. Introduction to cognitive radio systems in the land mobile service [EB/OL].（2008-06-01）[2024-04-01]. [EB/OL].（2014-11-01）[2024-04-01]. https:// www. itu. int/dms_pub/itu-r/opb/rep/R-REP-M. 2330-2014-PDF-E. pdf.

[31] 杨淼,方正,李明明.美国频谱高速公路计划浅析——转变频谱结构,加强频谱管理,实现频谱共享[EB/OL].（2013-02-27）[2024-04-01]. http://www. srrc. org. cn/ NewsShow6911. aspx.

[32] WANG B, LIU K. J R. Advances in cognitive radio networks：a survey[J]. IEEE Journal of Selected Topics in Signal Processing，2011,5(1)：5-23.

[33] XU W, LIN J, FENG Z, et al. Cognition flow in cognitive radio networks[J]. China Communications，2013, 10(10)：74-90.

[34] FENG Z, WEI Z, ZHANG Q, et al. Cognitive information metrics for cognitive wireless networks[J]. Chinese Science Bulletin,2014,59(17)：2057-2064.

[35] ZhANG Q, WEI Z, FENG Z, et al. Temporal entropy and cognitive information based efficient environment awareness techniques in cognitive radio networks[C]// 2013 IEEE Vehicular Technology Conference (VTC Fall). 2013:1-5.

[36] DING G, et al. spectrum inference in cognitive radio networks：algorithms and applications[J]. IEEE Communications Surveys & Tutorials. 2018,20(1):150-182.

[37] DIGHANM F F, ALOUINI M S, SIMON M K. On the energy detection of unknown signals over fading channels[J]. IEEE Transactions on Communications，2007，55 (1)：21-24.

[38] SHANKAR S, CORDEIRO C, ALLAPALI K CH. Spectrum agile radios：utilization and sensing architectures[C]//2005 IEEE International Symposium on New Frontiers in Dynamic Spectrum Access Networks (DySPAN). 2005：160-169.

[39] URKOWITZ H. Energy detection of unknown deterministic signals[J]. Proceedings of the IEEE, 1967, 55(4)：523-531.

[40] TANG H. Some physical layer issues of wide-band cognitive radio systems[C]// 2005 IEEE International Symposium on New Frontiers in Dynamic Spectrum Access Networks (DySPAN). 2005:151-159.

[41] CABRIC D, MISHRA S, BRODERSEN R. Implementation issues in spectrum sensing for cognitive radios [C]// 2004 Thirty-Eighth Asilomar Conference on Signals，Systems and Computers. 2004:772-776.

[42] PROAKIS J G. Digital communications[M]. 4th ed. McGraw-Hill，2001.

[43] KIM K, AKBAR I. A, BAE K K, et al. Cyclostationary approaches to signal detection and classification in cognitive radio [C]//2007 IEEE International Symposium on New Frontiers in Dynamic Spectrum Access Networks (DySPAN). 2007: 212-215.

[44] GARDNER U, WA. Exploitation of spectral redundancy in cyclostationary signals [J]. IEEE Signal Processing Magazine, 1991, 8(2):14-36.

[45] SUTTON P D, LOTZE J, NOLAN K E, et al. Cyclostationary signature detection in multipath rayleigh fading environments[C]//International Conference on Cognitive Radio Oriented Wireless Networks and Communications (CrownCom). 2007: 408-413.

[46] SHOME A, DUTTA A K, CHAKRABARTI S. Ber performance analysis of energy harvesting underlay cooperative cognitive radio network with randomly located primary users and secondary relays[J]. IEEE Transactions on Vehicular Technology, 2021,70(5): 4740-4752.

[47] OSTOVAR A, ZIKRIA Y B, KIM H S, et al. Optimization of resource allocation model with energy-efficient cooperative sensing in green cognitive radio networks[J]. IEEE Access, 2020, 8:141594-141610.

[48] MA J, ZHAO G, LI Y (GEOFFREY). Soft combination and detection for cooperative spectrum sensing in cognitive radio networks[J]. IEEE Transactions on Wireless Communications, 2008, 7(11): 4502-4507.

[49] LI Z, YU F R, HUANG M. A Distributed consensus-based cooperative spectrum-sensing scheme in cognitive radios[J]. IEEE Transactions on Vehicular Technology, 2009,59(1):383-393.

[50] TANDRA R, MISHRA S. M, SAHAI A. What is a spectrum hole and what does it take to recognize one[J]. Proceedings of the IEEE, 2009, 97(5): 824-848.

[51] TANDRA R, SAHAI A, VEERAVALLI V. Unified space-time metrics to evaluate spectrum sensing[J]. IEEE Communications Magazine, 2011,49(3): 54-61.

[52] VU M, DEVROYE N, TAROKH V. On the primary exclusive region of cognitive networks[J]. IEEE Transactions on Wireless Communications, 2009, 8 (7): 3380-3385.

[53] BAGAYOKO A, TORTELIER P, FIJALKOW I. Impact of shadowing on the primary exclusive region in cognitive networks [C]//2010 European Wireless Conference. 2010:105-110.

[54] DRICOT J, FERRARI G, HORLIN F, et al. Primary exclusive region and throughput of cognitive dual-polarized networks [C]//2010 IEEE International Conference on Communications (ICC) Workshops. 2010:1-5.

[55] WE Zi, FENG Z, ZHANG Q, et al. Three regions for spacetime spectrum sensing and access in cognitive radio networks[C]//2012 IEEE Globecom. 2012: 1283-1288.

[56] DO T, MARK B L. Joint spatial－temporal spectrum sensing for cognitive radio networks[J]. IEEE Transactions on Vehicular Technology, 2010,59(7):3480-3490.

[57] WU Q，DING G，WANG J，et al. Spatial-temporal opportunity detection for spectrum-heterogeneous cognitive radio networks：two-dimensional sensing［J］. IEEE Transactions on Wireless Communications，2013，12(2)：516-526.

[58] CHEN P P，ZHANG Q Y. Joint temporal and spatial sensing based cooperative cognitive networks[J]. IEEE Communications Letters，2011，15(5)：530-532.

[59] FCC. Second report and order and memorandum opinion and order：in the matter of unlicensed operation in the TV broadcast bands[R/OL]. (2008-11-14)［2024-04-01］. https://www. federalregister. gov/documents/2011/09/14/2011-23426/unlicensed-operation-in-the-tv-broadcast-bands.

[60] FCC. Second memorandum opinion and order[R/OL]. (2010-09-23) ［2024-04-01］. https://docs. fcc. gov/public/attachments/FCC-10-174A1. pdf.

[61] ECC. Technical and operational requirements for the operation of white space devices under geo-location approach[R/OL]. (2011-01-01)［2024-04-01］. https://docdb. cept. org/download/be051b35-91e9/ECCREP159. PDF.

[62] STEVENSON C，CHOUINARD G，LEI. Z，et al. The first cognitive radio wireless regional area network standard[J]. IEEE Communications Magazine，2009，47(1)：130-138.

[63] BARRIE M，DELAERE S，ANKER P，et al. Aligning technology, business and regulatory scenarios for cognitive radio[J]. Telecommunications Policy，2012，36(7)：546-559.

[64] BARRIE M，DELAERE S，SUKAREVICIENE G，et al. Geolocation database beyond tv white space? matching applications with database requirements[C]//2012 IEEE International Symposium on Dynamic Spectrum Access Networks (DySPAN). 2012：467-478.

[65] HARRISON K，SAHAI A. Potential collapse of whitespaces and the prospect for a universal power rule[C]//2011 IEEE International Symposium on Dynamic Spectrum Access Networks (DySPAN). 2011：316-327.

[66] SUM C-S，HARADA H，KOJIMA F，et al. Smart utility networks in tv white space [J]. IEEE Communications Magazine，2011，49(7)：132-139.

[67] YANG C，Li J，SHENG M，et al. Resource flow：autonomous cognitive resource management framework for future networks[J]. Chinese Science Bulletin，2012，57，(28-29)：3691-3697.

[68] 刘勤，李建东，李钊等. 基于数学空间的认知无线电频谱资源表征方法：ZL201010204176[P]. 2010-06-18.

[69] 刘勤；李建东；黄鹏宇，等. 认知网络资源的矢量空间模型构建方法：ZL201010298831. 3[P]. 2010-10-07.

[70] 刘勤，李钊，孟祥燕，等. 一种认知网络资源的解析方法：ZL2013100003810. 8[P]. 2013-01-06.

[71] WEI Z，ZHANG Q，FENG Z，et al. On the construction of radio environment maps for cognitive radio networks［C］//2013 IEEE Wireless Communications and

Networking Conference (WCNC). 2013:4504-4509.

[72] FENG Z, WEI Z, ZHANG Q, et al. Fractal theory based dynamic mesh grouping scheme for efficient cognitive pilot channel design[J]. Chinese Science Bulletin,2012, 57(28-29):3684-3690.

[73] PEREZ-ROMERO J, SALIENT O, AGUSTI R, et al. A novel on demand cognitive pilot channel enabling dynamic spectrum allocation [C]//2007 IEEE International Symposium on New Frontiers in Dynamic Spectrum Access Networks (DySPAN). 2007:46-54.

[74] ZHANG Q, FENG Z, ZHANG G, et al. Efficient mesh division and differential information coding schemes in broadcast cognitive pilot channel[J]. Wireless Personal Communications, 2012, 63(2):363-392.

[75] WEI Z, FENG Z. A Geographically homogeneous mesh grouping scheme for broadcast cognitive pilot channel in heterogeneous wireless networks[C]//2011 IEEE GLOBECOM Workshops. 2011:1008-1012.

[76] MA L, HAN X, SHENC-C. Dynamic open spectrum sharing for wireless ad hoc networks[C]//Proc. of IEEE DySPAN. 2005:203-213.

[77] CORMIO C, CHOWDHURY K R. Common control channel design for cognitive radio wireless ad hoc networks using adaptive frequency hopping[J]. Ad Hoc Networks, 2010, 8:430-438.

[78] YUVARAJ K S, PRIYA P. Common control channel based spectrum handoff framework for cognitive radio network[C]//2018 International Conference on Current Trends towards Converging Technologies (ICCTCT). 2018:1-5.

[79] RAPETSWA K, CHENG L. Convergence of mobile broadband and broadcast services: a cognitive radio sensing and sharing perspective [J]. Intelligent and Converged Networks,2020,1(1):99-114.

[80] AKYILDIZ I F, LEE W-Y, CHOWDHURY K R. Crahns: cognitive radio ad hoc networks[J]. Ad Hoc Networks, 2009,7(5):810-836.

[81] AKYILDIZ I F, LO B F, BALAKRISHMAN R. Cooperative spectrum sensing in cognitive radio networks: a survey[J]. Physical Communication, 2011, 4(1):40-62.

[82] CORDEIRO C, CHALLAPALI K, AMERICA P. C-mac: a cognitive mac protocol for multi-channel wireless networks[C]//2007 New Frontiers in Dynamic Spectrum Access Netw. (DySpan). 2007:147-157.

[83] GEIRHOFER S, TONG L, SADLER B. Cognitive medium access: constraining interference based on experimental models[J]. IEEE J. Sel. Areas Commun. , 2008, 26(1):95-105.

[84] WANG B, JI Z, LIU K J R, et al. Primary-prioritized markov approach for dynamic spectrum allocation[J]. IEEE Trans. Wireless Commun. , 2009, 8(4):1854-1865.

[85] SONG Y, FANG Y, ZHANG Y. Stochastic channel selection in cognitive radio networks [C]//2007 IEEE GLOBECOM 2007-IEEE Global Telecommunications Conference. 2007:4878-4882.

[86] ARSHAD K, MACKENZIE R, CELENTANO U, et al. Resource management for qos support in cognitive radio networks[J]. IEEE Communications Magazine, 2014, 52(3): 114-120.

[87] LIEN S-y, CHEN K-c, LIANG Y-c, et al. Cognitive radio resource management for future cellular networks[J]. IEEE Wireless Communications, 2014, 21(1): 70-79.

[88] ABOZARIBA R, NAEEM M K, PATWARY M, et al. Noma-based resource allocation and mobility enhancement framework for iot in next generation cellular networks[J]. IEEE Access, 2019, 7: 29158-29172.

[89] WANG Q, ZHENG H. Route and spectrum selection in dynamic spectrum networks [C]//2006 Proc: 3rd IEEE Consumer Commun. Netw. Conf. (CCNC). 2006: 625-629.

[90] XIN C, XIE B, SHEN C. A novel layered graph model for topology formation and routing in dynamic spectrum access networks[C]// 2005 Proc: 1st IEEE Int. Symp. New Frontiers in Dynamic Spectrum Access Netw. (DySPAN). 2005: 308-317.

[91] GUIZAR A, MAMAN M, MANNONI V, et al. Adaptive lpwa networks based on turbo-fsk: from phy to mac layer performance evaluation[C]//2018 IEEE Global Communications Conference (GLOBECOM). 2018: 206-212.

[92] LIU Y, XU D, FENG Z, et al. Outage capacity of cognitive radio in rayleigh fading environments with imperfect channel information[J]. Journal of Information and Computational Science, 2012, 9: 955-968.

[93] LIU Y, XU D, FENG Z, et al. Capacity of cognitive radio under outage constraint with partial channel knowledge[C]//2011 Wireless Communications and Signal Processing (WCSP). 2011: 1-5.

[94] XU D, FENG Z, ZHANG P. Outage capacity of spectrum sharing cognitive radio with mrc diversity and outdated csi under asymmetric fading[J]. IEICE Transactions on Fundamentals of Electronics, 2013, 96: 732-736.

[95] YIN C, CHEN C, LIU T, et al. Generalized results of transmission capacities for overlaid wireless networks[C]//2009 IEEE International Symposium on Information Theory (ISIT). 2009: 1774-1778.

[96] LEE J, ANDREWS J G, HONG D. Spectrum-sharing transmission capacity with interference cancellation[J]. IEEE Transactions on Communications, 2013, 61(1): 76-86.

[97] XU D, FENG Z, ZHANG P. Effective capacity of delay quality-of-service constrained spectrum sharing cognitive radio with outdated channel feedback[J]. Science China Information Sciences, 2013, 56: 1-13.

[98] XU D, FENG Z, ZHANG P. Protecting primary users in cognitive radio networks with effective capacity loss constraint[J]. IEICE Transactions on Communications, 2012, 95: 349-353.

[99] XU D, FENG Z, ZHANG P. On the impacts of channel estimation errors and feedback delay on the ergodic capacity for spectrum sharing cognitive radio [J].

Wireless personal communications，2013，72:1875-1887.

[100] ZHANG P, XU D, FENG Z. Capacity of spectrum sharing cognitive radio with mrc diversity under delay quality-of-service constraints in nakagami fading environments [J]. KSII Transactions on Internet and Information Systems (TIIS), 2013, 7: 632-650.

[101] XU D, FENG Z, WANG Y. Capacity of cognitive radio under delay quality-of-service constraints with outdated channel feedback[C]//Personal Indoor and Mobile Radio Communications (PIMRC). 2012 IEEE 23rd International Symposium on. 2012:1704-1709.

[102] GPTA P, KUMAR P R. The capacity of wireless networks[J]. IEEE Transaction on Information Theory,2000, 46(2):388-404.

[103] JEON S -W, DEVROYE N, VU M, et al. Cognitive networks achieve throughput scaling of a homogeneous network[J]. IEEE Transaction on Information Theory, 2011,57(8):5103-5115.

[104] YIN C, GAO L, CUI S. Scaling laws for overlaid wireless networks: a cognitive radio network versus a primary network [J]. IEEE/ACM Transactions on Networking, 2010,18(4):1317-1329.

[105] HUANG W, WANG X. Capacity scaling of general cognitive networks[J]. IEEE/ ACM Transactions on Networking, 2011,20(5):1501-1513.

[106] GUPTA P,KUMAR P R. Critical power for asymptotic connectivity[C]// 1998 Proceedings of the 37th IEEE Conference on Decision and Control. 1998:1106-1110.

[107] ZHANG H, HOU J. On the critical total power for asymptotic k-connectivity in wireless networks[C]//2005 24th Annual Joint Conference of the IEEE Computer and Communications Societies (INFOCOM). 2005:466-476.

[108] REN W, ZHAO Q, SWAMI A. On the connectivity and multihop delay of ad hoc cognitive radio networks[J]. IEEE Journal on Selected Areas in Communications, 2011,29: 805-818.

[109] AO W C, CHENG S,CHEN K. Connectivity of multiple cooperative cognitive radio ad hoc networks[J]. IEEE Journal on Selected Areas in Communications, 2012,30: 263-270.

[110] ABBAGNALE A, CUOMO F, CIPOLLONE E. Measuring the connectivity of a cognitive radio ad-hoc network [J]. IEEE Communications Letters, 2010, 14: 417-419.

[111] BICEN A O, PEHLIVANOGLU E B, GALMES S, et al. Dedicated radio utilization for spectrum handoff and efficiency in cognitive radio networks [J]. IEEE Transactions on Wireless Communications, 2015,14(9): 5251-5259.

[112] YILMAZ H B, TUGCU T, ALAGöz F, et al. Radio environment map as enabler for practical cognitive radio networks[J]. IEEE Communications Magazine, 2013, 51 (12): 162-169.

[113] GRIMOUD S, SAYRAC B, JEMAA S BEN, et al. An algorithm for fast rem

construction［C］//2011 Cognitive Radio Oriented Wireless Networks and Communications (CROWNCOM). 2011:251-255.

[114] RIIHIJARVI J, M·AH·ONEN P, PETROVA M, et al. Enhancing cognitive radios with spatial statistics: from radio environment maps to topology engine［C］//2009 Cognitive Radio Oriented Wireless Networks and Communications (CROWNCOM). 2009: 1-6.

[115] ATANASOVSKI V et al. Constructing radio environment maps with heterogeneous spectrum sensors［C］//IEEE Symp. on New Frontiers in Dynamic Spectrum Access Networks. 2011:660-661.

[116] YILMAZ H B, CHAE C -B, TUGCU. T. Sensor placement algorithm for radio environment map construction in cognitive radio networks［C］//2014 IEEE Wireless Communications and Networking Conference (WCNC). 2014:2096-2101.

[117] FAINT S, URETEN X O, WILLINK T. Impact of the number of sensors on the network cost and accuracy of the radio environment map［C］//2010 IEEE 23rd Canadian Conference on Electrical and Computer Engineering (CCECE). 2010:1-5.

[118] FENG X, ZHANG J, ZHANG Q. Database-assisted multi-ap network on tv white spaces: architecture, spectrum allocation and ap discovery［C］//2010 IEEE Symposium on New Frontiers in Dynamic Spectrum Access Networks (DySPAN). 2011:265-276.

[119] FENG X, ZHANG Q, ZHANG J. Hybrid pricing for TV white space database［C］// 2013 IEEE INFOCOM. 2013:1995-2003.

[120] FENG X, ZHANG J, ZHANG Q. A Hybrid pricing framework for TV white space database［J］. IEEE on Wireless Communications (TWC),2014, 13:2626-2635.

[121] LEE W, NAT G, CHO D -H. Comparison of channel state acquisition schemes in cognitive radio environment［J］. IEEE Transactions on Wireless Communications, 2014,13(4): 2295-2307.

[122] PAISANA F, MARCHETTI N, DASILVA L A. Radar, TV and cellular bands: which spectrum access techniques for which bands［J］. IEEE Communications Surveys & Tutorials, 2014, 16(3): 1193-1220.

[123] SODAGAR S. A secure radio environment map database to share spectrum［J］. IEEE Journal of Selected Topics in Signal Processing, 2015,9(7): 1298-1305.

[124] PU D, WYGLINSKI A M. Primary-user emulation detection using database-assisted frequency-domain action recognition［J］. IEEE Transactions on Vehicular Technology, 2014,63(9): 4372-4382.

[125] DING G, WU Q, YAO Y -D, et al. Kernel-based learning for statistical signal processing in cognitive radio networks: theoretical foundations, example applications, and future directions［J］. IEEE Signal Processing Magazine, 2013, 30 (4): 126-136.

[126] ZAEEMZADEH A, JONEIDI M, RAHNAVARDa N,et al. Co-SpOT: cooperative spectrum opportunity detection using bayesian clustering in spectrum-heterogeneous

cognitive radio networks[J]. IEEE Transactions on Cognitive Communications and Networking, 2018, 4(2): 206-219.

[127] HONG X, WANG C. X, CHEN H H, et al. Secondary spectrum access networks [J]. IEEE Vehicular Technology Magazine, 2009, 4:36-43.

[128] WEI Z, FENG Z, ZHANG Q, et al.　Three regions for space-time spectrum sensing and access in cognitive radio networks [C]//2012 IEEE Global Communications Conference (GLOBECOM). 2012:1283-1288. ·

[129] WEI Z, FENG Z, ZHANG Q, et al. Three regions for space-time spectrum sensing and access in cognitive radio networks [J]. IEEE Transactions on Vehicular Technology, 2015, 64(6):2448-2462.

[130] WANG X, LIU J, CHEN W, et al. CORE-4: Cognition oriented relaying exploiting 4-D spectrum holes [C]//2011 Wireless Communications and Mobile Computing Conference (IWCMC). 2011: 1982-1987.

[131] ZHENG G, MA S, WONG K K, et al. Robust beamforming in cognitive radio[J]. IEEE Transactions on Wireless Communications, 2010, 9(2): 570-576.

[132] ZHANG L, LIANG Y-C, XIN Y, et al. Robust cognitive beamforming with partial channel state information [J]. IEEE Trans. Wireless Commun. , 2009, 8(8): 4143-4153.

[133] SINGH S, TEAL P D, DMOCHOWSKI P A, et al. Robust cognitive radio cooperative beamforming [J]. IEEE Trans. Wireless Commun. , 2014, 13(11): 6370-6381.

[134] XU Y, ZHAO X, LIANG Y-C. Robust power control and beamforming in cognitive radio networks: a survey[J]. IEEE Communications Surveys & Tutorials, 2015, 17 (4):1834-1857.

[135] LI W et al. Joint beamforming and channel allocation for multi-user and multi-channel urllc systems [C]// 2022 3rd Information Communication Technologies Conference (ICTC). 2022:238-242.

[136] TAJER A, PRASA N, WANG X. Beamforming and rate allocation in miso cognitive radio networks[J]. IEEE Trans. Signal Process, 2010, 58(1): 362-377.

[137] NGUYEN D N, KRUNZ M. Power minimization in mimo cognitive networks using beamforming games[J]. IEEE J. Sel. Areas Commun. ,2013, 31(5): 916-925.

[138] WANG S, GUO L, YI T, et al. Relay beamforming with power minimization in cognitive radio network[C]//2013 IEEE International Conference on Communication Technology (ICCT). 2013:681-685.

[139] AKIN S, GURSOY M C. On the throughput and energy efficiency of cognitive mimo transmissions[J]. IEEE Transactions on Vehicular Technology, 2013, 62(7): 3245-3260.

[140] GUPTA P, KUMAR P R, et al. Internets in the sky: the capacity of three dimensional wireless networks [J]. Communications in Information and Systems, 2001,1(1): 33-49.

[141] FRANCESCHETTI M, MIGLIORE M D, MINERO P. Outer bound to the capacity scaling of three dimensional wireless networks [C]//2008 IEEE International Symposium on Information Theory (ISIT). 2008:1123-1127.

[142] WEI Z, WU H, YUAN X, et al. Achievable capacity scaling laws of three-dimensional wireless social networks [J]. IEEE Transactions on Vehicular Technology, 2018,67(3): 2671-2685.

[143] LI P, PAN M, FANG Y. Capacity bounds of three-dimensional wireless ad hoc networks[J]. IEEE/ACM Trans. Netw. , 2012, 20(4): 1304-1315.

[144] HU C, WANG X, YANG Z, et al. A geometry study on the capacity of wireless networks via percolation[J]. IEEE Transactions on Communications,2010, 58(10): 2916-2925.

[145] CAI L X, CAI L, SHEN X (SHERMAN), et al. Capacity analysis of uwb networks in three-dimensional space[J]. Journal of Communications and Networks, 2009,11 (3):287-296.

[146] BIGLIERI E. An overview of cognitive radio for satellite communications[C]//2012 IEEE First AESS European Conference on Satellite Telecommunications (ESTEL). 2012:1-3.

[147] HOYHTYA M, KYROLAINEN J, HULKKONEN A, et al. Application of cognitive radio techniques to satellite communication[C]//2012 IEEE International Symposium on Dynamic Spectrum Access Networks (DYSPAN). 2012: 540-551.

[148] LIOLIS K, SCHLUETER G, KRAUSE J, et al. Cognitive radio scenarios for satellite communications: the corasat approach [C]//2013 Future Network and Mobile Summit (FutureNetworkSummit). 2013:1-10.

[149] KANDEEPAN S, NARDIS L DE, BENEDETTO M DI, et al. Cognitive satellite terrestrial radios [C]//2010 IEEE Global Telecommunications Conference (GLOBECOM). 2010:1-6.

[150] MALEKI S, CHATZINOTAS S, EVANS B, et al. Cognitive spectrum utilization in ka band multibeam satellite communications[J]. IEEE Communications Magazine, 2015, 53(3): 24-29.

[151] CHUNG G, SRIDHARAN S, VISHWANATH S, et al. On the capacity of overlay cognitive radios with partial cognition [J]. IEEE Transactions on Information Theory, 2012, 58(5): 2935-2949.

[152] ZHANG Q, FENG Z, ZHANG P. Joint cooperative relay scheme for spectrum-efficient usage and capacity improvement in cognitive radio networks[J]. EURASIP Journal on Wireless Communications and Networking, 2012, 2012: 1-9.

[153] WEI Z, FENG Z, ZHANG Q, et al. The asymptotic throughput and connectivity of cognitive radio networks with directional transmission [J]. Journal of Communications and Networks,2014,16(2):227-237.

[154] WEI Z, FENG Z, ZHANG Q, et al. Throughput scaling laws of cognitive radio networks with directional transmission [C]//2013 IEEE Global Communications

Conference (GLOBECOM). 2013:872-877.

[155] WEBER S P, YANG X, ANDREWS J G, et al. Transmission capacity of wireless ad hoc networks with outage constraints[J]. IEEE Transactions on Information Theory, 2005, 51(12): 4091-4102.

[156] YIN C, GAO L, CUI S. Scaling laws for overlaid wireless networks: a cognitive radio network versus a primary network [J]. IEEE/ACM Transactions on Networking, 2010, 18(4):1317-1329.

[157] CHEN X, JING T, HUO Y, et al. Achievable transmission capacity of cognitive radio networks with cooperative relaying[C]//2012 International ICST Conference on Cognitive Radio Oriented Wireless Networks and Communications (CROWNCOM). 2012:1-6.

[158] VAZE R. Transmission capacity of spectrum sharing ad hoc networks with multiple antennas[J]. IEEE Transactions on Wireless Communications, 2011, 10(7): 2334-2340.

[159] LI C, DAI H. On the throughput scaling of cognitive radio ad hoc networks[C]// IEEE INFOCOM. 2011:241-245.

[160] WANG C, TANG S, LI X -Y, et al. Multicast capacity scaling laws for multihop cognitive networks[J]. IEEE Transactions on Mobile Computing, 2012, 11(11): 1627-1639.

[161] WANG C, JIANG C, TANG S, et al. Scaling laws of cognitive ad hoc networks over general primary network models [J]. IEEE Transactions on Parallel and Distributed Systems, 2012, 24(5): 1030-1041.

[162] ZHENG K, LUO J, ZHANG J, et al. Cooperation improves delay in cognitive networks with hybrid random walk[J]. IEEE Transactions on Communications, 2015, 63(6):1988-2000.

第 2 章
无线网络频谱信息表征、测量与传递

2.1 研 究 背 景

根据文献[1]的预计,在 2020 年移动通信网络承载的流量将会达到 2010 年的 1 000 倍,在这种情况下,移动通信网络必将需要更宽的频谱以及更加灵活的频谱使用方式。而传统静态的频谱分配策略将会导致频谱使用不均衡,一方面使得特定的时间或者空间出现频谱紧缺的情况,另一方面使得大多数频谱的利用率很低[2-5],这浪费掉了很多频谱,不能满足未来高速无线通信发展的需求。为了提升频谱的利用效率,国内外学者提出了认知无线电的概念[6],并进行了大量的研究。之后学术界又提出了认知无线电网络的概念[7-8],解决了认知无线电的组网问题,从网络的视角研究了频谱等资源的高效利用问题。

认知无线电网络是智能的无线通信系统,它能通过认知的手段,比如频谱检测或者认知数据库方法,获得多域环境和资源的信息,即频谱信息。为了更加全面地研究频谱信息的快速准确传递问题,本章从一个更加全面的视角来进行研究,即研究频谱信息的表征、测量、传递整个环节,以指导频谱信息的快速准确获取和传递。由于空间维度和时间维度的对偶性,本章也可以从时间维度研究频谱信息的表征、测量和传递方法,这会有助于频谱检测的参数优化。实际上,本章展示了空时频谱信息的对偶性,从而建立了频谱信息表征的统一模型。传统的对频谱检测的研究主要集中在信号处理方面[9-10],传统的对认知数据库的研究主要集中在数据库的构建和应用方面,这些研究都忽视了频谱信息的表征、测量与传递是一个整体。而本章研究频谱信息的表征、测量和传递问题,以为频谱信息的获取和传递提供理论基础和解决方案。

本章将建模研究认知无线电网络的频谱信息表征、测量和传递问题,其中本章的频谱信息主要是空闲频谱信息。因为频谱信息分布在多个维度,所以本章研究多维频谱信息表征、测量和传递的理论和技术。为了具有代表性,本章重点研究空间和时间两个维度的频谱信息。研究频谱信息的表征、测量和传递可以指导认知无线电网络环境感知技术的设计,比如频谱检测技术里面的关键参数(检测周期、检测门限、检测节点数等)的选取和优化。另外,频谱信息的研究还可以指导认知数据库的构造和认知数据库中频谱信息的传递。认知数据库主要存储空间维度的频谱信息,如何设计认知数据库,使得空间维度频谱信息能够被表征清楚以及频谱信息能准确快速地传递给认知用户,是认知数据库设计过程中的两大问题。解决这些问题将帮助认知用户准确快速地获得环境的空闲频谱信息,从而让认知用户有效地利用频谱空洞,实现以频谱为代表的网络资源的高效利用。

本章其余部分的内容安排如下:在 2.2 节,我们介绍了频谱信息的表征理论,包括空间维度和时间维度的频谱信息表征方法、空时表征的对偶性,从而建立空时频谱信息的统一表征模型;在 2.3 节,我们研究了频谱信息测量方法,主要针对非完美认知,探索认知用户对环境中资源状态的不确定性的消除,介绍了频谱信息测量的概念、性质及其应用;在 2.4 节,我们设计了频谱信息传递方法,其中重点研究了认知数据库中的频谱信息传递,并且对频谱信息传递进行了理论分析,设计了基于栅格划分的频谱信息传递方法,以实现频谱信息的快速准确传递,提升认知用户对频谱空洞利用的能力;在 2.5 节,我们对本章的关键理论和方案进行了数值仿真验证,另外构建了硬件平台以验证频谱信息传递方法的性能;在 2.6 节,我们对本章的内容进行了总结。需要强调的是,虽然本章建立了频谱信息表征、测量、传递的一个较为完整的理论框架,但是这个框架仍然不完备。本章对空间维度频谱信息的表征和传递理论的研究比较完备,但是没有涉及空间维度频谱信息的测量,这是因为与时间维度频谱信息相比,空间维度频谱信息的获取方法更为多样,因此其测量难以在简单、统一的模型下进行。与此类似,本章对时间维度频谱信息的表征、测量研究比较完备,但是对时间维度频谱信息的传递研究较少,这是因为时间维度频谱信息的传递多发生在分布式协作感知里或者控制平面内部,而在这些情况下频谱信息传递的影响因素众多,情况复杂,因此其也难以在简单、统一的模型下进行研究。不过这些缺失的研究可以作为本章后续工作中的研究重点。

2.2　频谱信息表征理论

本章主要研究认知无线电网络空时两维频谱空洞,于是频谱信息也分布在空时两维。通过研究发现:在空间和时间维度,频谱信息的表征方法具有对偶性。

2.2.1　空间维度频谱信息

如图 2-1 所示,本节分析一个 IEEE 802.22 标准中的典型场景。在一个固定的区域存在几个电视塔,其作为主网络,主网络的覆盖区域是围绕着电视塔曲线内部的区域。在主网络的覆盖区域之内(曲线之内),电视的频谱不可以被次用户利用,在主网络的覆盖区域之外(曲线之外)存在空间维度频谱空洞。于是在不同的区域,频谱信息的内容可能是不一样的,这里的频谱信息具体为次用户接收到的主用户的空闲频谱信息。在本节研究的这个模型中,次用户通过认知数据库获取空闲频谱信息。

考虑到认知数据库管理的区域范围很广,整个区域被进一步划分为矩形栅格,一个栅格里的无线电参数被认为是一致的[11],所以栅格提供了频谱信息归类和离散化存储的一种方式,并且在认知数据库数据融合方面有一定潜力。将整个区域离散化为小的栅格以后就可以描述各个地理区域的空间维度频谱信息。在理想情况下,栅格在无限小的时候,就可以描述空间上任意点的频谱信息,但是在工程上这是不现实的。下面给出基于栅格的空间维度频谱信息表征方法。

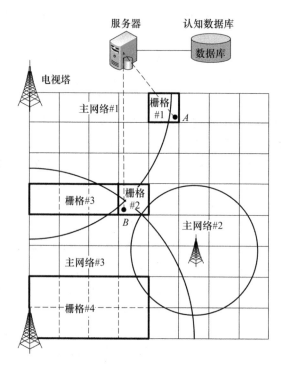

图 2-1　空间维度的空闲资源信息

1. 空间维度频谱信息表征方法

在本节中,栅格 i 表示为 $[x_{i,1},y_{i,1};x_{i,2},y_{i,2}]$,其中 $(x_{i,1},y_{i,1})$ 和 $(x_{i,2},y_{i,2})$ 分别表示栅格对角顶点的坐标,注意到在这里栅格是矩形,且 $x_{i,1}<x_{i,2},y_{i,1}<y_{i,2}$。假设次用户的坐标为 (x,y),那么次用户和这个栅格的关系可以表示如下:

$$次用户在\begin{cases}栅格\ i\ 内部, & 如果\ x_1<x<x_2\ 且\ y_1<y<y_2\\栅格\ i\ 外部, & 否则\end{cases} \tag{2-1}$$

在图 2-1 所示的场景中,次用户主要通过数据库的方式获得频谱信息,其中次用户获得频谱信息的模式主要有两种,即广播模式和点播模式。

在广播模式中,数据库周期性地发送每个栅格的频谱信息,比如对于栅格 i,数据库发送的频谱信息的信头是栅格 i 的坐标信息,信头之后是栅格 i 的无线电参数信息。每个次用户都能接收到栅格 i 的频谱信息,并且解出来信头。如果次用户结合自己的地理位置信息判断自己在栅格 i 内部,则继续解出来剩下的无线电参数信息,否则弃掉这条频谱信息。因为广播模式的效率只和栅格数量有关,不受次用户数量的影响,因此广播模式在次用户数量较大的时候效率较高。

在点播模式中,当次用户位于栅格 i 内部的时候,次用户访问数据库,以获取栅格 i 处的可用频谱信息:首先次用户提供自己的地理坐标信息,然后数据库如果查询到次用户处于栅格 i,就将栅格 i 的频谱信息发送给次用户。之所以数据库发送栅格 i 的频谱信息,而非次用户所在位置的频谱信息,一是因为考虑到数据库的分辨率没有那么高,二是因为考虑到次用户具有一定的移动性,实际上在次用户接收到频谱信息的时候,次用户的地理位置有可能已经变了。2.4 节专门针对这种场景设计频谱信息传递方法。

本节用一个二进制数 $R(k,x,y)$ 表示主网络在坐标点 (x,y) 处存在与否,其详细定义如下:

$$R(k,x,y) = \begin{cases} 1, & \text{如果主网络 } k \text{ 在 } (x,y) \text{ 处被检测到} \\ 0, & \text{否则} \end{cases} \quad (2\text{-}2)$$

进一步,用下面的十进制数表示所有主网络在坐标点 (x,y) 处的覆盖情况,将其定义为坐标点 (x,y) 处的无线电参数:

$$I(x,y) = \sum_{k=1}^{T} R(k,x,y) \times 2^{k-1} \quad (2\text{-}3)$$

其中 T 是主网络的个数,$N=2^T$ 是主网络的组合数目,也是 $I(x,y)$ 的取值数目,即 $I(x,y) \in \{0,1,2,\cdots,N-1\}$。无线电参数 $I(x,y)$ 可以表示坐标点 (x,y) 处的频谱信息,具体为空间维度频谱信息。如果给定主用户的覆盖情况,那么 $I(x,y)$ 是一个确定的量。但是因为用户的分布是随机的,所以一个用户遇到的无线电参数也是随机的。设用户遇到的无线电参数是 I_r,则 I_r 有一个概率分布:

$$\Pr\{I_r = i\} = p_i, \quad i = 0,1,\cdots,N-1 \quad (2\text{-}4)$$

一般来说,这个概率分布是未知的,但是如果考虑一个具体的区域,比如一个栅格的内部,那么这个概率分布是可以得到的。假设用户在这个栅格里面是均匀分布的,那么 p_i 就可以解释为在这个栅格内部无线电参数为 i 的区域占据的面积比例。例如,在图 2-1 中,栅格 1 只有主网络 1,于是可以知道,在栅格 1 内部的用户的无线电参数分布是

$$\Pr\{I_{\text{user}} = i\} = \begin{cases} 1, & i = 1 \\ 0, & \text{其他} \end{cases} \quad (2\text{-}5)$$

其中 I_{user} 是一个用户的无线电参数。于是,定义在栅格 i 内部,无线电参数为 j 的区域所占的面积比例为 p_{ij},于是栅格 i 的无线电参数是

$$I_i = \arg \max_j p_{ij} \quad (2\text{-}6)$$

其中无线电参数 I_i 可以表征栅格 i 的频谱信息,栅格 i 的无线电参数误差为

$$p_{e,i} = 1 - \max_j p_{ij} \quad (2\text{-}7)$$

对于整个区域来说,无线电参数误差为

$$p_e = \sum_{i=1}^{M} \alpha_i p_{e,i} \quad (2\text{-}8)$$

p_e 可以表示整个区域的频谱信息表征误差,其中 α_i 是第 i 个栅格占整个区域的面积比例。对于均匀栅格划分来说,有 $\alpha_i = \dfrac{1}{M}$,$\forall i$,其中 M 是栅格的个数。

上面定义的无线电参数误差表示了频谱信息的表征误差,实际上这个误差分为两类。因为数据库发送的是一个栅格的大部分区域的无线电参数,所以次用户有可能会收到错误的频谱信息,尤其是对于处在网络边界的次用户。例如,在图 2-1 中,栅格 1 的频谱可用信息为

〔主网络 1 的频谱不可用,主网络 2 的频谱可用,主网络 3 的频谱可用〕

但是如果次用户出现在栅格 1 的 A 点,那么主网络 1 的频谱其实是可用的,但是次用户接收到的来自数据库的频谱信息说主网络 1 的频谱不可用,于是次用户失去了一个频谱机会,这种情况类似频谱检测里面的"虚警(false alarm)"。如果次用户出现在 B 点,主网络 3 的频谱是不可用的,但是因为数据库发送栅格 2 的大部分区域的无线电参数给次用户,因此次用户收到的频谱信息如下:

〔主网络 1 的频谱可用,主网络 2 的频谱可用,主网络 3 的频谱可用〕

次用户如果接入主网络 3 的频谱,就会干扰到主网络 3 的主用户通信,这种情况类似频谱检测里面的"误检(missed detection)"。

显然,栅格的尺寸越小,上面两种错误也越少,但是系统和算法的复杂度必然会升高。本节不区分"虚警"和"误检"两类错误,将它们发生的概率统称为"错误概率",即上文的 $p_{e,i}$ 和 p_e。

2. 空间维度频谱熵

为了衡量空间维度频谱分布的复杂程度,本节提出"空间维度频谱熵"的概念。图 2-1 采用了规则栅格划分,观察图中的两个栅格,即栅格 1 和栅格 2。两个栅格里面的无线电参数不一样:栅格 1 有 2 种无线电参数,栅格 2 有 5 种无线电参数。从直观上理解,两个栅格的"熵"是不一样的。熵是对平均不确定程度的度量。栅格 1 的无线电参数更加确定,因为它的无线电参数相对简单;栅格 2 的无线电参数更加不确定,因为栅格 2 的无线电参数更加复杂。一般来说,参数复杂有下面两种表现方式:

① 参数的种类多;

② 不同种类的参数分布比较均匀。

上面参数复杂的表现方式和信息论里的熵值较大的情形是一致的,于是可以借鉴香农熵来描述栅格里参数的复杂程度,这个描述可以进一步用来指导认知资源在空间上的投放(比如传感器的密度、位置选取等),并且可以用来指导认知数据库的信息传递设计。

考察一个栅格的熵,栅格 i 的熵定义如下:

$$H_i = -\sum_{j=1}^{N} p_{ij} \log p_{ij} \tag{2-9}$$

其中 N 是参数的种类,p_{ij} 是在栅格 i 里无线电参数为 j 的区域占据的面积比例。

本节假设用户在整个区域的分布是均匀的,则一个用户在一个栅格出现的概率与这个栅格的面积成正比。于是一个栅格的面积占总面积的比例决定了这个栅格的熵对整个区域的熵的贡献。于是本节采用下面的公式计算整个区域的熵:

$$H = \sum_{i=1}^{M} \alpha_i H_i = -\sum_{i=1}^{M} \alpha_i \sum_{n=1}^{N} p_{ij} \log p_{ij} \tag{2-10}$$

其中 M 是栅格的数目,α_i 是栅格 i 占整个区域的面积比例。在规则栅格划分下,所有栅格的大小一致,整个区域的熵如下:

$$H = \frac{1}{M}\sum_{i=1}^{M} H_i = -\frac{1}{M}\sum_{i=1}^{M}\sum_{j=1}^{N} p_{ij} \log p_{ij} \tag{2-11}$$

将这个熵定义为空间维度频谱熵,其可简称为地理熵。这个熵的形式类似"熵率"。把一个栅格类比成通信中的一个码,于是所有栅格的排列是一个码序列,并且可以认为这是一个随机过程,如果序列内部的各个码独立,则序列熵是

$$H(X_1, X_2, \cdots, X_M) = \sum_{i=1}^{M} H(X_i) = \sum_{i=1}^{M} H_i \tag{2-12}$$

熵率可以定义为

$$H = \frac{H(X_1, X_2, \cdots, X_M)}{M} = \frac{1}{M}\sum_{i=1}^{M} H_i \tag{2-13}$$

即上文定义的地理熵。

3. 空间维度频谱信息的相关数学性质

下面探索空间维度频谱熵(地理熵)和无线电参数误差的性质,并且探索影响它们的关键要素,得到如下定理。

定理 2-1 整个区域的空间维度频谱熵为 $H = O\left(\dfrac{1}{\sqrt{M}}\right)$,其中 M 是栅格的数目,且有 $\lim_{M\to\infty} H = 0$。

证明：在栅格数目 M 足够大的时候，设栅格的边长为 ε，且令整个区域的边长为 L，于是有 $M=\left(\dfrac{L}{\varepsilon}\right)^2$。在 M 足够大的时候，可以认为参数不纯净的栅格都分布在网络的边界，假设所有网络的边界总长度为 ξ，于是所有参数不纯净的栅格数量满足

$$K\leqslant\frac{2\xi\cdot\sqrt{2}\varepsilon}{\varepsilon^2}=\frac{2\sqrt{2}\xi}{\varepsilon}\tag{2-14}$$

式 (2-14) 是通过求解一个"填充问题"得到的，将网络边界上的每个点向两边的法线方向移动 $\sqrt{2}\varepsilon$ 的距离，得到图 2-2 所示的两条虚线，两条虚线之间的面积为 $2\xi\cdot\sqrt{2}\varepsilon$，这个面积除以一个栅格的面积，就是无线电参数不纯净的栅格的数目的上界。所有参数不纯净的栅格的最大熵为 $\log N$（这在所有参数等概的情况下发生），于是本节可以表示出整个区域的熵的上界：

$$H\leqslant\frac{1}{M}K\log N=\frac{1}{S/\varepsilon^2}\frac{2\sqrt{2}\xi}{\varepsilon}\log N=\frac{1}{\sqrt{M}}\frac{2\sqrt{2}\xi\log N}{S}\tag{2-15}$$

其中 S 是整个区域的面积，注意到当 $M\to\infty$ 的时候，H 的上界趋于 0，因为 H 非负，于是根据夹逼定理知道 $\lim\limits_{M\to\infty}H=0$，另外，通过上述结果可以得到结论：$H=O\left(\dfrac{1}{\sqrt{M}}\right)$。

#

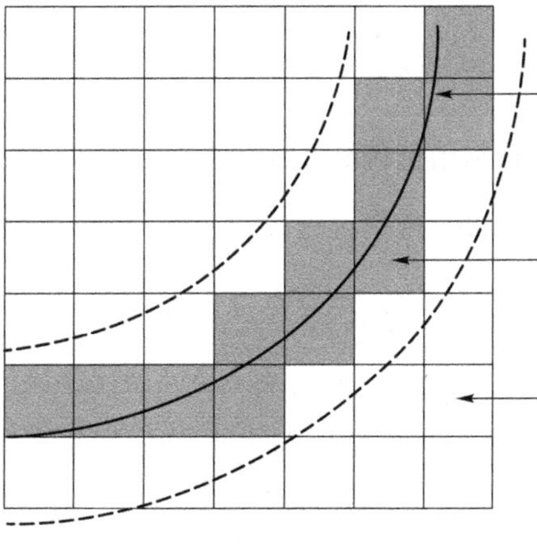

图 2-2　网络边界切割网络

根据定理 2-1，在栅格的数目趋于无穷的时候，整个区域的熵趋于 0。这是容易理解的：当栅格很小的时候，内部的参数会越来越纯净；当栅格的数目增多的时候，参数不纯净的栅格被逐渐压缩到一条直线上，这些栅格占的总面积趋于 0，所以整个区域的熵趋于 0。

关于无线电参数误差，有如下定理。

定理 2-2　整个区域的无线电参数误差为 $p_e=O\left(\dfrac{1}{\sqrt{M}}\right)$，其中 M 是栅格的数目，且有 $\lim\limits_{M\to\infty}p_e=0$。

证明：根据无线电参数误差的定义，栅格 i 的无线电参数误差满足如下关系：

$$1-p_{e,i}=\max_j p_{ij}\geqslant\frac{1}{N}\tag{2-16}$$

因此，

$$p_{\mathrm{e},i} \leqslant 1 - \frac{1}{N} \qquad (2\text{-}17)$$

整个区域的无线电参数误差为

$$p_{\mathrm{e}} \leqslant \frac{1}{M} K \left(1 - \frac{1}{N}\right) \leqslant \frac{1}{\sqrt{M}} \frac{2\sqrt{2}\xi L}{S} \left(1 - \frac{1}{N}\right) \qquad (2\text{-}18)$$

其中 K 是无线电参数不纯净的栅格数目，其上界在式（2-14）给出。根据式（2-18），本节得到了 $p_{\mathrm{e}} = O\left(\frac{1}{\sqrt{M}}\right)$ 的结论，并且有 $\lim\limits_{M \to \infty} p_{\mathrm{e}} = 0$。

♯

定理 2-1 和定理 2-2 给出了空间维度频谱熵 H 和无线电参数误差 p_{e} 随着栅格数量 M 的变化规律。而 H 与 p_{e} 的关系在如下定理中给出。

定理 2-3　空间维度频谱熵 H 的上界可以用无线电参数误差 p_{e} 的函数表示：

$$H \leqslant H(p_{\mathrm{e}}) + p_{\mathrm{e}} \log |N - 1| \stackrel{\triangle}{=} \psi(p_{\mathrm{e}}) \qquad (2\text{-}19)$$

证明： 根据 Fano 不等式，本节有

$$H_i \leqslant H(p_{\mathrm{e},i}) + p_{\mathrm{e},i} \log |N - 1| \stackrel{\triangle}{=} \psi(p_{\mathrm{e},i}) \qquad (2\text{-}20)$$

其中 H_i 是栅格 i 的熵，对其求和即可以得到整个区域的熵，如下：

$$H = \frac{1}{M} \sum_{i=1}^{M} H_i \leqslant \frac{1}{M} \sum_{i=1}^{M} \psi(p_{\mathrm{e},i}) \stackrel{(a)}{\leqslant} \psi\left(\frac{1}{M} \sum_{i=1}^{M} p_{\mathrm{e},i}\right) \qquad (2\text{-}21)$$

其中 (a) 是根据 Jensen 不等式得到的，利用了函数 $\psi(x)$ 的凹性。又因为 $p_{\mathrm{e}} = \frac{1}{M} \sum\limits_{i=1}^{M} p_{\mathrm{e},i}$，将其代入式（2-21），就可以得到定理 2-3 的结论。

♯

下面以更加直观的方式得到定理 2-3。无线电参数误差可以这么理解：一个用户在一个区域中，数据库要给这个用户发送无线电参数，因为用户所在的这个区域的无线电参数不纯净，所以数据库有可能给用户发送了错误的信息。如果把网络理解成"接入网资源"，那么在图 2-3 中，用户在点 A 没有网络可以接入，但是数据库发送的信息表明网络 1 可以接入，那么这个信息是错误的。如果把网络理解成主网络，则只有在网络之外，次用户才可以接入空间维度频谱空洞。那么错误的表现是这样的：用户出现在 A 点，本来可以接入空间维度频谱空洞，可是数据库告诉它，它所在的区域有网络 1（因为绝大部分区域有网络 1），在这种情况下用户就浪费了通信机会。

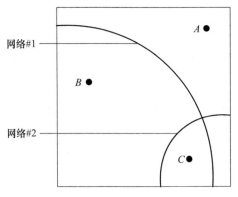

图 2-3　错误概率的情况

在上面的例子中有 2 个网络,所以无线电参数有 4 个集合:$\{\varnothing\}$、$\{1\}$、$\{2\}$、$\{1,2\}$,这 4 个集合占据的面积比例分别为 p_1、p_2、p_3、p_4。用户在整个区域的每个点出现的概率都相等,数据库认为面积比例最大的无线电参数是整块区域的无线电参数,而在图 2-3 中参数 $\{1\}$ 的比例最大,所以基站认为整个区域的参数就是 $\{1\}$。于是用户在这个区域的错误概率就是 $1-\max\limits_{i} p_i$。

假设在栅格 i 的错误概率为 $p_{e,i}$(这是个条件概率,条件是用户出现在栅格 i)。现在在整个区域思考问题:假设用户在整个区域上每个点出现的概率都相等,于是用户在栅格 i 出现的概率为 $\dfrac{s_i}{S}$,于是用户在整个区域的错误概率(作为一个全概率)可以展开如下:

$$p_e = \sum_{i=1}^{M} \frac{s_i}{S} p_{e,i} = \sum_{i=1}^{M} \frac{s_i}{S}\left(1-\max_{j} p_{ij}\right) \tag{2-22}$$

其中 p_{ij} 是在栅格 i 中参数集合 j 占的比例,s_i 是栅格 i 的面积,S 是整个区域的面积。错误事件可以定义如下:用户没有出现在栅格里面积比例最大的区域。设栅格 i 里面积比例最大的区域是 R_j(下标 j 代表这个区域的第 j 个参数集合),用户出现的区域是 P,则用如下的随机变量描述一个错误事件:

$$E = \begin{cases} 1, & P \neq R_j \\ 0, & P = R_j \end{cases} \tag{2-23}$$

且有 $\Pr\{E=0\}=p_{ij}$,$\Pr\{E=1\}=1-p_{ij}$。用户出现的区域也是一个随机变量,且有 $\Pr\{P=R_j\}=p_{ij}$。

下面用一种新的思路寻找错误概率(无线电参数误差)和地理熵的联系,本节有 $\Pr\{E=0\}=\max\limits_{j} p_{ij}$,$\Pr\{E=1\}=1-\max\limits_{j} p_{ij}$。香农在推导熵公式的时候使用了 3 条公理,本节使用其中的第三条公理[12]。可以发现:使用第三条公理容易证明定理 2-3。用户所处的区域接收到错误频谱信息的概率就是用户落在 R_j 之外的概率,不失一般性,设 $j=1$,于是整个事件分支如图 2-4 所示。

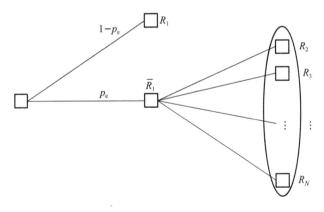

图 2-4 事件分支表示

现在设一个随机变量 R 表示用户随机位置所在的区域,于是这个随机变量的概率分布为

$$\Pr\{R=R_k\} = \frac{s_k'}{S_i'} \tag{2-24}$$

其中 s_k' 为第 k 个区域的面积,S_i' 是第 i 个栅格的面积。计算随机变量 R 的熵,利用香农熵的第三条公理,可以得到

$$H(R) = H\left(\frac{s_1'}{S_i'}, \frac{s_2'}{S_i'}, \cdots, \frac{s_N'}{S_i'}\right)$$

$$= H(p_e) + p_e H\left(\frac{s_2'}{S_i' - s_1'}, \cdots, \frac{s_N'}{S_i' - s_1'}\right) \leqslant H(p_e) + p_e \log|N-1| \tag{2-25}$$

于是，一步就得到定理 2-3。

空间维度频谱熵 H 的下界也可以使用无线电参数误差的函数表示，但是在此之前需要提出一个引理，这个引理由 Feder 和 Merhav 在参考文献[13]中给出，用错误率的函数描述了熵的下界，即引理 2-1。

引理 2-1[13]　熵 h 的下界可以由错误率 π 的函数给出，即 $h \geqslant \phi(\pi)$，并且 $\phi(\pi)$ 的表达式如下：

$$\phi(\pi) = \begin{cases} a_1\pi + b_1, & 0 \leqslant \pi \leqslant \frac{1}{2} \\ a_2\left(\pi - \frac{1}{2}\right) + b_2, & \frac{1}{2} < \pi \leqslant \frac{2}{3} \\ \quad\vdots & \quad\vdots \\ a_i\left(\pi - \frac{i-1}{i}\right) + b_i, & \frac{i-1}{i} < \pi \leqslant \frac{i}{i+1} \\ \quad\vdots & \quad\vdots \\ a_{N-1}\left(\pi - \frac{N-2}{N-1}\right) + b_{N-1}, & \frac{N-2}{N-1} < \pi \leqslant \frac{N-1}{N} \end{cases} \tag{2-26}$$

其中 $a_i = i(i+1)\log\frac{i+1}{i}$，$b_i = \log i$。

根据文献[13]，$\phi(\pi)$ 是 π 的单调递增函数，并且是 π 的凸函数。因此，基于引理 2-1，本节有如下的定理。

定理 2-4　空间维度频谱熵 H 的下界可以用无线电参数误差 p_e 的函数表示：

$$H \geqslant \phi(p_e) \tag{2-27}$$

证明：根据引理 2-1，令 $h = H_i$，$\pi = p_{e,i}$，有

$$H_i \geqslant \phi(p_{e,i}) \tag{2-28}$$

因此整个区域的空间维度频谱熵如下：

$$H = \frac{1}{M}\sum_{i=1}^{M} H_i \geqslant \frac{1}{M}\sum_{i=1}^{M}\phi(p_{e,i}) \tag{2-29}$$

因为 $\phi(p_{e,i})$ 是 $p_{e,i}$ 的凸函数，所以 H 的下界如下：

$$H \geqslant \frac{1}{M}\sum_{i=1}^{M}\phi(p_{e,i}) \overset{(b)}{\geqslant} \phi\left(\frac{1}{M}\sum_{i=1}^{M} p_{e,i}\right) = \phi(p_e) \tag{2-30}$$

其中(b)利用了 Jensen 不等式和函数 $\phi(p_{e,i})$ 的凸性。

结合定理 2-3 和定理 2-4，有如下结论：

$$\phi(p_e) \leqslant H \leqslant \psi(p_e) \tag{2-31}$$

$$\psi^{-1}(H) \leqslant p_e \leqslant \phi^{-1}(H) \tag{2-32}$$

这就建立了空间维度频谱熵 H 和无线电参数误差 p_e 的联系，由于函数 $\phi(*)$ 和 $\psi(*)$ 都是增函数，由此就可以知道当 H 增加（减小）的时候，p_e 也会增加（减小）；同理，当 p_e 增加（减小）的时候，H 也会增加（减小）。

#

上面的分析都是基于均匀栅格划分进行的,在实际中,因为某些栅格的无线电参数是一致的,所以可以选择性地融合一些栅格。于是,就有必要分析栅格融合操作,在将两个或几个栅格融合成一个栅格的情况下,空间维度频谱熵和无线电参数误差会发生变化,可以得到如下定理。

定理 2-5　融合任意两个栅格,整个区域的空间维度频谱熵不减小。

证明:不失一般性,假设栅格 1 和栅格 2 融合成一个栅格。对于栅格 i,它里面的无线电参数分布为 $p_{i1}, p_{i2}, \cdots, p_{iN}$,其中 N 是无线电参数的种类数目,并且栅格 i 的面积是 s_i。于是栅格 1 和栅格 2 融合为一个栅格以后,这个新的栅格的无线电参数分布为

$$\{p_1', p_2', \cdots, p_N'\} = \left\{ \frac{s_1 p_{11} + s_2 p_{21}}{s_1 + s_2}, \frac{s_1 p_{12} + s_2 p_{22}}{s_1 + s_2}, \cdots, \frac{s_1 p_{1N} + s_2 p_{2N}}{s_1 + s_2} \right\} \tag{2-33}$$

因为熵函数是凹函数,于是有

$$\frac{s_1}{s_1 + s_2} H(p_{11}, p_{12}, \cdots, p_{1N}) + \frac{s_2}{s_1 + s_2} H(p_{21}, p_{22}, \cdots, p_{2N}) \leqslant H\left(\frac{s_1 p_{11} + s_2 p_{21}}{s_1 + s_2}, \frac{s_1 p_{12} + s_2 p_{22}}{s_1 + s_2}, \cdots, \frac{s_1 p_{1N} + s_2 p_{2N}}{s_1 + s_2} \right) \tag{2-34}$$

因此有

$$s_1 H_1 + s_2 H_2 \leqslant (s_1 + s_2) H(p_1', p_2', \cdots, p_N') \tag{2-35}$$

在融合之前,整个区域的空间维度频谱熵为

$$H = \frac{s_1 H_1 + s_2 H_2}{S} + \frac{\sum\limits_{i=3}^{M} H_i}{S} \tag{2-36}$$

其中 S 是整个区域的面积。在融合之后,整个区域的空间维度频谱熵为

$$H' = \frac{(s_1 + s_2) H(p_1', p_2', \cdots, p_N')}{S} + \frac{\sum\limits_{i=3}^{M} H_i}{S} \tag{2-37}$$

根据式(2-35),得到 $H \leqslant H'$,因此得到"融合操作不降熵"的结论。

♯

根据对偶性,可以得到如下定理。

定理 2-6　分割任意一个栅格,不管以什么方式分割,整个区域的空间维度频谱熵不增加。

证明:略,其证明过程和定理 2-5 的证明过程类似。

根据空间维度频谱熵 H 和无线电参数误差 p_e 的关联关系,可以得到"融合操作不减熵"的结论,但融合操作可能会增加错误率;同理,可以得到"分割操作不增熵"的结论,但分割操作可能会减少错误率。下面讨论一个特殊情形下的问题:融合无线电参数分布完全相同的栅格时,整个区域的熵和错误率是如何变化的。

定理 2-7　融合无线电参数分布完全相同的两个栅格,整个区域的熵不变。

证明:不失一般性,假设"参数分布完全相同"的两个栅格为栅格 1 和栅格 2,且它们的熵为 H',则融合前整个区域的熵是

$$H_1 = \frac{s_1 H' + s_2 H' + \sum\limits_{i=3}^{M} s_i H_i}{S} \tag{2-38}$$

注意到 $s_1 = s_2$,则融合后整个区域的熵为

$$H_2 = \frac{(s_1 + s_2)H' + \sum_{i=3}^{M} s_i H_i}{S} \tag{2-39}$$

于是有 $H_1 = H_2$。

♯

定理 2-7 要求融合前两个栅格的无线电参数分布完全相同,这个要求实际上比较高。如果仅仅要求融合前两个栅格的无线电参数相同,那么有如下定理。

定理 2-8 如果两个栅格具有相同的无线电参数,那么融合这两个栅格以后,整个区域的无线电参数误差不变。

证明: 不失一般性,仍然假设两个可融合的栅格为栅格 1 和栅格 2,并且这两个栅格的无线电参数相同。在融合之前,整个区域的无线电参数误差为

$$p_e = \frac{s_1 p_{e,1} + s_2 p_{e,2} + \sum_{i=3}^{M} s_i p_{e,i}}{S} \tag{2-40}$$

其中 s_i 是栅格 i 的面积,S 是整个区域的面积。栅格 1 和栅格 2 融合形成的新的栅格的无线电参数误差为

$$p_{e,\text{new}} = \frac{s_1 p_{e,1} + s_2 p_{e,2}}{s_1 + s_2} \tag{2-41}$$

用新栅格的面积加权,栅格 1 和栅格 2 融合以后,整个区域的无线电参数误差为

$$p_e^* = \frac{(s_1 + s_2)p_{e,\text{new}} + \sum_{i=3}^{M} s_i p_{e,i}}{S} = p_e \tag{2-42}$$

于是定理得证。

♯

综合前面两个定理可知,如果融合的两个栅格的无线电参数分布完全相同,则融合前后整个区域的熵不变,否则融合后熵变大。如果融合前两个栅格的无线电参数相同,那么融合前后整个区域的无线电参数误差不变。

2.2.2 时间维度频谱信息

在 2.2.1 节,我们考察了空间维度频谱信息的表征方法及其数学性质。在这一节中,我们考察时间维度频谱信息。时间维度频谱信息是认知无线电网络研究的主要内容,认知无线电网络的"检测-接入"方式主要利用的是时间维度频谱信息。为了与上一节进行对比,本节使用与其相同的变量符号。

1. 时间维度频谱信息表征方法

下面从时间维度观察空闲频谱信息,即时间维度频谱信息。如图 2-5 所示,总共有 K 个主用户,每个主用户在不同时刻的频谱占用情况用一条曲线表示,曲线的纵轴有两个值,即 0 和 1,其中 0 表示主用户空闲(主用户频谱可用),1 表示主用户活动(主用户频谱不可用)。

与上一节类似,本节仍然用一个二进制数 $R(i,t)$ 表示主用户 i 在时刻 t 是活动的还是空闲的:

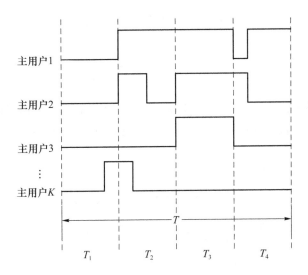

图 2-5　时间维度的空闲频谱信息

$$R(i,t) = \begin{cases} 1, & \text{主用户 } i \text{ 在 } t \text{ 时刻活动} \\ 0, & \text{主用户 } i \text{ 在 } t \text{ 时刻空闲} \end{cases} \tag{2-43}$$

一共有 K 个主用户，于是对所有的主用户来说，可以用一个十进制数来表示在 t 时刻的频谱资源占用信息，如下：

$$I(t) = \sum_{k=1}^{K} R(k,t) \times 2^{k-1} \tag{2-44}$$

其中 K 是主用户的个数，可以发现，在 t 时刻的频谱信息 $I(t)$ 有 $N = 2^K$ 个取值，即 $I(t) \in \{0, 1, 2, \cdots, N-1\}$。对于一个特定的时刻，频谱信息的定义是简单的，下面针对一个时段来定义频谱信息。如图 2-5 所示，将整段时间离散化为 M 个时间窗 $T_1, T_2, \cdots, T_M$，其中 T_i 表示第 i 个时间窗的长度。

定义在时间窗 T_i 内部，频谱信息为 j 的无线电参数所占的时间长度比例为 p_{ij}，于是主用户在时间窗 T_i 的频谱信息（频谱状态）定义为

$$X_i = \arg\max_j p_{ij} \tag{2-45}$$

在整个时间窗 T_i 内部，有的时刻频谱信息可能不是 X_i，于是频谱信息表征误差为

$$p_{e,i} = 1 - \max_i p_{ij} = 1 - p_{iX_i} \tag{2-46}$$

式（2-46）说明：即使频谱检测的结果是完美的，次用户在使用主用户频谱的时候仍然可能犯错。如图 2-5 所示，对于主用户 1 来说，在时间窗 T_4 的一开始，次用户检测到主用户是空闲的，于是在整个时间窗 T_4，次用户将使用主用户的频谱，但是随后主用户在绝大多数时间内处于活动状态，于是次用户就会干扰主用户，这类似频谱检测里面的"误检"。同理，对于主用户 2，在时间窗 T_4 的一开始，次用户检测到主用户 2 是活动的，于是次用户就停止传输，但是在时间窗 T_4 的绝大多数时间内主用户是空闲的，于是次用户就浪费掉了通信机会，这类似频谱检测里面的"虚警"。因此，即使次用户的频谱检测是完美的，仍然存在另外形式的误检和虚警。使用"错误概率"来统一地衡量这种错误，对于整个时间段来说，频谱信息表征误差概率为

$$p_e = \sum_{i=1}^{M} \alpha_i p_{e,i} \tag{2-47}$$

其中 $\alpha_i = \dfrac{T_i}{T}$ 是第 i 个时间窗占整个时间段的时间比例,在本章中,假设次用户的检测周期是均匀定长的,于是有 $\dfrac{T_i}{T} = \dfrac{1}{M}$, $\forall\, i$。

2. 时间维度频谱熵

与空间维度频谱熵类似,为了研究主用户频谱状态的动态特性,本节研究时间维度频谱熵(简称为时间熵)。本节将时间维度频谱熵作为对频谱占用状态不确定性的一种度量。下面给出时间维度频谱熵的定义。

在时间 T,时间维度频谱熵定义为一个"熵率",即单位符号的熵,形式如下:

$$H = \frac{1}{M} H(X_1, X_2, \cdots, X_M) \tag{2-48}$$

由于每个符号 X_i 的独立性,在时间 T 的熵可以简化如下:

$$H = \frac{1}{M} \sum_{i=1}^{M} H(X_i) \overset{\triangle}{=} \frac{1}{M} \sum_{i=1}^{M} H_i \tag{2-49}$$

其中 H_i 是时间窗 T_i 的频谱占用状态的熵,定义如下:

$$H_i = -\sum_{j=1}^{N} p_{ij} \log p_{ij} \tag{2-50}$$

其中 $N = 2^K$ 是主用户频谱状态的个数,p_{ij} 是在第 i 个时间窗中主用户第 j 个状态的时间比例。

3. 时间维度频谱信息的相关数学性质

本节分析影响时间维度频谱熵的各种要素,包括系统参数和栅格操作,并得到下述定理。

定理 2-9 对于单个频带的情形,固定长度的时间 T 被分割为 M 个时间窗,那么时间熵的值为 $H = O\left(\dfrac{1}{M}\right)$,其中 M 是时间窗的个数,且有 $\lim\limits_{M \to \infty} H = 0$。

证明: 用排队论来建模主用户的活动状态,因为排队论对主用户的到达、服务、离开等过程描述得很清楚,可以更加细致地建模主用户的活动状态。对于单频带的情形,使用 M/M/1 排队论模型来建模主用户的活动状态,图 2-6 为主用户的状态转移图。

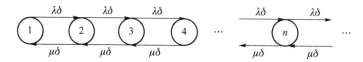

图 2-6 主用户的状态转移图

主用户业务的到达是一个泊松流,到达率为 λ;主用户的服务时间(即占用频谱的时间)服从指数分布,参数为 $\dfrac{1}{u}$。对于一个长度为 δ 的时间窗,标记在时间 δ 之内到达的主用户个数为 N_δ;标记在时间 δ 之内离开的主用户个数为 M_δ。主用户频带的状态可以在 0(闲)和 1(忙)之间切换,如果 δ 足够小,根据生灭过程的理论,频谱状态在时间 δ 之内从 0 转向 1 的条件概率如下:

$$P\{1 \mid 0\} = \lambda\delta + o(\delta) \tag{2-51}$$

其中 $o(\delta)$ 是比 δ 更高阶的无穷小量。同理,根据生灭过程的理论,频谱状态在时间 δ 之内从 1 转向 0 的条件概率如下:

$$P\{0\,|\,1\}=u\delta+o(\delta) \tag{2-52}$$

对于 M/M/1 排队模型,频带被 n 个主用户占用的概率为 $p_n=\rho^n(1-\rho)$,$n=0,1,2,\cdots$,其中 $\rho=\dfrac{\lambda}{\mu}$。因此,在时间 δ 之内主用户的状态发生改变的概率如下:

$$P_{\text{change}}=p_0P\{1\,|\,0\}+p_1P\{0\,|\,1\}=2\left(1-\frac{\lambda}{u}\right)\lambda\delta+o(\delta) \tag{2-53}$$

对于等长的时间窗,它的状态发生改变的概率 P_{change} 是相同的。且当 $M\to\infty$ 的时候,$\delta=\dfrac{T}{M}\to 0$,因此进一步有 $P_{\text{change}}=\Theta(\delta)=\Theta\left(\dfrac{1}{M}\right)\to 0$。因为主用户的频谱有两个状态,因此有 $H_i\leqslant\log 2=1$。对于 M 个时间窗来说,平均地,状态发生改变的时间窗个数为 MP_{change},这些时间窗的熵非零,除此之外的时间窗的熵都是零。因此得到时间维度频谱熵的上界如下:

$$H\leqslant\frac{1}{M}MP_{\text{change}}\log 2=2\lambda\left(1-\frac{\lambda}{u}\right)\frac{T}{M} \tag{2-54}$$

式(2-54)忽略了高阶无穷小量 $o(\delta)$,因此 H 的上界是 $\Theta\left(\dfrac{1}{M}\right)\to 0$。

$\sharp$

为了给出一个更加完整的证明,下面研究时间窗长度 δ 不是足够小的情形,在这种情况下,划分时间窗 δ 为更加小的时间窗 $\delta_1=\delta_2=\cdots=\delta_L$,其中 $L\to\infty$,所以有 $\delta_l\to 0,\forall\,l=1,2,\cdots,L$。根据式(2-53),对于时间窗 δ_l,频谱状态在时间 δ_l 之内发生改变的概率为

$$P_{\text{change},k}=2\lambda\left(1-\frac{\lambda}{u}\right)\delta_l \tag{2-55}$$

因此对于时间窗 δ,状态发生改变的概率为

$$P_{\text{change}}=1-(1-P_{\text{change},l})^L \tag{2-56}$$

当 L 趋于无穷大的时候,有

$$\begin{aligned}
P_{\text{change}}&=\lim_{L\to\infty}1-(1-P_{\text{change},l})^L\\
&=\lim_{L\to\infty}1-\left(1-2\lambda\left(1-\frac{\lambda}{u}\right)\frac{\delta}{L}\right)^L\\
&=1-\exp\left(-2\lambda\left(1-\frac{\lambda}{\mu}\right)\delta\right)\\
&=\sum_{i=1}^{\infty}\frac{(-1)^{i+1}\left(\lambda\left(1-\dfrac{\lambda}{\mu}\right)\left(1-\dfrac{1}{\mu^2}\right)\delta\right)^i}{i!}
\end{aligned} \tag{2-57}$$

因此式(2-53)是式(2-57)的特例,即当时间窗 δ 足够小的时候,仅保留级数的第一项,于是可以得到结论:$H=O\left(\dfrac{1}{M}\right)\to 0$。由于熵是非负值,所以根据夹逼定理知道当 M 趋于无穷的时候,时间维度频谱熵趋于 0,定理亦得证!

定理 2-9 说明当时间窗无限小的时候,频谱信息的不确定性可以降为 0,即认知趋于完美。但是上面的证明需要一个比较强的假设,即 M 足够大,δ 足够小。这个条件是相当强的,因为一般都不会选择足够小的检测周期,所以上面的定理只是描述了时间维度频谱熵一个渐进意义上的行为特征。基于定理 2-9 的补充证明可以得到结论:在时间窗比较大的时候,时间窗状态发生改变的概率和时间窗的长度呈负指数关系;在时间窗比较小的时候,时间窗状态发生改变的概率和时间窗的长度呈线性关系,但是时间维度频谱熵随 M 的增加总是趋于 0。

将定理 2-9 与定理 2-1 比较,空间维度频谱熵随栅格数目 M 的衰减速度是 $\Theta\left(\dfrac{1}{\sqrt{M}}\right)$,而时间维度频谱熵随时间窗数目 M 的衰减速度为 $\Theta\left(\dfrac{1}{M}\right)$(为了比较的方便,将两个变量设为同一个字母)。注意到空间维度频谱熵是在二维环境下定义的熵,而时间维度频谱熵是在一维环境下定义的熵。所以可以猜想:如果在 N 维的环境下衡量频谱熵,那么这个熵随 M 的衰减速度为 $\Theta\left(\dfrac{1}{\sqrt[N]{M}}\right)$。

为了描述频谱信息表征误差的变化,使用与定理 2-9 类似的证明方法,可以得到下面的定理:

定理 2-10 时间维度频谱信息表征错误概率为 $p_e = O\left(\dfrac{1}{M}\right)$,其中 M 是时间窗的个数,且有 $\lim\limits_{M \to \infty} p_e = 0$。

为了获得时间维度频谱熵 H 和信息表征错误率 p_e 的关系,使用与定理 2-3、定理 2-4 类似的方法,可以得到如下定理。

定理 2-11 时间维度频谱熵 H 的上界可以用无线电参数误差 p_e 的函数表示:

$$H \leqslant H(p_e) + p_e \log|N-1| \overset{\Delta}{=} \psi(p_e) \tag{2-58}$$

定理 2-12 时间维度频谱熵 H 的下界可以用无线电参数误差 p_e 的函数表示:

$$H \geqslant \phi(p_e) \tag{2-59}$$

其中函数 $\psi(*)$、$\phi(*)$ 的形式与定理 2-3、定理 2-4 的定义相同。因此可以得到类似的结论,即增大(减小)时间维度频谱熵可以增大(减小)无线电参数误差;反之,增大(减小)无线电参数误差可以增大(减小)时间维度频谱熵。同理,根据定理 2-5,定理 2-6,可以得到如下定理。

定理 2-13 将一个时间窗以任何方式划分成两个,时间维度频谱熵不增加;将两个相邻时间窗融合,时间维度频谱熵不减小。

证明:略,其证明方法和定理 2-5、定理 2-6 的证明方法相同。

2.2.3 空时表征的对偶性

2.1.1 节探索了空间维度频谱信息表征,2.1.2 节探索了时间维度频谱信息表征,从中可以发现空时频谱信息的表征具有很强的对偶性。下面从以下几个方面论述。

1. 空时频谱信息表征错误的对偶性

在时间维度频谱信息表征错误主要有两类:一类是"虚警",即频谱空洞存在,但是检测结果认为频谱空洞不存在,于是认知用户不接入频谱,这种情形会浪费频谱机会;一类是"误检",即频谱空洞不存在,但是检测结果认为频谱空洞存在,于是次用户接入频谱空洞,对主用户造成干扰。这两类错误是衡量频谱检测性能的关键指标。

另外,即使时间维度的频谱检测是完美的,因为频谱检测结果总是在一个时间点上的检测结果,所以还是会发生类似"虚警"和"误检"的错误,以图 2-5 为例,对于主用户 1 来说,在时间窗 T_4 的一开始,次用户检测到主用户是空闲的,于是在整个时间窗 T_4 内,次用户将使用主用户的频谱,但是随后主用户在绝大多数时间处于活动状态,于是次用户就会干扰主用户,这类似频谱检测里面的"误检"。同理,对于主用户 2,在时间窗 T_4 的一开始,次用户检测到主用户 2 是活动的,于是次用户就停止传输,但是在时间窗 T_4 的绝大多数时间内主用户是空闲的,于是次用户就浪费掉了通信机会,这类似频谱检测里面的"虚警"。

另外,在空间维度也存在类似"虚警"和"误检"的频谱信息表征错误,以图 2-1 为例,栅格 1 的频谱可用信息为

{主网络 1 的频谱不可用,主网络 2 的频谱可用,主网络 3 的频谱可用}

但是如果次用户出现在栅格 1 的 A 点,那么主网络 1 的频谱其实是可用的,但是次用户接收到的来自数据库的频谱信息说主网络 1 的频谱不可用,于是次用户失去了一个频谱机会,这类似频谱检测里面的"虚警";如果次用户出现在 B 点,主网络 3 的频谱是不可用的,但是,因为数据库发送栅格 2 的大部分区域的无线电参数给次用户,因此次用户收到的频谱信息如下:

{主网络 1 的频谱可用,主网络 2 的频谱可用,主网络 3 的频谱可用}

因此如果次用户接入到主网络 3 的频谱,就会干扰到主网络 3 的主用户通信,这种情况类似频谱检测里面的"误检"。

所以时间维度和空间维度频谱信息表征具有几乎相同的错误类型,所以空间维度和时间维度频谱信息的表征方法可以互相借鉴,互为补充。

2. 空时频谱信息表征方法的对偶性

在空时频谱信息表征中,描述频谱空洞存在的方法、定义无线电参数误差的方法以及定义时间维度频谱熵和空间维度频谱熵的方法基本一致,并且得到的结论具有很强的对称性。例如,在空间维度频谱信息表征中,得到如下结论:整个区域的空间维度频谱熵为 $H=O\left(\dfrac{1}{\sqrt{M}}\right)$,整个区域的无线电参数误差为 $p_e=O\left(\dfrac{1}{\sqrt{M}}\right)$,其中 M 是栅格的数目。在时间维度频谱信息表征中,同样得到如下结论:整个时间段的时间熵的值为 $H=O\left(\dfrac{1}{M}\right)$,时间维度频谱信息表征错误概率为 $P_e=O\left(\dfrac{1}{M}\right)$,其中 M 是时间窗的个数。

考虑到空间维度是二维空间,时间维度是一维空间,在二维空间的表征误差为 $p_e=O\left(\dfrac{1}{\sqrt{M}}\right)$,在一维空间的表征误差就是 $P_e=O\left(\dfrac{1}{M}\right)$。

另外,时间窗和栅格本就是对偶概念,对于时间窗和栅格的操作也具有相似性,比如在空间维度频谱信息表征中有如下结论:融合任意两个栅格,整个区域的空间维度频谱熵不减小;分割任意一个栅格,不管以什么方式分割,整个区域的空间维度频谱熵不增加;融合无线电参数分布完全相同的两个栅格,整个区域的熵不变。而在时间维度频谱信息表征中有几乎相同的结论,只需要把上一段话中的"栅格"换成"时间窗"即可。

我们在频谱信息表征中使用了一对概念,即熵和错误率,而在空间维度和时间维度频谱信息表征中,熵和错误率的关系基本上相同,这也可以认为是空时表征对偶性的例证。另外,我们在空间维度频谱信息表征中提出了栅格融合的方法,即使用不规则的栅格来表征整个区域的频谱信息,而在时间维度频谱信息表征中也存在时间窗的融合,这实际上可以启发不等长周期频谱检测的研究。

2.3 频谱信息测量方法

在 2.2 节中,我们证明了认知资源投入越多,在空间和时间维度的频谱熵和无线电参数误差越小,并且得到一些对实际具有指导意义的结论。然而,上面假设所有认知都是完美认知,而在实际中,由于噪声和干扰的影响,认知是非完美的。在这一节中,我们考察在这种情况下认知用户获得的频谱信息。

2.3.1 频谱信息量的概念

使用频谱信息量来度量在非完美环境下获得的频谱信息,其中频谱信息量的定义如下:**在异构无线系统中,一个系统通过认知的手段,可以消除另一个系统资源状态的不确定性,这部分消除的不确定性即频谱信息量。**

信息论的通信过程与认知过程有很多相似点和联系。在通信过程中存在"信源""信道""信宿"3 个要素,信源和信宿共享一个符号集合(即符号集合,比如 0 和 1),信源发射信号,信宿检测信号,由于信号经过信道后受到噪声影响,所以信宿的检测结果有一定的误差,即概率 $\Pr[1|0]$ 和 $\Pr[0|1]$ 非零(对于二元信道来说)。在认知过程中,存在"主用户""信道""次用户" 3 个要素,主用户和次用户共享一个"码本"(即频谱状态集合),主用户在占用或不占用频谱时都会在无意中发出信号,次用户通过频谱检测获取频谱的状态信息。由于主用户的信号经过信道后受到噪声的影响,所以检测的结果有了一定的误差,即概率 $\Pr[1|0]$(虚警率)和 $\Pr[0|1]$(误检率)非零。综上所述,认知过程和通信过程建立了一种联系,基于这种联系,可以用香农信息论来建模认知过程。联系二者的关键是它们都存在"信号发送-信号检测"的过程。

频谱信息量可以在空间维度和时间维度来定义,在这里研究时间维度频谱信息量。假设在时刻 i,无线资源的状态是 X_i,认知用户对这个状态的认知(检测)结果是 Y_i。考察 N 个时刻,在这 N 个时刻的平均序列互信息为

$$\frac{1}{N}I(X_1,X_2,\cdots,X_N;Y_1,Y_2,\cdots,Y_N)=\frac{1}{N}H(X_1,X_2,\cdots,X_N)-\frac{1}{N}H(X_1,X_2,\cdots,X_N|Y_1,Y_2,\cdots,Y_N)$$

(2-60)

这就是频谱信息量的表达式,意义是在 N 个时刻的检测中认知用户消除的主用户的平均不确定性,即认知用户获得的平均频谱信息量。因为对时间维度的检测来说,各个 X_i 是相互独立的,所以各个 Y_i 也是相互独立的,于是式(2-60)等价于

$$\frac{1}{N}I(X_1,X_2,\cdots,X_N;Y_1,Y_2,\cdots,Y_N)=\frac{1}{N}\sum_{i=1}^{N}I(X_i;Y_i)$$

(2-61)

如果进一步假设各个 X_i 不仅独立,而且同分布,那么式(2-61)等价于

$$\frac{1}{N}I(X_1,X_2,\cdots,X_N;Y_1,Y_2,\cdots,Y_N)=I(X;Y)$$

(2-62)

这就是频谱信息量的最简表达式,其中 X 是主用户(资源)在任意时刻的状态,Y 是认知用户检测到的主用户(资源)的状态。所以可以给频谱信息量一个数学的定义,如下:

$$\frac{1}{N}I(X_1,X_2,\cdots,X_N;Y_1,Y_2,\cdots,Y_N)=\frac{1}{N}\sum_{i=1}^{N}I(X_i;Y_i)=I(X;Y)=H(X)-H(X\mid Y)$$

$$(2\text{-}63)$$

其中 X 是主用户的状态，Y 是认知用户对 X 的认知(检测)结果，$H(X)$ 是 X 的熵函数，$H(X\mid Y)$ 是条件熵。条件熵 $H(X\mid Y)$ 非零主要是因为检测器的非完美带来了"虚警"和"误检"。

考虑到频谱检测非完美，以及频谱检测的错误概率存在，因此有 $H(X\mid Y)\neq 0$，且错误概率的定义如下：

$$p_e=Pr\{X\neq Y\} \tag{2-64}$$

一般来说 X 和 Y 可能有多个状态，但是为了简单起见，在这里只研究 X 和 Y 具有两个状态的情形，即 0(频谱空闲)和 1(频谱占用)，用它来表征频谱占用的状态，因此错误概率可以表达如下：

$$p_e=p_0p_f+p_1p_m \tag{2-65}$$

其中 p_0 是节点处在状态 0 的概率，p_1 是节点处在状态 1 的概率，p_f 是虚警概率，p_m 是误检概率，因此频谱信息量可以表达如下：

$$I(X;Y)=H(X)-H(X\mid Y)=H(Y)-H(Y\mid X)$$
$$=-\sum_{i\in\{0,1\}}q_i\log q_i+\sum_{x\in\{0,1\}}\sum_{y\in\{0,1\}}p(x)p(y\mid x)\log p(y\mid x) \tag{2-66}$$

其中 q_0、q_1 表示节点检测到状态 0 和状态 1 的概率，其表达式分别如下：

$$q_0=p_0(1-p_f)+p_1p_m \tag{2-67}$$

$$q_1=p_0p_f+p_1(1-p_m) \tag{2-68}$$

2.3.2　频谱信息量的性质

在本节中，将频谱信息量作为能量检测、协作检测等的性能参数，来研究频谱信息量的性质。下面分别研究能量检测和协作检测中频谱信息量的性质以及频谱信息量与网络性能之间的联系。

1. 能量检测中频谱信息量的性质

当主用户的信号 $x(t)$ 通过信道增益为 $h(t)$ 的无线信道传输时，次用户接收到的主用户信号为 $y(t)$，这个信号服从二元假设检验：$\mathcal{H}_0$(主用户空闲)、$\mathcal{H}_1$(主用户活动)，如下所示。

$$y(i)=\begin{cases} w(i) & :\mathcal{H}_0 \\ x(i)h(i)+w(i) & :\mathcal{H}_1 \end{cases} \tag{2-69}$$

其中 $y(i)$ 代表接收信号的第 i 个采样，$w(i)$ 是加性高斯白噪声，假设 $w(i)$ 是高斯随机变量，均值为 0，方差为 σ_w^2，也就是说，$w(i)\sim\mathcal{N}(0,\sigma_w^2)$。检验统计量是 $Y=\frac{1}{N}\sum_{i=1}^{N}\mid y(i)\mid^2$。假设 $x(i)$ 是复频移键控信号，$w(i)$ 是复高斯信号，于是误检概率 $p_m=Pr\{\mathcal{H}_0\mid\mathcal{H}_1\}$ 和虚警概率 $p_f=Pr\{\mathcal{H}_1\mid\mathcal{H}_0\}$ 在文献[13]中给出：

$$p_m(\varepsilon,N)=Q\left(\left(\gamma+1-\frac{\varepsilon}{\sigma_w^2}\right)\sqrt{\frac{N}{2\gamma+1}}\right) \tag{2-70}$$

$$p_f(\varepsilon,N)=Q\left(\left(\frac{\varepsilon}{\sigma_w^2}-1\right)\sqrt{N}\right) \tag{2-71}$$

其中 N 是样本个数，γ 是接收端的信噪比，σ_w^2 是噪声的方差（功率谱密度），ε 是检测门限，$Q(x)=\dfrac{1}{\sqrt{2\pi}}\displaystyle\int_x^\infty \exp\left(-\dfrac{t^2}{2}\right)\mathrm{d}t$ 是标准正态分布的互补累计分布函数（Complementary Cumulative Distribution Function，CCDF），即 Q 函数。因此有下述引理。

引理 2-2 频谱检测的错误概率是 $\Theta(\mathrm{e}^{-\kappa N})$，其中 N 是样本个数，κ 是一个正常数。

证明：利用上述误检概率的表达式（2-70）和虚警概率的表达式（2-71），并且对于 $x\geqslant 0$，Q 函数的一个上界如下：

$$Q(x)\leqslant\frac{1}{2}\exp\left(-\frac{x^2}{2}\right) \tag{2-72}$$

因为虚警概率和误检概率都用 Q 函数表示，所以它们的上界如下：

$$p_\mathrm{f}(\varepsilon,N)\leqslant\frac{1}{2}\exp\left(-\frac{1}{2}\left(\frac{\varepsilon}{\sigma_w^2}-1\right)^2 N\right) \tag{2-73}$$

$$p_\mathrm{m}(\varepsilon,N)\leqslant\frac{1}{2}\exp\left(-\frac{1}{2(2\gamma+1)}\left(\gamma+1-\frac{\varepsilon}{\sigma_w^2}\right)^2 N\right) \tag{2-74}$$

根据式（2-65），可以得到

$$p_\mathrm{e}\leqslant\frac{p_0}{2}\exp\left(-\frac{\left(\frac{\varepsilon}{\sigma_w^2}-1\right)^2}{2}N\right)+\frac{p_1}{2}\exp\left(-\frac{\left(\gamma+1-\frac{\varepsilon}{\sigma_w^2}\right)^2}{2(2\gamma+1)}N\right) \tag{2-75}$$

令常数 κ 取值如下：

$$\kappa=\min\left\{\frac{\left(\frac{\varepsilon}{\sigma_w^2}-1\right)^2}{2},\frac{\left(\gamma+1-\frac{\varepsilon}{\sigma_w^2}\right)^2}{2(2\gamma+1)}\right\} \tag{2-76}$$

于是错误概率即 $\Theta(\mathrm{e}^{-\kappa N})$，这就是引理 2-2 的结论。

$\#$

根据引理 2-2，得到下述定理。

定理 2-14 条件熵 $H(X|Y)$ 的取值为 $O(N\mathrm{e}^{-\kappa N})$，其中 N 是样本的个数，κ 是一个正常数。

证明：根据 Fano 不等式，可以得到

$$H(X|Y)\leqslant H(p_\mathrm{e})+p_\mathrm{e}|M-1| \tag{2-77}$$

其中 M 是随机变量 X 和 Y 的状态数，根据引理 2-2，可以得到

$$H(p_\mathrm{e})=\Theta(N\mathrm{e}^{-\kappa N})+\Theta(\mathrm{e}^{-\kappa N}) \tag{2-78}$$

$$p_\mathrm{e}=\Theta(\mathrm{e}^{-\kappa N}) \tag{2-79}$$

因此有 $H(X|Y)=O(N\mathrm{e}^{-\kappa N})$。

$\#$

上述定理 2-14 和引理 2-2 成立的前提是样本数 N 趋于无穷大，而在实际应用中样本数 N 是有限的，因此需要调整频谱检测的参数（比如检测门限）来优化频谱检测的性能。优化频谱检测的性能时也可以从频谱信息量的视角来建模，后文会对其进行研究。下面研究协作检测中频谱信息量的性质。

2. 协作检测中频谱信息量的性质

假设有 M 个节点来协作检测一个频带，且检测结果为 $Y_1,Y_2,\cdots,Y_M$，那么协作检测获得的频谱信息量如下：

$$I(X;Y_1,Y_2,\cdots,Y_M)$$

$$= \sum_{i=1}^{M} I(Y_i;X \mid Y_{i-1},Y_{i-2},\cdots,Y_1)$$

$$= I(Y_1;X) + I(Y_2;X \mid Y_1) + I(Y_3;X \mid Y_2,Y_1) + \cdots + I(Y_M;X \mid Y_{M-1},\cdots,Y_1) \overset{(a)}{\geqslant} I(Y_1;X) \tag{2-80}$$

其中不等式(a)不等号的右端是单点检测获得的频谱信息量,而左端是协作检测获得的频谱信息量,所以上述不等式阐明了引理 2-3。

引理 2-3　协作检测获得的频谱信息量大于单点检测获得的频谱信息量。

因此可以定义协作增益为协作检测获得的频谱信息量与单点检测获得的频谱信息量之差,表示如下:

$$G = I(X;Y_1,Y_2,\cdots,Y_M) - I(X;Y_1) \tag{2-81}$$

关于协作增益 G 与参与检测的节点数 M 的关系,有如下引理。

引理 2-4　协作增益是 M 的增函数。

证明: 利用式(2-80),可以得到如下关系:

$$I(X;Y_1,Y_2,\cdots,Y_M) - I(X;Y_1,Y_2,\cdots,Y_{M-1})$$

$$= I(Y_M;X \mid Y_{M-1},\cdots,Y_1) \geqslant 0 \tag{2-82}$$

所以协作检测中的频谱信息量是参与节点数 M 的增函数,进一步可以知道协作增益也是参与节点数 M 的增函数。

$\sharp$

引理 2-4 说明了通过增加参与检测的节点数可以提升协作检测中的频谱信息量,但是在实际应用中节点数不可能无限多。对于协作检测里的 K-out of-M 准则,节点数 M 是固定的,可以通过优化 K 来增加协作检测中的频谱信息量,在后续的小节中会对该内容进行讨论。

3. 频谱信息量与网络性能之间的联系

图 2-7 为主用户系统的状态转移图,其中主用户的到达和离开可以用泊松过程建模,到达率为 λ_p,离开率为 u_p。标记主用户系统的空闲状态为 0,主用户系统的活动状态为 1,那么状态 0 和 1 的稳态概率分别是 π_0 和 π_1。这个 Markov 链的稳态方程如下:

$$\pi_0 \lambda_p = \pi_1 u_p \tag{2-83}$$

$$\pi_0 + \pi_1 = 1 \tag{2-84}$$

因此有 $\pi_0 = \dfrac{u_p}{\lambda_p + u_p}$, $\pi_1 = \dfrac{\lambda_p}{\lambda_p + u_p}$。定义系统的频谱利用率为状态 1 的稳态概率,即 $\eta = \pi_1 = \dfrac{\lambda_p}{\lambda_p + u_p}$,这是 λ_p 的增函数,是 u_p 的减函数。

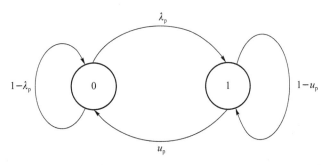

图 2-7　主用户系统的状态转移图

在主、次系统共存的模型中,主、次用户共享相同的频谱和地理空间,当主用户到达的时候,次用户要自动退让,以避免对主用户产生干扰。当次用户要接入频谱的时候,次用户先检测,后接入,因此主、次系统共存的状态转移图为图 2-8。其中状态 S 和 P 表示只有次用户或者主用户占用频谱,状态 2 表示主、次用户同时占用频谱,这时它们会相互干扰,这种情况是因为次用户的频谱检测发生了误检,状态 0 表示频带是空闲的,主、次用户都不占用频谱。状态 i 的稳态概率标记为 π_i,其中 $i \in \{0, S, P, 2\}$。次用户的到达和离开可以用泊松过程建模,其到达率和离开率分别标记为 λ_s 和 u_s。

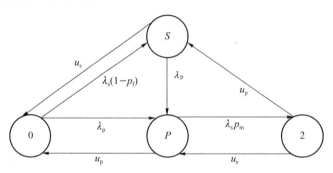

图 2-8 主、次系统共存的状态转移图

在状态 2,主、次用户发生了碰撞,这时主、次用户工作在同一个频段上,会互相干扰,因此定义状态 2 的稳态概率为干扰概率,标记为 $p_1 = \pi_2$。定义状态 S 和 P 的稳态概率之和为频谱利用率(或者频谱效率),标记为 $\eta' = \pi_P + \pi_S$。图 2-8 所示的 Markov 链的稳态方程如下:

$$\begin{cases} \pi_0 (\lambda_s(1-p_f) + \lambda_p) = \pi_S u_s + \pi_P u_p \\ \pi_S (u_s + \lambda_p) = \pi_0 \lambda_s (1-p_f) + \pi_2 u_p \\ \pi_P (\lambda_s p_m + u_p) = \pi_0 \lambda_p + \pi_S \lambda_p + \pi_2 u_s \\ \pi_2 (u_s + u_p) = \pi_P \lambda_s p_m \\ \pi_0 + \pi_S + \pi_P + \pi_2 = 1 \end{cases} \tag{2-85}$$

因此可以求解稳态概率如下:

$$\begin{cases} \pi_0 = \dfrac{u_p (\lambda_p(u_p + u_s) + u_s(\lambda_s p_m + u_p + u_s))}{(\lambda_p + u_p)(\lambda_p + \lambda_s - \lambda_s p_f + u_s)(\lambda_s p_m + u_p + u_s)} \\[3mm] \pi_S = \dfrac{\lambda_s u_p (\lambda_p p_m + (1-p_f)(\lambda_s p_m + u_p + u_s))}{(\lambda_p + u_p)(\lambda_p + \lambda_s - \lambda_s p_f + u_s)(\lambda_s p_m + u_p + u_s)} \\[3mm] \pi_P = \dfrac{\lambda_p (u_p + u_s)}{(\lambda_p + u_p)(\lambda_s p_m + u_p + u_s)} \\[3mm] \pi_2 = \dfrac{\lambda_p \lambda_s p_m}{(\lambda_p + u_p)(\lambda_s p_m + u_p + u_s)} \end{cases} \tag{2-86}$$

经过一些变换,得到了干扰概率和频谱利用率的表达式:

$$\eta' = \dfrac{\lambda_p(u_p + u_s) + \dfrac{\lambda_s u_p(\lambda_p p_m + (1-p_f)(\lambda_s p_m + u_p + u_s))}{\lambda_p + \lambda_s - \lambda_s p_f + u_s}}{(\lambda_p + u_p)(\lambda_s p_m + u_p + u_s)} \tag{2-87}$$

$$p_1 = \pi_2 = \dfrac{\lambda_p \lambda_s p_m}{(\lambda_p + u_p)(\lambda_s p_m + u_p + u_s)} \tag{2-88}$$

其中 η' 是主、次系统共存时的频谱利用率,p_1 是系统干扰概率。当次用户的误检概率 $p_m = 0$ 的时候,有

$$\eta' - \eta = \frac{\lambda_s u_p (1 - p_f)}{(\lambda_p + u_p)(\lambda_p + \lambda_s (1 - p_f) + u_s)} > 0 \tag{2-89}$$

这意味着当 $p_m = 0$ 的时候,主、次系统共存可以提升频谱利用率。但是频谱利用率受制于误检概率 p_m,当 p_m 增大的时候,干扰概率 p_I 也增大,频谱利用率 η' 将会变小。注意到 η' 是 p_m 和 p_f 的函数,但是 p_I 只是 p_m 的函数,因此求解方程(2-88),可以得到 p_m 关于 p_I 的函数,如下:

$$p_m = \frac{p_I (\lambda_p + u_p)(u_p + u_s)}{(1 - p_I)\lambda_p \lambda_s - p_I \lambda_s u_p} \tag{2-90}$$

将式(2-90)代入式(2-66)中,得到频谱信息量 $I(X;Y)$ 关于 p_I 和 p_f 的函数表达式。频谱信息量和干扰概率的关系如图 2-9 所示,其中固定 p_f 的值。如图 2-9 所示,干扰概率是频谱信息量的减函数,即当频谱信息量增加的时候,干扰概率会减小。干扰概率是频谱信息量的凸函数,因此当频谱信息量较少的时候,频谱信息量的增加会使得干扰概率减小得较快,但是当频谱信息量较大的时候,频谱信息量的增加会使得干扰概率减小得较慢,也就是说,频谱信息量较小的时候边际效用较大。在图 2-9 中,当 p_f 较小的时候,干扰概率较大,这是因为 p_I 是 p_m 的增函数,且当 p_f 较小的时候,p_m 较大,因此干扰概率较大。

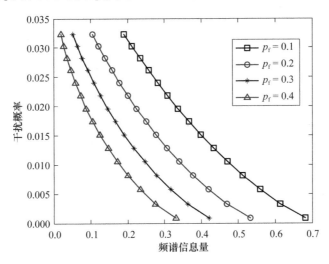

图 2-9　频谱信息量和干扰概率的关系,参数配置为 $\lambda_p = \lambda_s = 0.5, u_p = u_s = 1, p_0 = 0.6$

注意到频谱利用率 η' 和频谱信息量都是 p_m 和 p_f 的函数,因此固定 p_f,解方程(2-87),得到 p_m 关于 η' 的函数表达式,接着将 p_m 的表达式代入式(2-66),得到频谱信息量关于频谱利用率 η' 和虚警概率 p_f 的表达式。在不同的 p_f 值之下,频谱信息量和频谱利用率的关系如图 2-10 所示。同理,在不同的 p_m 值之下,频谱信息量和频谱利用率的关系如图 2-11 所示。

在图 2-10 和图 2-11 中,频谱利用率是频谱信息量的增函数。另外,频谱利用率是频谱信息量的凹函数,这意味着当频谱信息量变多的时候,频谱利用率提升的速度越来越慢,即频谱信息量的边际效用在减小。在图 2-10 中,当虚警概率 p_f 较小的时候,频谱利用率较大,这说明 p_f 对 η' 有主要影响,因为在 p_f 减小的时候 p_m 会相应地增大。图 2-11 再次验证了这个事实,因为在图中当 p_m 较大的时候,p_f 较小,频谱利用率较大。

上文展示了频谱信息量和网络性能参数之间的关系。频谱信息量的增多意味着认知用户对环境的资源信息认识得更加清楚,因此随着频谱信息量的增多,网络性能参数将会得到提升。在这个意义上,为了优化网络的性能参数(比如提升频谱利用率)和减小干扰概率,可以以频谱信息量为目标函数进行优化,下一部分将讨论这个主题。

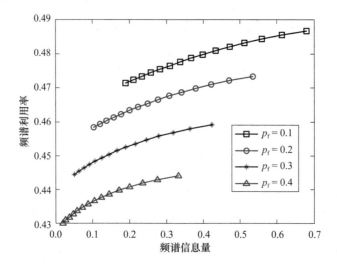

图 2-10   在不同的 p_f 值之下,频谱信息量和频谱利用率 η' 的关系,
参数配置为 $\lambda_p = \lambda_s = 0.5, u_p = u_s = 1, p_0 = 0.6$

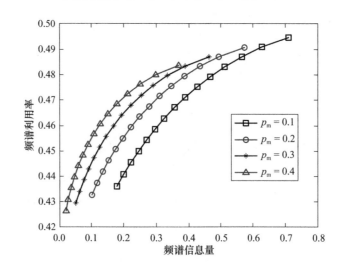

图 2-11   在不同的 p_m 值之下,频谱信息量和频谱利用率 η' 的关系,
参数配置为 $\lambda_p = \lambda_s = 0.5, u_p = u_s = 1, p_0 = 0.6$

2.3.3   频谱信息量的应用

本节使用频谱信息量作为目标函数来优化频谱检测里面的参数,如优化能量检测中的检测门限和协作检测中 K-out of-M 准则里面的 K 值。

1. 决定能量检测的检测门限

之前的研究一般使用 Neyman-Pearson 准则或者 Bayesian 准则来优化能量检测中的参数,注意到能量检测的检测门限影响虚警概率和误检概率,因此本节提出通过频谱信息量准则来获得最优的检测门限,如下所示。

$$\text{Maximize}_{\varepsilon} \qquad I(X;Y)$$

$$\text{Subject to} \qquad p_m \leqslant \xi_m, p_f \leqslant \xi_f \qquad (2\text{-}91)$$

其中 ξ_m 和 ξ_f 分别是误检概率和虚警概率的上限，ε 是检测门限，$I(X;Y)$ 是频谱信息量。

2. 决定协作检测 K-out of-M 准则的 K 值

为了表达方便，用如下公式来表示协作检测中的频谱信息量：

$$I(Y_1, Y_2, \cdots, Y_M; X) \stackrel{\triangle}{=} I(\bigcup_{i=1}^{M} Y_i; X) \qquad (2\text{-}92)$$

其中 $\bigcup_{i=1}^{M} Y_i \stackrel{\triangle}{=} Y$ 是各个节点的检测结果在融合中心的融合结果。在 K-out of-M 准则中，标记 Λ 为判决主用户存在的次用户节点数目，那么次用户的判决策略为

$$\begin{cases} \Lambda \geqslant K, & \text{判决} \mathcal{H}_1 \\ \Lambda < K, & \text{判决} \mathcal{H}_0 \end{cases} \qquad (2\text{-}93)$$

标记协作检测中每个次用户的检测概率和虚警概率分别是 Q_d 和 Q_f，于是 K-out of-M 准则下的协作检测的误检概率和虚警概率分别是

$$p_m = 1 - \sum_{i=K}^{M} B(i; M, Q_d) \qquad (2\text{-}94)$$

$$p_f = \sum_{i=K}^{M} B(i; M, Q_f) \qquad (2\text{-}95)$$

其中 $B(k; n, p) = \binom{n}{k} p^k (1-p)^{n-k}$。将式(2-94)和式(2-95)代入式(2-66)，可以得到 K-out of-M 准则下的协作检测中的频谱信息量，然后类似式(2-91)，通过最大化频谱信息量来优化 K 值。将文献[14]中的 Neyman-Pearson (NP) 准则与本章的频谱信息量准则进行比较。

关于 K-out of-M 准则，有下述定理。

定理 2-15　对于协作检测中的 K-out of-M 准则，有关系 $\lim\limits_{M \to \infty} I(X;Y) = H(X)$。

证明： 这个定理表明，当参与检测的节点数趋于无限多的时候，协作检测可以将主用户的不确定性完全消除，从而获得最多的频谱信息量。根据中心极限定理（Central Limit Theorem, CLT），贝努利分布 $B(n, p)$ 可以用正态分布 $\mathcal{N}(np, np(1-p))$ 来逼近。当 n 足够大的时候，有

$$p_f = \sum_{i=K}^{M} B(i; M, Q_f) = Q\left(\frac{K - MQ_f}{\sqrt{MQ_f(1-Q_f)}}\right) \qquad (2\text{-}96)$$

$$p_m = 1 - \sum_{i=K}^{M} B(i; M, Q_d) = Q\left(\frac{MQ_d - K}{\sqrt{MQ_d(1-Q_d)}}\right) \qquad (2\text{-}97)$$

令 $K = M\dfrac{Q_d + Q_f}{2}$，因为始终有 $Q_d > Q_f$，因此有 $\lim\limits_{M \to \infty} p_f = \lim\limits_{M \to \infty} p_m = 0$，而错误概率为

$$p_e = p_0 p_f + p_1 p_m \to 0 \qquad (2\text{-}98)$$

根据 Fano 不等式，当 $n \to \infty$ 的时候，$H(X|Y) \to 0$，$I(X;Y) \to H(X)$，也就是说，次用户可以将主用户的不确定性完全消除。

$\#$

2.4　频谱信息传递方法

为了高效利用环境中的频谱空洞，需要准确、快速地传递频谱信息。在文献[15]和[16]

中,认知数据库中频谱信息的传递方法得到了研究。需要注意的是,空间维度频谱信息多是通过认知数据库的方法获取的,而时间维度频谱信息多是通过频谱检测的方法获取的。本节研究空间维度频谱信息的传递方法。

栅格是用来归类和存储频谱信息的,是精确、高效地传递频谱信息的关键。但是现有文献中关于栅格管理策略的研究很少。文献[11]第一次提出栅格划分问题,并且建议采用大小可变的栅格。文献[17]和[18]研究了最优栅格划分策略,文献[17]考虑了 GPS 定位误差和多制式网络重叠区的信息损失问题,在一定程度上提高了频谱信息表征的精度和频谱信息传递效率。文献[18]逻辑地聚合了无线电参数相同的栅格,重新设计了频谱信息发送帧格式。但是文献[17]和[18]都没有从地理上聚合栅格,并且更严重的问题是,文献[18]延长了频谱信息发送帧,所以收发链路需要更大的带宽来通信。但是如果从地理上聚合栅格,那么不仅栅格数量会下降,而且频谱信息的帧长不会增加,所以这会提高频谱信息的传递效率。

2.2.1 节已经初步介绍了空间维度频谱信息的传递问题,次用户访问认知数据库的方法主要有点播和广播两种模式。在图 2-1 中,栅格是矩形,终端分布在整个区域。认知数据库将频谱信息以广播或者点播的模式发送给终端。

在广播模式中,所有栅格的频谱信息被周期性地广播下去,被相应栅格里的终端接收到。频谱信息的头部有相应栅格的地理信息,终端接收到频谱信息时先取出栅格的地理信息,然后基于自己的地理位置进行判断,终端如果在栅格内部,就接收频谱信息,否则丢弃频谱信息。在栅格数量较多的时候广播模式的平均时延较大,但是广播模式的时延不受终端数目的影响。

点播模式既有上行链路又有下行链路[11],在传统的点播模式中,终端获取自己的地理信息,发出请求(包含用户的地理位置信息),然后数据库服务器响应请求,将相应的频谱信息发送给终端。对于点播模式,在用户请求速率高于某个门限的时候平均时延会无限大,即点播模式的信息传输时延对用户数目敏感,这对应于一个不稳定的排队系统。另外,考虑到用户的移动性,尤其对于高速移动的用户,由于数据库处理和传输信息的时延,用户有可能接收到的频谱信息是自己上个位置的频谱信息,而非现在位置的频谱信息,即频谱信息的传输出现了错误。本节提出一种基于栅格划分的频谱信息传递方法:当次用户处于栅格 i 内部的时候,它通过访问认知数据库获得栅格 i 的频谱信息,之后只要次用户没移动出栅格 i,它就使用原来的频谱信息。而一旦次用户移动出去栅格 i,进入一个新的栅格,它就需要向数据库请求新的频谱信息。直观地,栅格越小,用户获得的频谱信息的错误率越小,但是用户需要频繁地向数据库请求信息,因为用户很容易移动出原来的栅格。反之,栅格越大,用户获得的频谱信息的错误率越大,但是用户向数据库请求信息的频度下降了,这样可以提升数据库的信息传递效率。因此,频谱信息的发送效率和错误率存在一个折中关系。

在这部分,本节提出了动态自适应的栅格聚合策略,可以从地理上聚合栅格,从而可以在不增大无线电参数误差的情况下,极大地减少栅格数量。减少栅格数量可以直接降低广播模式的传输时延;对于点播模式来说,在不增大无线电参数误差的情况下,栅格聚合算法可以降低用户向认知数据库的请求频度,提升数据库的信息发送效率。

2.4.1 理论分析

为了分析频谱信息传递效率和传递正确性之间的折中关系,首先寻找栅格数量和无线电参数误差的联系。在定理 2-2 中，已经得到了无线电参数误差与栅格数量的关系，即 $p_{\mathrm{e}}=O\left(\dfrac{1}{\sqrt{M}}\right)$，但是这仅仅是一个阶数意义上的结果。下面研究无线电参数误差和栅格数量近似精确的关系式，并给出如下定理。

定理 2-16　整个区域的无线电参数误差可表示为栅格数量 M 的函数：

$$p_{\mathrm{e}}=\kappa\,\frac{1}{\sqrt{M}} \tag{2-99}$$

并且 $\kappa=\dfrac{\pi+\ln 64}{12\pi}\dfrac{\pi\xi}{-4\sqrt{2}\tanh^{-1}(1-\sqrt{2})L}$，其中 ξ 是所有网络边界的长度，L 是整个区域的边长，$\tanh^{-1}(z)$ 是反双曲函数（inverse hyperbolic function），反双曲函数的定义为 $\tanh^{-1}(z)=\dfrac{1}{2}\ln\dfrac{1+z}{1-z}$。注意到 κ 是一个常数，主要由 ξ 和 L 决定。

证明： 在栅格数目 M 足够大的时候，栅格的尺寸很小，这时切割一个参数不纯净的栅格的主网络边界可以近似为一条直线，如图 2-12 所示。本节忽略多个网络的边界切割一个栅格的情形，因为当 M 足够大的时候，这类事件发生的概率很低。两个参数 x 和 θ 决定了一条直线，如图 2-12 所示，$X=x$ 是点 A 到网络边界的距离，$\Theta=\theta$ 是网络边界和水平线的角度。X 和 Θ 都是均匀分布的随机变量，其概率密度函数如下：

$$f_{\Theta}=\frac{4}{\pi},\ 0\leqslant\theta\leqslant\frac{\pi}{4} \tag{2-100}$$

$$f_X(x)=\frac{2}{\sqrt{2}L\sin\left(\theta+\dfrac{\pi}{4}\right)},\ 0\leqslant x\leqslant\frac{\sqrt{2}L\sin\left(\theta+\dfrac{\pi}{4}\right)}{2} \tag{2-101}$$

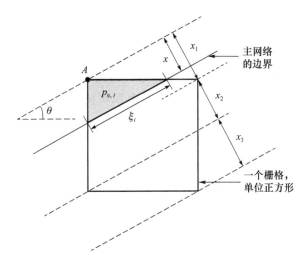

图 2-12　主网络的边界切割一个栅格

在栅格内部，网络边界的长度为

$$\xi_i=\begin{cases}x\tan\theta+x\cot\theta, & x\leqslant x_1\\[2mm]\dfrac{1}{\cos\theta}, & x_1<x<x_1+\dfrac{x_2}{2}\end{cases} \tag{2-102}$$

其中 x_1, x_2, x_3 如图 2-12 所示,且其取值如下:

$$x_1 = x_3 = \sin\theta \tag{2-103}$$

$$x_2 = \left[\sqrt{2}\sin\left(\theta + \frac{\pi}{4}\right) - 2\sin\theta\right]^+ \tag{2-104}$$

其中函数 $[*]^+ = \max\{0, *\}$,则这个栅格的无线电参数误差为图 2-12 中阴影区域的面积,表达如下:

$$p_{e,i} = \begin{cases} \dfrac{x^2}{\sin 2\theta}, & x \leqslant x_1 \\ \dfrac{x}{\cos\theta} - \dfrac{\tan\theta}{2}, & x_1 < x < x_1 + \dfrac{x_2}{2} \end{cases} \tag{2-105}$$

其中落在栅格内部的网络边界的长度 ξ_i 和无线电参数误差 $p_{e,i}$ 的期望值如下:

$$\begin{aligned} E[\xi_i] &= \int_0^{\frac{\pi}{4}} \left(\int_0^{\sin\theta} (x\tan\theta + x\cot\theta) f_X(x)\,\mathrm{d}x + \int_{\sin\theta}^{\frac{\sqrt{2}L\sin\left(\theta+\frac{\pi}{4}\right)}{2}} \frac{1}{\cos\theta} f_X(x)\,\mathrm{d}x\right) f_\Theta(\theta)\,\mathrm{d}\theta \\ &= -\frac{4\sqrt{2}\tanh^{-1}(1-\sqrt{2})}{\pi} \cong 0.793\,5 \end{aligned} \tag{2-106}$$

$$\begin{aligned} E[p_{e,i}] &= \int_0^{\frac{\pi}{4}} \left(\int_0^{\sin\theta} \frac{x^2 f_X(x)}{2\sin\theta\cos\theta}\,\mathrm{d}x + \int_{\sin\theta}^{\frac{\sqrt{2}L\sin\left(\theta+\frac{\pi}{4}\right)}{2}} \left(\frac{x}{\cos\theta} - \frac{\tan\theta}{2}\right) f_X(x)\,\mathrm{d}x\right) f_\Theta(\theta)\,\mathrm{d}\theta \\ &= \frac{\pi + \ln 64}{12\pi} \cong 0.193\,7 \end{aligned} \tag{2-107}$$

求解参数 K 即求解无线电参数不纯净的栅格数目。使用式(2-106)时,为了简便起见,假设 M 个栅格里面前 K 个栅格的无线电参数不纯净,则有如下结果:

$$E[\xi_i] \overset{(a)}{=} \frac{1}{K}\sum_{i=1}^{K}\xi_i \overset{(b)}{=} \frac{1}{K}\xi \tag{2-108}$$

其中(a)是基于大数定理得到的,(b)是基于如下事实得到的:无线电参数不纯净的栅格覆盖了所有网络的边界,所以落在每个栅格里面的网络边界的长度和是总的网络边界长度。根据式(2-108),K 的值可以估计如下:

$$K = \frac{\xi}{E[\xi_i]} = \frac{\pi\xi}{-4\sqrt{2}\tanh^{-1}(1-\sqrt{2})\varepsilon} \tag{2-109}$$

假设前 K 个栅格有不纯净的无线电环境,那么整个区域的无线电参数误差为

$$p_e = \frac{1}{M}\sum_{i=1}^{K} p_{e,i} \overset{(c)}{=} \frac{K}{M}E[p_{e,i}] \tag{2-110}$$

其中(c)是基于大数定理得到的,将式(2-109)中 K 的值以及式(2-106)中 $E[p_{e,i}]$ 的值代入式(2-110),得到整个区域的无线电参数误差和栅格数目的关系式:

$$p_e = \frac{1}{\sqrt{M}}\frac{\pi + \ln 64}{12\pi}\frac{\pi\xi}{-4\sqrt{2}\tanh^{-1}(1-\sqrt{2})L} \tag{2-111}$$

其中 ξ 是所有网络边界的长度,L 是整个区域的边长,M 是栅格的数目,这就是无线电参数误差的逼近表达式。

定理 2-16 再次验证了定理 2-2 的结论,定理 2-2 证明了整个区域的无线电参数误差为 $p_e = O\left(\dfrac{1}{\sqrt{M}}\right)$,在定理 2-16 中,其实得到 $p_e = \Theta\left(\dfrac{1}{\sqrt{M}}\right)$,这是一个更紧的界。定理 2-16 给出了无线电参数误差和栅格数目 M 之间的关系,于是为了达到一个可以容忍的无线电参数误差,可以选择一个适当的 M 值。而从定理 2-8 可以知道:如果两个栅格具有相同的无线电参数,那么融合这两个栅格以后,整个区域的无线电参数误差不变。这为栅格融合算法提供了依据——可以将无线电参数相同的栅格融合在一起,这样会使频谱信息的传输效率更高,且不会增大无线电参数误差! 如图 2-1 所示,栅格 3 和栅格 4 即融合后的栅格。接下来详述栅格融合算法(Mesh Fusion Algorithm,MFA)。

2.4.2　算法设计

认知数据库主要通过信道模型来预测每个点处的信号强度,从而描绘出主网络的覆盖边界(理想化地假设主网络的覆盖边界是正圆)。在认知数据库构造完成以后,就可以实行基于栅格的频谱信息发送方案。为了获取频谱信息,次用户将自己的地理位置信息发送给认知数据库,然后数据库响应次用户的请求,将次用户所在栅格的频谱信息发送给次用户,只要次用户还在这个栅格内部,就不需要重复请求数据(以降低认知数据库的负荷),而一旦次用户移动出这个栅格,就需要重新向认知数据库请求它所在栅格的频谱信息。为了提升频谱信息的传递效率,相邻的无线电参数相同的栅格可以融合在一起,这样也不会增大频谱信息的表征误差,同时会降低次用户请求频谱信息的频度。

在 2.4.1 节,我们得到定理 2-16,该定理描述了无线电参数误差和栅格数量 M 的近似关系式,无线电参数误差随着 M 的增大而减小。当 M 的值比较大的时候,数据库和次用户的负荷都比较大,因为对于数据库来说,它将面临来自次用户的频繁请求,对于次用户来说,它将频繁请求频谱信息,这会带来额外的开销。因此,通过约束无线电参数误差来得到一个 M 的下界,当 $p_e \leqslant \beta$ 的时候,将式(2-99)中 p_e 的值代入式(2-111),得到

$$M \geqslant \left(\frac{(\pi + \ln 64)\xi}{12(-4\sqrt{2}\tanh^{-1}(1-\sqrt{2})L\beta)}\right)^2 \triangleq M_1 \tag{2-112}$$

当整个区域被分割为 $\lceil M_1 \rceil \times \lceil M_1 \rceil$ 个栅格的时候,整个区域的无线电参数误差不会超过 β。但是在这些栅格中仍然存在着频谱信息冗余,即相邻的栅格的无线电参数有可能相同,因此栅格融合显然可以降低频谱信息的冗余度,降低认知数据库和认知用户的开销。下面设计栅格划分和融合算法。

栅格划分和融合算法的目的是以尽量少的栅格覆盖整个区域,通过将相邻的无线电参数相同的栅格融合,可以进一步减少栅格的数量,而不会增大无线电参数误差。这里设计两个栅格划分和融合算法。

在第一个算法中,首先将整个区域均匀地划分为规则栅格,标记这步操作为规则栅格划分(Regular Mesh Division,RMD),然后将相邻的无线电参数相同的栅格进行融合,标记这个算法为规则区域划分-栅格融合算法(Regular Mesh Division and Mesh Fusion Algorithm,RMD-MFA)。在第二个算法中,一开始认为整个区域是一个不合格的栅格,其中合格的栅格定义为无线电参数误差小于一个门限的栅格或者尺寸足够小的栅格(这时栅格的无线电环境几乎纯净了),然后迭代地分割不规则的栅格,保留合格的栅格,这样当栅格被划分得越来越小

的时候,所有的栅格都会成为合格栅格。第二个算法采用了分形的迭代操作,这步操作称为基于分形的栅格划分(Fractal based Mesh Division,FbMD)。其中 FbMD 可以单独使用,因为进行 FbMD 操作以后栅格的数量已经足够少了,不过如果在进行 FbMD 操作之后,再进一步融合无线电参数相同的相邻栅格,那么栅格的数量还可以进一步减少。因此,第二个算法标记为基于分形的栅格划分-栅格融合算法(Fractal based Mesh Division and Mesh Fusion Algorithm,FbMD-MFA)。2.4.2 节详细描述了这两个算法。

1. RMD-MFA

从算法描述和理论分析两个层面来介绍 RMD-MFA。

1) 算法描述

当整个区域被均匀地划分为 $\lceil M_1 \rceil \times \lceil M_1 \rceil$ 个规则栅格以后,使用 MFA 来融合栅格。两个可以融合的栅格不仅要在地理上相邻,还要具有相同的无线电参数,其中无线电参数的定义在式(2-6)中给出。如图 2-13 所示,栅格 $[x_1,y_1;x_2,y_2]$ 和栅格 $[x_3,y_3;x_4,y_4]$ 被融合成一个新的栅格,即栅格 $\left[\min\limits_{i=1,\cdots,4} x_i, \min\limits_{i=1,\cdots,4} y_i; \max\limits_{i=1,\cdots,4} x_i, \max\limits_{i=1,\cdots,4} y_i\right]$。其中栅格融合有两种方式,即水平融合和垂直融合,如图 2-13 所示。在本章中,如果栅格 i 和栅格 j 可以融合,则将其标记为 "$\text{mesh}_i \leftrightarrow \text{mesh}_j$"。

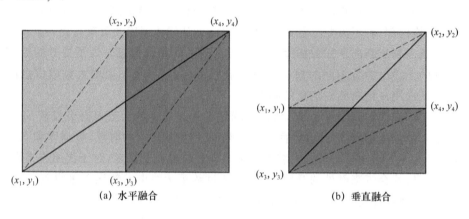

(a) 水平融合　　　　　　　　(b) 垂直融合

图 2-13　栅格融合操作

如图 2-14 所示,在进行 RMD 之后,栅格是按次序存储的,因此更加高效的数据结构可以应用在 MFA 中,以节省搜索时间。在图 2-14 中,数组 map 存储一个栅格的右相邻和下相邻栅格的编号,其中 0 标记为无效栅格。以数组 map 的第 i 列为例,map[1,i] 是栅格 i 的标号,map[2,i] 是栅格 i 的右相邻栅格的标号,map[3,i] 是栅格 i 的下相邻栅格的标号。因为相邻的栅格是以规则的方式存储的,所以搜索时间可以大大减少。

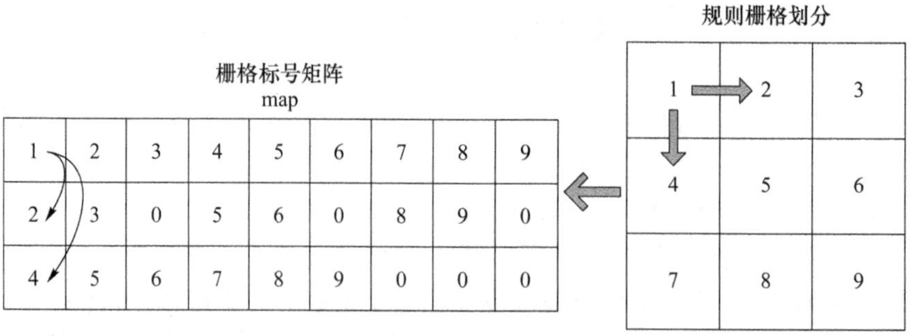

图 2-14　MFA 的数据结构

整个区域被划分为 $N_m = \lceil M_1 \rceil \times \lceil M_1 \rceil$ 个栅格,其中 N_m 是算法初始的栅格数量,每个栅格的无线电参数存储在数组 $[f]_{N_m \times 1}$ 中。RMD-MFA 在算法 2-1 中描述,其中关键的操作是在栅格融合之后更新相邻栅格的信息。

算法 2-1　RMD-MFA 算法

前提:	分割整个区域为 $N_m = \lceil M_1 \rceil \times \lceil M_1 \rceil$ 个规则的栅格
确保:	初始化数组 map,label←true
1	**while** label **do**
2	label←false
3	**for** $i = 1$ to N_m **do**
4	**if** map$[1, i] \neq 0$ **then**
5	L_r←map$[2, i]$
6	**if** $L_r \neq 0$ **&** mesh$_i$↔mesh$_{L_r}$ **then**
7	map$[2, i]$←map$[2, L_r]$,map$[1, L_r]$←0
8	label←true
9	**end if**
10	L_d←map$[3, i]$
11	**if** $L_d \neq 0$ **&** mesh$_i$↔mesh$_{L_d}$ **then**
12	map$[3, i]$←map$[3, L_d]$,map$[1, L_d]$←0
13	label←true
14	**end if**
15	**end if**
16	**end for**
17	**end while**

2）算法分析

在 RMD-MFA 中,栅格融合操作可以减少栅格的数量,其中相邻的无线电参数相同的栅格在算法中被融合。在定理 2-17 中探索算法的性能,即探索算法可以将栅格数量降低多少。

定理 2-17　在 RMD-MFA 中,通过 RMD 后,如果在 MFA 之前栅格的数量是 M,那么经过 MFA 之后栅格数量的上界是 $(N^2 - N + 2)\sqrt{M} = \Theta(\sqrt{M})$,即栅格融合算法可以将栅格数量从 M 降为 $\Theta(\sqrt{M})$。

证明: 栅格可以水平和垂直地融合,如果只是水平地融合栅格,就能获得经过 MFA 之后栅格数量的上界。在组合数学里有如下结论:N 个凸的闭合图形(比如正圆)能将整个平面最

多划分为 N^2-N+2 个部分。利用这个结论，进一步假设 TV 网络的覆盖区域是凸的，于是在一行栅格中无线电参数的类型最多有 N^2-N+2 种，因此一行的 $\sqrt{M}$ 个栅格可以被融合为 N^2-N+2 个栅格。因为有 $\sqrt{M}$ 行栅格，所以经过 MFA 之后（假如只在水平方向上融合栅格），栅格数量为 $(N^2-N+2)\sqrt{M}=\Theta(\sqrt{M})$。因为只考虑水平方向上的栅格融合，所以这个数目是经过 MFA 之后栅格数量的上界。

\#

2. FbMD-MFA

1）离散化处理

把整个区域等分为 $N\times N$ 个矩形，其中 $N=2^k$，k 为正整数。获取所有矩形中心点的坐标。因为矩形已经分得足够小了，可以认为矩形里任意点的无线电参数和矩形中心点的一致，即矩形中心点代表了整个矩形。也就是说，这里的矩形是最小的处理单元，在本章中称为"像素"。定义一个二进制变量 $M(\mathrm{RAT}_i,x,y)$，它表示在坐标 (x,y) 处是否有 RAT_i：

$$M(\mathrm{RAT}_i,x,y)=\begin{cases}1, & \text{如果在}(x,y)\text{检测到}\mathrm{RAT}_i\\ 0, & \text{如果在}(x,y)\text{没检测到}\mathrm{RAT}_i\end{cases} \tag{2-113}$$

利用上述的表达，在 (x,y) 处将所有 RAT 对应的二进制变量按照如下方式组合，即得到一个刻画坐标 (x,y) 处无线电参数的变量[2-10]：

$$I(x,y)=\sum_{i=1}^{T}M(\mathrm{RAT}_i,x,y)\times 2^{i-1} \tag{2-114}$$

其中 T 是 RAT 的数量，每个像素中心点的无线电参数值 $I(x,y)$ 被存储在一个 $N\times N$ 的矩阵 Gra 里面，矩阵 Gra 可以近似描述整个区域上每一个点的无线电参数。注意到 $I(x,y)$ 是 0 到 2^T 的整数。

2）算法参数

FbMD-MFA 有 3 个主要参数：误差下限、最短边长和存储不合格栅格的栈。

误差下限：记为 $\sigma_{\min}$。定义一个栅格的无线电参数误差为

$$\mathrm{RPE}=1-\max_{J}\left\{\frac{N_J}{N_P}\right\} \tag{2-115}$$

其中 N_J 是在该栅格内特征为 k 的像素的数目，N_P 是该栅格内像素的数目。如果一个栅格的 RPE 小于 $\sigma_{\min}$，就认为这个栅格是合格的，这意味着这个栅格内部的无线电环境是近似纯净的。

最短边长：记为 $e_{\min}$。最短边长定义了最小栅格的边长，上文提到的像素可以作为最小栅格，但是为了控制栅格的数量，最小栅格要比像素大一些。如果一个栅格的边长小于 $e_{\min}$，它也是合格的，不管其 RPE 满足不满足要求，这个栅格都不能被进一步划分了。

存储不合格栅格的栈：记为 stack。这个栈存储不合格栅格。在每次迭代后，从 stack 出栈一个栅格，将出栈的栅格二等分，得到两个新栅格，其中合格的栅格存到数组 mesh 中，不合格的栅格入栈到 stack 中，再进行下一次迭代，直到 stack 为空迭代结束。

3）算法描述

在进行 FbMD 之后，参数相同的栅格仍然存在，所以在进行 FbMD 之后再执行 MFA 的效果更好，即使不用 MFA，单独的 FbMD 也是可以使用的。

如果两个栅格是可融合的，那么它们不仅要在地理上相邻，而且要有相同的无线电环境。一个栅格的无线电环境是由大多数像素的特征决定的，这个特征进一步定义为栅格的特征，即

式(2-6)。将两个栅格融合即把两个矩形融合成一个矩形。栅格 $[x_1,y_1;x_2,y_2]$ 和 $[x_3,y_3;x_4,y_4]$ 被融合为栅格 $[\min x_i,\min y_i;\max x_i,\max y_i]$。如果 mesh_i 和 mesh_j 是可融合的,标记此关系为"$\mathrm{mesh}_i \leftrightarrow \mathrm{mesh}_j$"。

算法 2-2 描述了 FbMD-MFA,其中栅格用对角顶点的坐标表示,一开始整个区域也这么表示,因为它是第一个"不合格的栅格"。图 2-15 示意了栅格划分操作,其中栅格 $[x_1,y_1;x_2,y_2]$ 被划分为如下两个栅格: $\left[x_1,y_1;\dfrac{x_1+x_2}{2},y_2\right]$, $\left[\dfrac{x_1+x_2}{2},y_1;x_2,y_2\right]$。

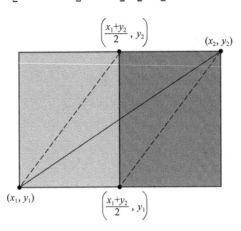

图 2-15　栅格划分操作

算法 2-2 的第一部分:FbMD

前提:	初始化 $\sigma_{\max}$,$e_{\min}$ 为一个合适的值 stack←整个区域,mesh←$\varnothing$
确保:	**while** stack 非空 **do**
1	栅格 m 从 stack 出栈
2	分割 m,得到两个更小的栅格 m_1,m_2
3	**for** $j=1$ to 2 **do**
4	**if** m_j 合格 **then**
5	将 m_j 添加到数组 mesh
6	**else**
7	将 m_j 添加到栈 stack
8	**end if**
9	**end for**
10	**end while**

算法 2-2 的第二部分：MFA

前提：	得到栅格数目 L，label←true
确保：	**while** label **do**
1	label←false，i←1，得到 $mesh_i$
2	**while** $i \leqslant L$ **do**
3	j←1
4	**while** $j \leqslant L$ **do**
5	**if** $mesh_j \leftrightarrow mesh_i$ **then**
6	将 $mesh_j$ 和 $mesh_i$ 融合
7	更新数组 mesh，label←true
8	**end if**
9	$j = j + 1$
10	**end while**
11	$i = i + 1$
12	**end while**
13	**end while**

4）FbMD 分析

FbMD 可以用二叉树表示。如图 2-16(a)所示，其中栅格 1 是整个区域，是第一个不合格的栅格，栅格 1 被划分为栅格 2 和栅格 3，其中栅格 3 合格，栅格 2 不合格，因为要迭代地划分不合格的栅格，保留合格的栅格，所以保留栅格 3，划分栅格 2，如图 2-16 所示，栅格 2 被划分为栅格 4 和栅格 5。重复上述的迭代，直到整个区域被划分为合格的栅格，如图 2-16(b)所示。

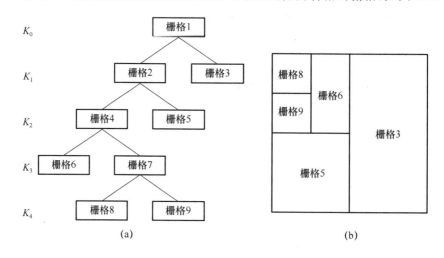

(a)　　　　　　　　　　(b)

图 2-16　基于分形的栅格划分

根据 FbMD，这棵二叉树有如下性质。

定理 2-18　只有一个孩子的栅格不存在。

证明：根据 FbMD，如果栅格合格，它不需要被分割，于是没有孩子；如果一个栅格不合格，它需要被二分，于是有两个孩子，所以只有一个孩子的栅格不存在。

$$\sharp$$

定理 2-19　二叉树上第 i 层栅格的面积是 $S_i = S/2^i$，其中 S 是整个区域的面积。

证明：第 i 层的栅格被二分了 i 次，所以面积是 $S/2^i$。

$$\sharp$$

定理 2-20　设第 i 层合格栅格的数量为 K_i，则有 $\sum\limits_{i=1}^{N} K_i 2^{-i} = 1$，其中 N 是迭代的次数（层数）。

证明：因为所有合格栅格的面积和是整个区域的面积，所以有

$$\sum_{i=1}^{N} K_i S_i = S \tag{2-116}$$

又根据定理 2-19，有 $S_i = S/2^i$，于是

$$\sum_{i=1}^{N} K_i \frac{S}{2^i} = S \Rightarrow \sum_{i=1}^{N} \frac{K_i}{2^i} = 1 \tag{2-117}$$

$$\sharp$$

定理 2-21　合格的栅格是二叉树的叶子节点。

证明：根据 FbMD，合格的栅格是不能再分割的栅格，即没有孩子的节点就是叶子节点。

$$\sharp$$

定理 2-22　如果二叉树有 N 层，那么合格栅格数量的下界是 $N+1$，上界是 2^N。

证明：根据定理 2-20，有

$$1 = \sum_{i=1}^{N} \frac{K_i}{2^i} \geqslant \sum_{i=1}^{N} \frac{K_i}{2^N} = \frac{1}{2^N} \sum_{i=1}^{N} K_i \tag{2-118}$$

于是有

$$\sum_{i=1}^{N} K_i \leqslant 2^N \tag{2-119}$$

这是栅格数量的上界，下面求下界。记二叉树上有两个孩子的栅格的数量为 n_2，没有孩子的栅格的数量为 n_0。根据定理 2-18，只有一个孩子的栅格是不存在的。根据二叉树的基本性质，有等式 $n_0 = n_2 + 1$，并且注意到，一旦一个栅格被分割，n_2 就增加 1。为了让 n_2 减小，就要减少分割操作的次数。在每一层（每次迭代）分割一次是最经济的操作，于是一层产生一个有两个孩子的栅格，就有 $n_2 = N$，从而 $n_0 = N+1$。根据定理 2-21，合格栅格的数目即 n_0，于是得到了合格栅格数目的下界。

$$\sharp$$

3. 基于多边形的栅格划分的频谱信息传输方法

我们考虑 3 个网络的具体情况。电视网络是基本网络，那些在网络外无执照的用户则可以使用该网络的频谱。因此，在图 2-17 中不同地点的频谱环境可能不同。比如：在 A 点，网络 3 的频谱是不能使用的，然而网络 1 和 2 的频谱是可以使用的，在 B 点，3 个网络的频谱都不能使用；在 C 点，3 个网络的频谱都可以使用。

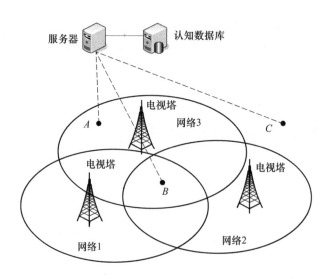

图 2-17 遵循认知无线电网络的地理数据库

在本地网络可以使用的频谱被定义为频谱信息。为了传递频谱信息,被地理数据库包含的地理区域被划分为小正方形,其可以称为像素点或栅格(本书用栅格),而栅格是频谱信息的最小尺度。栅格占多数比例的频谱信息被称作栅格的频谱信息。

定义电视塔的发送能量为 P_0。只考虑路损。因此接收能量的表达式为 $P_r = P_0 \dfrac{V}{L^\alpha}$,其中 α 是路损因子,V 是与频率有关的常量。我们为方便将 V 归一化,并且考虑 α 大于或等于 2 的情况。定义一个 η 作为接收能量的门限。当 P_r 小于门限时,我们得到 $L \geqslant \left(\dfrac{\eta}{P_0 V}\right)^{1/\alpha} = L_{th}$。其中 L_{th} 是网络覆盖半径。为建模更复杂的网络覆盖模型,我们考虑椭圆形网络和不规则网络。我们已经提取了无线网络的参数并将其归结为一个参数,同时将其命名为网络覆盖范围。一旦取得网络覆盖范围,问题就变为几何问题了。接着我们将区域划分为数个具有纯净频谱的区块并用多边形逼近它们的边界。

无执照的用户可以通过广播模式或者一对一模式得到频谱信息。在广播模式中,数据库广播每个栅格的频谱信息,包括了在首部的栅格的地理信息。一旦无执照的用户得到了频谱信息,首先他提取频谱信息的首部,其目的是解析出频谱信息中栅格的地理信息,然后他判断自己是否在该信息所对应的区域中,这个通过 GPS 等手段实现。如果他发现自己确实在该区域,那么就继续解出剩下的部分,也就是该栅格的频谱信息;否则,他将该报文丢弃。在一对一模式中,无执照的用户通过向数据库上传自己地理位置的方式取得他所在栅格的频谱信息。接着数据库向该用户发送该栅格的频谱信息。用户只要还在该栅格内,就无须再次向数据库请求新的频谱信息。然而,他一旦离开了该栅格,就需要再一次向数据库请求更新频谱信息。

我们把描述某个区域的方法称为区域定位。一旦节点的地理位置给出,它在不在该区域内也就知道了。

显然,矩形可用于区域定位。矩形对角线的顶点坐标为 (x_1, y_1)、(x_2, y_2),并且某节点坐标为 $p(x, y)$。通过 GPS 得到 p 的坐标,p 和矩形的位置关系如下:

$$\begin{cases} p\ \text{在矩形中,} & \text{当}\ x_1 < x < x_2, y_1 < y < y_2 \\ p\ \text{不在矩形中,} & \text{其他} \end{cases} \tag{2-120}$$

用多边形定位区域的算法在算法 2-3 中描述,多边形的 n 个顶点坐标被储存在数值 P

中，P 描述如下：

$$P = \begin{pmatrix} x_1 & x_2 & \cdots & x_n & x_1 \\ y_2 & y_2 & \cdots & y_n & y_1 \end{pmatrix} \tag{2-121}$$

多边形的第 i 条边描述如下：$e_i = \{P(:,i), P(:, (i \bmod n) + 1)\}$。算法 2-3 是计算几何中的常见算法。

算法 2-3　判断点是否在多边形内的算法

前提：	点 p 和 l
确保：	1 表示在内部，0 表示不在
1	从 p 画一条射线
2	**for** $i = 1$ to n **do**
3	**if** e_i 平行于 l **then**
4	Continue
5	**Else**
6	**if** p 在边 e_i **then**
7	return 1, break
8	**Else**
9	**if** 在 e_i 与 l 之间检测到交点 **then**
10	counter = counter + 1
11	**end if**
12	**end if**
13	**end if**
14	**end for**
15	返回 counter mod 2

在本章中，多边形的区域定位方案已解决。多边形被当作栅格去填充整个区域。因此问题归结于如何将整个区域划分为多边形，并且每个多边形的频谱环境都近乎纯净。在图 2-18 中，有 3 个电视网络，它们将区域划分为 $R_1, R_2, \cdots, R_7$。而且每个区块的频谱环境都不同于其他。接下来的工作是用多边形去逼近区域 $R_i, i = 1, 2, \cdots, 7$。

区域 $R_1, R_2, \cdots, R_7$ 被称作栅格。需要解决的关键问题是：①如何确定多边形的一条边；②如何搜索多边形；③如何搜索全部栅格。多边形逼近算法的描述如下。

1）确定多边形的一条边

鉴于每个网络的边界已知，问题的关键在于如何用多边形逼近网络的边界曲线。网络边界曲线的曲率可以决定多边形的边界。在曲率大的边界处，可以用较短的边来逼近曲线。否则,就要用较长的边来逼近曲线。然而,这种技巧极其依赖边界的信息。在那些曲线极不规则的地方,这种方案的效果不好。所以我们用低限度错误(Locally Linear Embedding,LLE)来决定边界。当平均逼近错误大小超过 LLE 时,这条边的长度就到此为止。图 2-19 说明了 LLE。在图 2-19 中,平均逼近错误是网络曲线和多边形的边之间的边缘部分,如下:

$$\text{error} = E\left(\sum_i d_i\right) \tag{2-122}$$

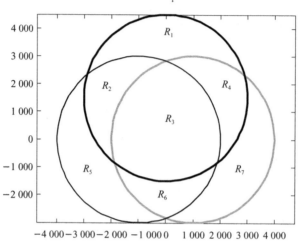

图 2-18　电视网络配置

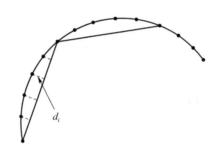

图 2-19　确定多边形的一条边

算法 2-4　边界搜索算法(Edge Search Algorithm,ESA)

前提:	起点 $p_i(x_i,y_i)$
确保:	终点 $p_{i+j}(x_{i+j},y_{i+j})$
1	$j=1$
2	**while** true **do**
3	从 p_i 开始顺时针寻找 p_{i+j}
4	**if** p_{i+j} 是网络交点 **then**
5	Return p_{i+j}; break

6	**Else**
7	计算 error
8	**if** error≥LLE **then**
9	返回 p_{i+j}；break
10	end if
11	**end if**
12	$j=j+1$
13	**end while**

2）搜索多边形（栅格）

搜索多边形是选择从一个起点到达目标交点的路径的问题。如图 2-20 所示，对于 P 点，有不止一条路径可以选择。PA 是 OP 的延长线，PB 和 PC 是两个网络的切线。显然，PC 是正确路径。从大体上说，与原路径顺时针角度最大的方向是正确方向。因此通过不断选择路径，可以得到多边形的终点。

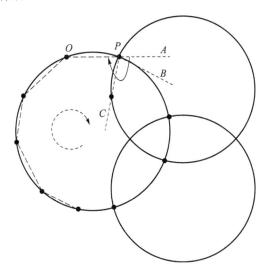

图 2-20　搜索一个多边形的方法

我们用向量积表示多边形一条边到另一条边的转向。点积被用于估计两条边之间的角度。定义两向量 $l_1=(p_i,p_j)$，$l_2=(p_j,p_k)$，它们有一个公共点。(p_m,p_n) 是拥有起点 p_m 和终点 p_n 的边。$a=l_1×l_2$，我们有如下结论。

- 如果 $a<0$，l_1 绕着 p_j 逆时针旋转，最终可以和 l_2 重合。
- 如果 $a=0$，p_i、p_j 和 p_k 三点共线。
- 如果 $a>0$，l_1 绕着 p_j 逆时针旋转，最终可以和 l_2 重合。

$$\theta=\langle l_1,l_2\rangle=\arccos\frac{(p_k-p_j)\cdot(p_j-p_i)}{\|p_k-p_j\|\cdot\|p_j-p_i\|}\in[0,\pi]$$

a 和 θ 已知，路径搜索算法（Propagation Search Algorithm，PSA）在算法 2-5 中描述。

算法 2-5　路径选择算法

前提：	$\overline{PA}$ 以及候选路径 $\overline{PC_1}, \overline{PC_2}, \cdots, \overline{PC_n}$
确保：	选择某 $\overline{PC_k}$
1	初始化 $g=0, k=0$
2	**for** $i=1$ **to** n **do**
3	**if** $\overline{PA} \times \overline{PC_i} > 0$ **then**
4	**if** $\theta = \langle PA, PC_i \rangle > g$ **then**
5	$g = \theta, k = i$
6	**end if**
7	**end if**
8	**end for**
9	返回 $\overline{PC_k}$

3）搜索全部栅格

两个网络（A 和 B）的数据结构呈现在表 2-1 中。

- $P_{A,L}(X_{A,L}, Y_{A,L})$、$P_{A,R}(X_{A,R}, Y_{A,R})$：临近 P 点的两个顶点坐标，P 在 A 的边界上。

- $P_{B,L}(X_{B,L}, Y_{B,L})$、$P_{B,R}(X_{B,R}, Y_{B,R})$：临近 P 点的两个顶点坐标，P 在 B 的边界上。

- $I_{A,L}$、$I_{A,R}$、$I_{B,L}$、$I_{B,R}$：P 4 个方向的标签，其分别为 $P_{A,L} \rightarrow P$，$P_{A,R} \rightarrow P$，$P_{B,L} \rightarrow P$，$P_{B,R} \rightarrow P$。

定义 $I_{P_s,P}(P_s \rightarrow P))$ 如下：

$$I_{P_s,P} \begin{cases} 0, & \text{从 } P_s \text{ 到 } P, \text{比如反向进入} \\ 1, & \text{从 } P \text{ 到 } P_s, \text{比如正向进入} \\ 2, & P \text{ 不可达} \end{cases} \tag{2-123}$$

表 2-1　两个网络的数据结构交互

网络 A	$X_{A,L}$	$X_{A,R}$	$X_{B,L}$	$X_{B,R}$	$I_{A,L}$	$I_{B,L}$
网络 B	$Y_{A,L}$	$Y_{A,R}$	$Y_{B,L}$	$Y_{B,R}$	$I_{A,R}$	$I_{B,R}$

　　搜索全部栅格的算法为栅格搜索算法（Method of Successive Algorithm，MSA），在算法 2-6 中描述。

算法 2-6　栅格搜索算法

前提：	交点 $p_1, p_2, \cdots, p_m$ 是边界的交点序列
确保：	全部栅格都是分开的，没有覆盖之类的情况
1	将每个交点的 I 值初始化为 2，label $= 1$
2	**while** label **do**
3	label $= 0$
4	**for** $i = 1$ to m **do**
5	**if** $\exists P_s$, s.t. $I_{P_i, P_s} = 0$ **then**
6	label $= 1$，$P_N = P_s$
7	**else**
8	**if** $\exists P_h$, s.t. $I_{P_i, P_h} = 2$ **then**
9	label $= 1$，$P_N = P_h$
10	**end if**
11	从 P_i 开始，用 ESA 找到一个栅格，路径沿着 $P_i P_N$，并将其记录到栅格数组中。当搜索算法遇到一个交点时，如果 I 等于 1，则其值保持不变，否则依据式（2-123）改变其值
12	**end if**
13	**end for**
14	**end while**
15	返回 mesh

MSA 的正确性由如下定理证明。

定理 2-23　通过 MSA 可以找到所有栅格。

证明：MSA 可以保证每个交点从每个方向都能够正向进入。以图 2-21 为例，例如，对于 P_A，MSA 可以保证 P_A 可从 $P_{N_1, L} \rightarrow P_A$ 的方向正向进入。我们用反证法证明定理 2-23。

假设 R_5 没有被找到，那么 P_A 在 $P_A \rightarrow P_{N_2, L}$ 方向是不可达的，因此 $I_{P_{N_2, L}, P_A} \neq 1$，这和 MSA 的结果矛盾，因此结论得到了证明。

$\#$

4）整体多边形逼近算法

该算法在算法 2-7 中描述。我们首先需要找到 N 个网络的多边形逼近，接着需要找到 N 个网络的交点，并把它整合进多边形顶点的序列。当所有栅格都找到时，算法结束。

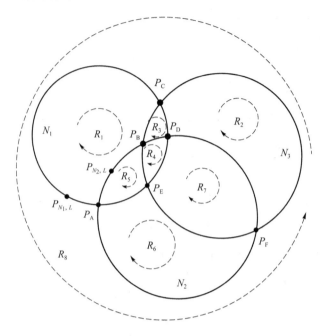

图 2-21　所有栅格均可被找到

算法 2-7　多边形逼近(Piecewise Aggregate Approximation,PAA)算法

前提：	N 个网络,其分别具有不同频谱环境
确保：	多边形逼近栅格
1	通过 ESA 找到 N 个网络的多边形逼近
2	找到 N 个网络的交点
3	把网络交点整合进多边形顶点的序列
4	从某交点开始,通过 MSA 搜寻全部栅格

该算法的关键在于保证每个交点都可以从各个方向进入。因此每个栅格都是分开的。算法 2-7 的机制是用多边形去逼近每个纯净区域。因此频谱信息可以以多边形的方式分类存储。当频谱信息需要被传递时,它可以通过多边形的频谱信息传递,这样可以覆盖一大片区域。因此错误率和效率可以同时得到保障。

5) 多边形逼近算法分析

在多边形算法中,多边形第 i 条边的错误就是图 2-22 中的阴影部分。频谱信息的错误和多边形边的数量的关系在定理 2-24 中阐述了。

定理 2-24　频谱信息错误 ε 和多边形边的数量 m 的关系是

$$\varepsilon=\Omega\left(\frac{1}{m^2}\right) \tag{2-124}$$

证明: 在图 2-22 中,频谱信息的错误(即阴影区域的面积)如下:

$$\varepsilon=\sum_{i=1}^{m}\left(\frac{\alpha_i R^2}{2}-\frac{R^2\sin\frac{\alpha_i}{2}\sqrt{1-\left(\sin\frac{\alpha_i}{2}\right)^2}}{2}\right)=\sum_{i=1}^{m}f(\alpha_i) \tag{2-125}$$

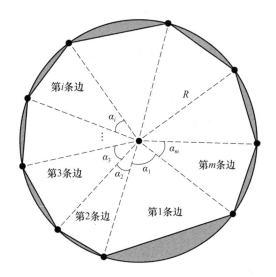

图 2-22　多边形逼近

其中 $f(\alpha_i) = \dfrac{\alpha_i R^2}{2} - R^2 \sin \dfrac{\alpha_i}{2} \sqrt{1 - \left(\sin \dfrac{\alpha_i}{2}\right)^2}$。$f(\alpha_i)$ 在 $\alpha_i = 0$ 处的三阶泰勒展开式是

$$f(\alpha_i) = R^2 \left(\frac{\alpha_i^3}{12} + o(\alpha_i^4)\right) \tag{2-126}$$

当 $m \to \infty$，$\alpha_i \to 0$，$o(\alpha_i^4)$ 可被忽视，因此我们有

$$\varepsilon = \sum_{i=1}^{m} f(\alpha_i) = \frac{R^2}{12} \sum_{i=1}^{m} \alpha_i^3 \tag{2-127}$$

用赫尔德不等式，并且令 $p=3, q=3/2$，我们有

$$\left(\sum_{i=1}^{m} \alpha_i^3\right)^{1/3} \left(\sum_{i=1}^{m} I^3\right)^{2/3} \geqslant \sum_{i=1}^{m} |a_i \times 1| = 2\pi \tag{2-128}$$

因此

$$\sum_{i=1}^{m} \alpha_i^3 \geqslant \frac{8\pi^3}{m^2} \tag{2-129}$$

频谱信息错误的下界是

$$\varepsilon = \sum_{i=1}^{m} f(\alpha_i) \geqslant \frac{2R^2 \pi^3}{3} \frac{1}{m^2} \tag{2-130}$$

当 $\alpha_1 = \alpha_2 = \cdots = \alpha_m$ 取得等号，因此定理得证。

$\#$

引理 2-5（赫尔德不等式）　对于 n 维欧几里得空间，当 S 是测度集合 $\{1, \cdots, n\}$ 时，有

$$\sum_{k=1}^{n} |x_k y_k| \leqslant \left(\sum_{k=1}^{n} |x_k|^p\right)^{1/p} \left(\sum_{k=1}^{n} |y_k|^q\right)^{1/q}, \forall (x_1, \cdots, x_n), (y_1, \cdots, y_n) \in \mathbb{R}^n \text{ 或 } \mathbb{C}^n \tag{2-131}$$

其中 $p, q \in [1, +\infty)$，$\dfrac{1}{p} + \dfrac{1}{q} = 1$，等号在 $c_1 |x_k|^p = c_2 |y_k|^q$ 取得，$c_1 \geqslant 0, c_2 \geqslant 0, c_1 c_2 \neq 0$。

注意到边界的数量影响了多边形算法的复杂度。定理 2-2 证明了当边界数量增加时，频谱信息错误会减少。在实际中，如果算法复杂度可以承受，那么可以通过增加边数来减少频谱信息错误。因此这是对算法复杂度和频谱信息精准度的权衡。

2.5　仿真结果与分析

本节首先验证频谱信息表征方法;然后提供频谱信息测量方法的数值结果,最后验证认知数据库中的频谱信息传递方法的性能,提供一些数值仿真结果,并且提供硬件平台的仿真结果。

2.5.1　频谱信息表征方法的仿真结果与分析

本节提供一些数值仿真结果,以验证在频谱信息表征中的理论结果。其中无线电参数误差和栅格数量的关系在图 2-23 和图 2-24 中提供,其中图 2-23 是 5 个主网络的场景,图 2-24 是 3 个主网络的场景。这些结果验证了定理 2-2 和定理 2-16,可以发现无线电参数误差和栅格数量的关系为 $p_e = O\left(\dfrac{1}{\sqrt{M}}\right)$,$p_e = \kappa\,\dfrac{1}{\sqrt{M}}$。在图 2-23 和图 2-24 中,无线电参数误差是栅格数量的减函数和凸函数,因此增加栅格数量可以降低无线电参数误差,提升频谱信息表征的精度,也能提升认知数据库中频谱信息传递的精度。但是栅格数量的增加会降低频谱信息传递的效率,因此图 2-23 和图 2-24 也展示了在频谱信息表征和传递中精确性和有效性之间的权衡关系。图 2-23 所示场景中的网络边界长度 ξ 比图 2-24 所示场景中的长,因此为了获得同样的无线电参数误差,图 2-23 需要的栅格数量比图 2-24 多。例如,为了获得 0.04 的无线电参数误差,对于 5 个主网络的场景,需要的栅格数量是 900 个,而对于 3 个主网络的场景,需要的栅格数量是 289 个。因为无线电参数误差是栅格数量的凸函数,所以当栅格数量比较大的时候,即使再增加栅格数量,无线电参数误差的改善效果也不明显了,这意味着盲目增加栅格数量不是最优的选择。图 2-23 和图 2-24 的曲线可以用于在一定的无线电参数误差约束下决定最少的栅格数量。

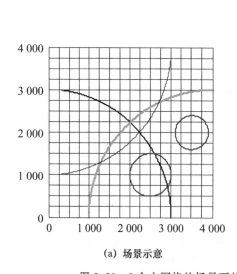

(a) 场景示意

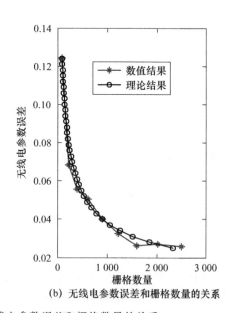

(b) 无线电参数误差和栅格数量的关系

图 2-23　5 个主网络的场景下的无线电参数误差和栅格数量的关系

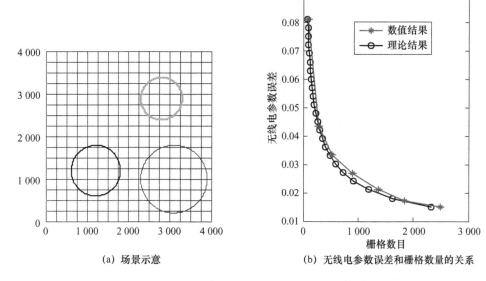

(a) 场景示意　　　　　　　　　　(b) 无线电参数误差和栅格数量的关系

图 2-24　3 个主网络的场景下的无线电参数误差和栅格数量的关系

　　我们基于图 2-23 中 5 个主网络的场景,探索在不同栅格数量下无线电参数误差的分布,并且在图 2-25 中给出了直观的结果。其中图 2-25(a)、图 2-25(b)和图 2-25(c)所示的分别是栅格被划分为 16×16、32×32 和 64×64 个栅格的结果。图 2-23 中整个区域的频谱信息在图 2-25(a)、图 2-25(b)和图 2-25(c)中标示,其中用颜色表示无线电参数。进一步,图 2-25(d)、图 2-25(e)和图 2-25(f)分别是图 2-25(a)、图 2-25(b)和图 2-25(c)的无线电参数误差的分布,也用颜色表示误差,其中颜色越偏蓝色,表示误差越小;颜色越偏红色,表示误差越大。栅格数量越多,无线电参数越小,这可以通过图 2-25(d)、图 2-25(e)和图 2-25(f)直观地发现。另外,可以发现无线电参数误差总是分布在网络的边缘。

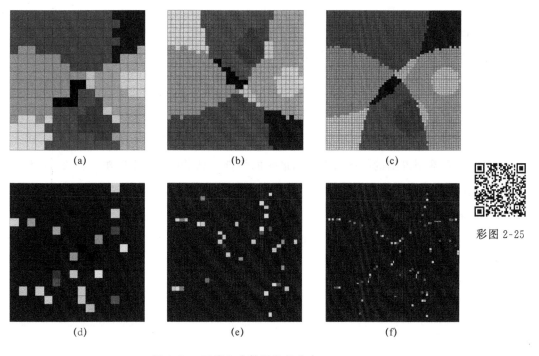

(a)　　　　　　　　　　(b)　　　　　　　　　　(c)

彩图 2-25

(d)　　　　　　　　　　(e)　　　　　　　　　　(f)

图 2-25　无线电参数误差的分布

2.5.2 频谱信息测量方法的仿真结果与分析

本节使用频谱信息量准则来优化能量检测中检测门限和协作检测中的 K 值,并作详细分析。在图 2-26 中,通过最大化频谱信息量来获得最优的检测门限。可以在图中发现:频谱信息量是检测门限的凹函数,并且随着样本数 N 的增加,频谱信息量也在增加,且趋于 1,其中 1 是主用户状态的熵(因为 $p_0 = 0.5$)。也就是说,当样本数 N 趋于无穷大的时候,次用户能够消除主用户状态的全部不确定性。另外发现:随着样本数 N 的增加,最优的检测门限在减小,因为图 2-26 中的粗线在左移。

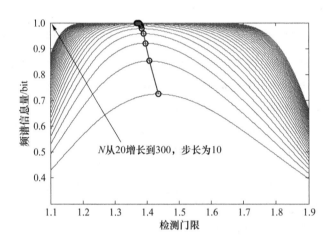

图 2-26   频谱信息量与检测门限的关系,参数配置为 $\sigma_w^2 = 1, \gamma = 1, p_0 = 0.5$

注:圆圈和粗线标示了最大化频谱信息量的最优检测门限。

在图 2-27 中,作出频谱信息量关于 K 值的函数,注意到存在一个最优的 K 值使得频谱信息量最大。并且通过协作频谱信息量可以得到增加,因为在图 2-27 中存在一个"认知增益"。Neyman-Pearson (NP) 准则下的协作频谱检测可能不能得到最优的频谱信息量,注意到在图 2-27 中使用 NP 准则得到的频谱信息量和最优的频谱信息量存在一个间隙。图 2-27 为在不同 M 值下频谱信息量和 K 值的关系图。注意到随着 M 的增加,最优的频谱信息量也在增加,因为在图中粗线在上升。因为设置 $p_0 = 0.5$,所以主用户状态的熵为 1。在图 2-28 中,当 M 趋于无穷大的时候,频谱信息量趋于 1,也就是说,当参与检测的节点数趋于无限多的时候,次用户能够消除主用户全部的不确定性。

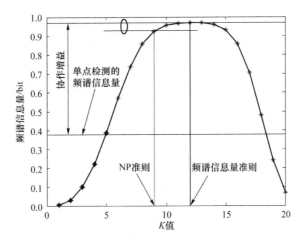

图 2-27　频谱信息量和协作频谱检测中 K 值的关系,参数配置为 $Q_d = 0.9, Q_f = 0.2, p_0 = 0.6, M = 20$。

注:在 Neyman-Pearson(NP)准则中,假设虚警概率的上限为 0.01。

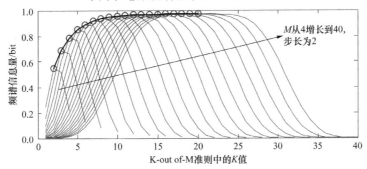

图 2-28　对于不同 M 值,协作检测中频谱信息量与 K-out of-M 准则中 K 值的关系,参数配置为

$$Q_d = 0.9, Q_f = 0.2, p_0 = 0.5$$

注:圆圈和粗线标示了最大化频谱信息量的最优 K 值。

2.5.3　频谱信息传递方法的仿真结果与分析

1. 数值仿真

(1)矩形栅格划分

图 2-29 提供了 FbMD-MFA 的结果。在图 2-29 中,FbMD-MFA 在融合前栅格数量是 113,在融合后栅格数量是 70。FbMD-MFA 通过分形来划分栅格,并且融合相邻的无线电参数一致的栅格,注意到它可以显著地降低整个区域的栅格数量。另外,FbMD-MFA 在进行融合栅格操作之前已经可以使用,因为这时的栅格数量相比于规则栅格划分已经足够少了。

RMD-MFA 的结果在图 2-30 中展示,其中图 2-30(a)和图 2-30(b)所示的分别是 5 个主网络下和 3 个主网络下的算法结果。图 2-30(a)和图 2-30(b)中的栅格数明显比图 2-23(a)和图 2-24(a)中的栅格数少,因此 RMD-MFA 能够显著减少栅格的数量,并且相应地降低认知用户访问数据库的开销。图 2-30(a)中的栅格数目仍然比图 2-30(b)中的栅格数目多,因为图 2-30(a)中有 5 个主网络,无线电环境更加复杂,因此,RMD-MFA 的效果受无线电环境的影响。图 2-31 进一步确认了这个结论。在整个区域被规则划分为均匀栅格以后,使用 MFA 来融合栅格。在图 2-31 中展示了融合前后栅格数量的关系。MFA 可以降低栅格的数量,因为曲线上任何一点的纵坐标值都比横坐标值小很多。定理 2-17 表明:RMD-MFA 可以将栅

格数量降至 $Y = \Theta \sqrt{M}$ 的水平,其中 M 是融合之前的栅格数量。而定理 2-17 也可以被图 2-31 验证。对于 5 个主网络的场景,通过数据拟合得到 Y 与 M 的关系如下:

$$Y = 3.8076 \sqrt{M} - 16.3808 \tag{2-132}$$

对于 3 个主网络的场景,通过数据拟合得到 Y 与 M 的关系如下:

$$Y = 2.7523 \sqrt{M} - 8.3570 \tag{2-133}$$

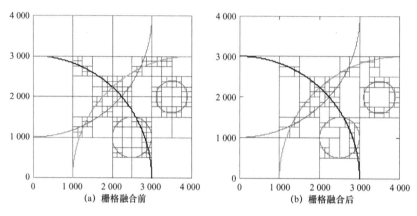

(a) 栅格融合前   (b) 栅格融合后

图 2-29　FbMD-MFA 的结果

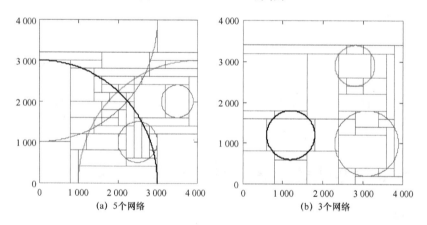

(a) 5 个网络   (b) 3 个网络

图 2-30　RMD-MFA 在 5 个主网络和 3 个主网络下的结果

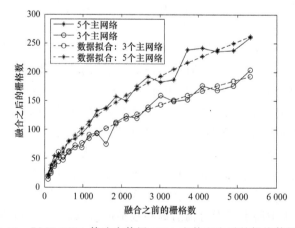

图 2-31　RMD-MFA 算法在使用 MFA 之前和之后的栅格数量变化

在图 2-31 中,数值结果与拟合结果非常一致,因此式(2-132)和式(2-133)是 Y 与 M 的合理关系,因此定理 2-17 中 $Y=\Theta\sqrt{M}$ 的结论也是合理的。

由于栅格数量的减少,认知用户访问认知数据库的效率得到了提升,这反映在两方面:时延和数据库访问频度。图 2-32 给出了频谱信息的传输时延的变化,对于广播模式,频谱信息的传输时延不受用户密度的影响,当栅格数量减少的时候,认知用户接收频谱信息的时延也相应降低。另外,数据库访问频度也是重要的指标,认知用户访问认知数据库太频繁,不仅会给认知用户带来开销(比如能量的耗费),也会为网络和认知数据库带来额外的负载压力。因此本节研究认知数据库访问频度并分析影响它的要素。假设认知用户均匀地分布在整个区域内,其移动性符合随机游动模型[19],即在每一次移动中,次用户在一个随机的方向上移动 v 的距离,因此 v 也可以被定义为次用户的移动速度。在这些参数配置下,仿真次用户访问数据库的频度。

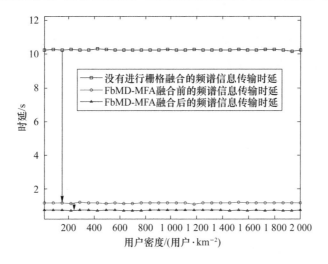

图 2-32　在广播模式下频谱信息的传输时延

认知用户通过数据库获取频谱信息。首先,认知用户将自己的地理位置信息发送给数据库;然后,数据库将其反馈给认知用户它所在栅格的地理信息和频谱信息,最后,认知用户可以判断自己是否位于原来的栅格内。一旦认知用户检测到自己走出了原来的栅格,它将向数据库请求新的频谱信息,但是如果认知用户一直在原来的栅格之内,那么认知用户就没有必要重新请求新的频谱信息。所以直观地讲,栅格的数量越少,单位栅格的面积越大,认知用户向数据库请求信息的频度越低,所以栅格融合算法可以降低认知用户访问数据库的频度。我们在给定栅格分割和融合算法以及次用户移动性模型的前提下,探索次用户访问数据库的频度。

图 2-33 给出了认知用户访问数据库的次数和次用户的移动速度之间的关系。我们在仿真时在整个区域部署了 100 个认知用户,每个认知用户移动 1 000 次。注意到次用户访问数据库的次数随着次用户移动速度的增大而增加。栅格融合之后,栅格数量减少,面积变大,因此次用户走出一个栅格的可能性下降,次用户访问数据库的次数显然少于没有栅格融合的情形,如图 2-33 所示。对于没有栅格融合的情形,当次用户的移动速度超过某个阈值的时候,次用户移动一次就能跨越一个栅格,因此在仿真的 1 000 次移动中,次用户每次都需要访问数据库以请求新的频谱信息。

(2)多边形栅格划分

本节仿真了多边形逼近算法。我们设定仿真场景为 3 个网络的场景。为方便,电视网络的形状是圆形。在图 2-34(a)中,网络间有交叠。在图 2-34(b)中,我们提供了另一个 3 个网络的场景,这些网络的形状是椭圆。仿真参数如表 2-2 所示。

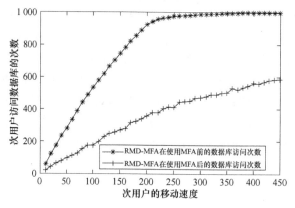

图 2-33　每个次用户访问数据库的次数和次用户移动速度的关系(场景为 5 个主网络)
注:次用户的移动速度的单位为米每移动。

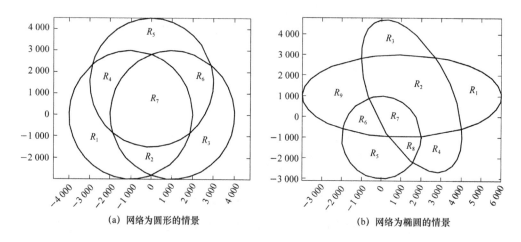

(a) 网络为圆形的情景　　　　　　　　(b) 网络为椭圆的情景

图 2-34　网络为圆形和椭圆形的情景

表 2-2　仿真参数

参数	值
圆的半径	3 km 和 2 km
圆形网络的错误门槛	1.2 m
椭圆形网络的长轴	5 km 和 4 km
椭圆形网络的短轴	2 km
椭圆形网络的错误门限	2 m

图 2-35 所示的是多边形逼近的结果,图 2-35(a)中的 $R_i(i=1,2,\cdots,7)$ 被分开了,图 2-35(b)中的 $R_i(i=1,2,\cdots,9)$ 也被分开了。可以看到,每个区域都是被精准分开的。然而,当传送频谱信息时,每个多边形的地理信息都需要被传送。如果频谱信息传输带宽受限,那么我们需要将多边形三角化。三角化结果在图 2-36(a)和图 2-36(b)中,它们分别是图 2-34(a)和图 2-34(b)的三角化结果。当多边形被三角化后,它们的频谱信息会大大减少。由于栅格形状是三角形,因此此时栅格数量相比于栅格形状是边形的情形会增加许多。因此,

在频谱信息传输中，这是对效率和带宽的权衡。

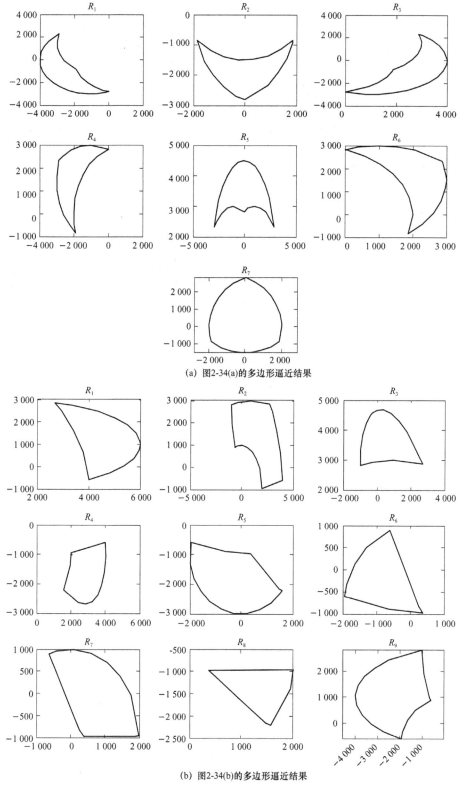

(a) 图2-34(a)的多边形逼近结果

(b) 图2-34(b)的多边形逼近结果

图 2-35 多边形逼近结果

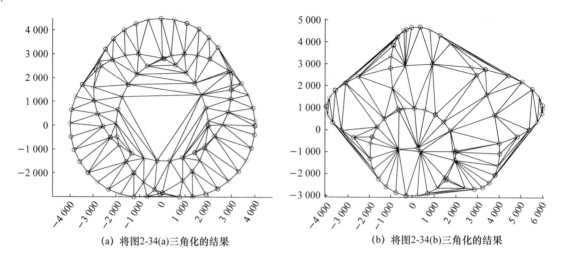

(a) 将图2-34(a)三角化的结果   (b) 将图2-34(b)三角化的结果

图 2-36　三角化结果

由于多边形的边数对频谱信息传输效率有影响,所以我们在图 2-37 中提供了频谱信息错误 ε 和多边形边数 m 的关系,可以发现,当 m 增加时,ε 下降。这是很显然的,因为当 m 增加时,多边形的边界能更精密地逼近网络并且频谱信息错误会减少。在定理 2-2 中,我们已经知道错误 ε 和边界数 m 的关系为 $\varepsilon = \Omega\left(\dfrac{1}{m^2}\right)$。在图 2-38 中,我们通过数据拟合证明了该关系,而且在圆形网络中,通过数据拟合可以发现,ε 和 $\dfrac{1}{m^2}$ 具体有如下关系:

彩图 2-36

$$\varepsilon = \frac{1.716\ 5 \times 10^4}{m^2} \tag{2-134}$$

在椭圆形网络中,ε 和 $\dfrac{1}{m^2}$ 具体有如下关系:

$$\varepsilon = \frac{2.407 \times 10^4}{m^2} \tag{2-135}$$

这证明了关系 $\varepsilon = \Omega\left(\dfrac{1}{m^2}\right)$。

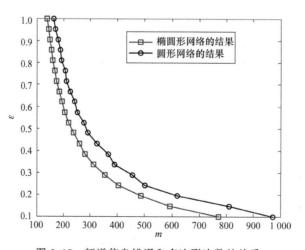

图 2-37　频谱信息错误和多边形边数的关系

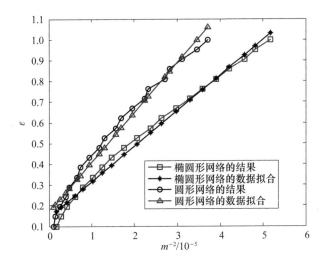

图 2-38　关于频谱信息错误与多边形数量关系的数据拟合

　　而且,在图 2-37 中,圆形网络的曲线在椭圆形网络的曲线上方。这是由于圆的曲率比椭圆的曲率高,所以在同样数量的边界条件下,圆形网络的频谱信息错误比椭圆形网络的频谱信息错误多。

　　最后,我们考虑更加实际的网络状况,即网络形状是不规则的,如图 2-39 和 2-40 所示。在图 2-39(a)和图 2-40(a)中,多边形逼近是可行的。以图 2-39 为例,$R_1, R_2, \cdots, R_7$ 在图 2-39(b)中被正确分离,图 2-40 也是如此。因此当网络边界不规则时,本章提出的算法仍可以很好地逼近网络边界,并且将实际中的网络分离出来。

2. 仿真验证平台

　　为了验证本章提出的算法,我们开发了一个仿真验证平台,如图 2-41 所示。我们在实验室环境下实现了图 2-41 所示的认知数据库部署架构。在图 2-41 中,认知数据库和一个 Modem 相连,Modem 是一个手机解调调制器模块,用于在认知数据库和终端之间传输频谱信息,以及模拟传递频谱信息的认知导频信道(Cognitive Pilot Channel,CPC)[11]。物理终端是一个单独的终端,也和一个 Modem 相连,它的地理位置随机产生,认知数据库和物理终端用短信(Global System for Mobile Communication Short Message Service,GSM SMS)通信。虚拟终端通过软件产生大量位置随机的终端,所以虚拟终端可以测量统计的参数,比如认知数据库信息的平均发送时延。因为认知数据库服务器和虚拟终端之间的通信要求数据速率较大,所以它们之间用 WLAN 连接。认知数据库服务器有两种工作模式——广播模式和点播模式,在仿真前可以在软件界面里面设置[20-22]。

　　设置栅格的数目分别为 16、36 和 64 个,终端请求的速率在 0.000 5 每毫秒到 0.002 5 每毫秒之间变化,仿真平台的运行结果如图 2-42 所示。图 2-42 呈现了广播和点播模式下的时延,其中横轴是用户请求速率,纵轴是不同方案下认知数据库信息的发送时延。结果表明,当栅格的数量增加的时候,认知数据库信息在广播模式下的时延也增大,但是其在点播模式下的时延不受栅格数量的影响。当用户的请求速率增大的时候,点播模式下的时延会增大,同时广播模式下的时延不受用户请求速率的影响。实际上,当用户的请求速率超过某个门限时,点播模式下的时延无穷大,这对应于一个不稳定的排队系统,但是此时广播模式下的时延相对稳定。

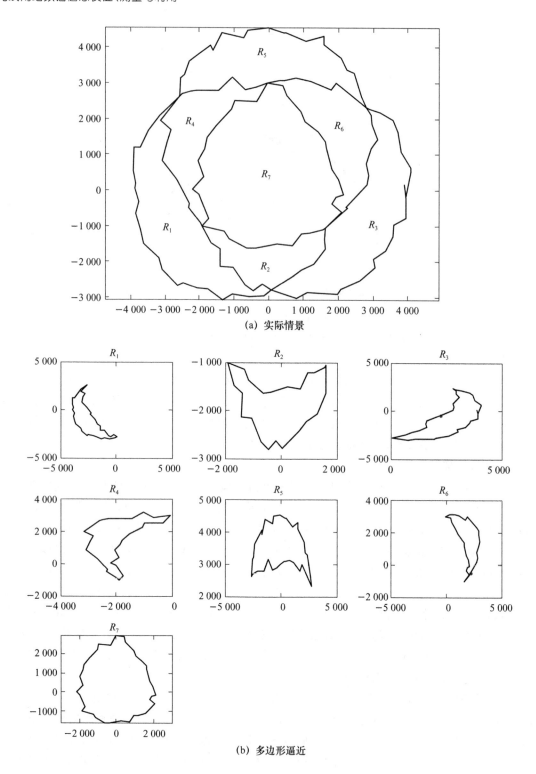

（a）实际情景

（b）多边形逼近

图 2-39 实际情景下的多边形逼近

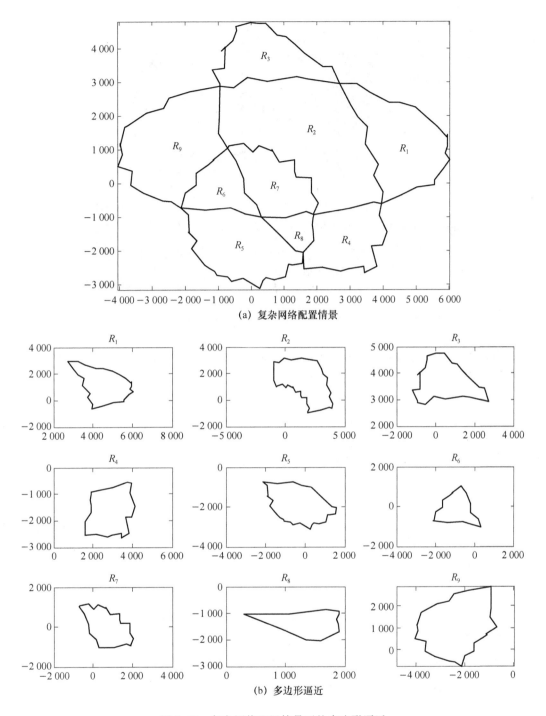

(a) 复杂网络配置情景

(b) 多边形逼近

图 2-40　复杂网络配置情景下的多边形逼近

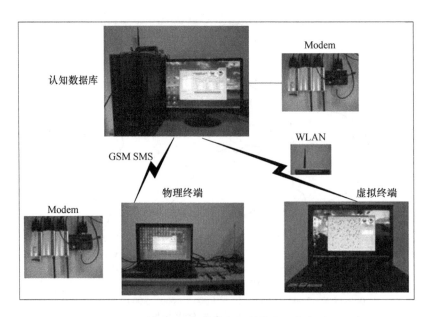

图 2-41　通过认知导频信道传递频谱信息的仿真验证平台

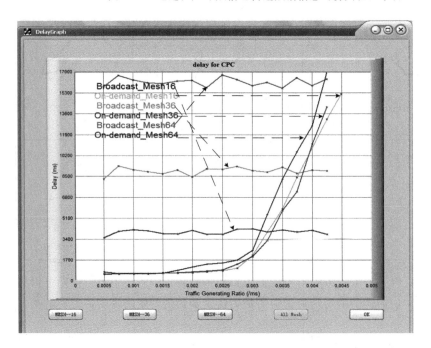

彩图 2-42

图 2-42　仿真验证平台的结果

2.6　本　章　小　结

本章首先研究了频谱信息的表征理论,主要针对空间和时间维度的频谱信息,使用地理熵和时间熵表示空时频谱信息的不确定性,使用无线电参数误差表示频谱信息表征的错误率,得到了地理熵、时间熵、无线电参数误差与频谱信息表征的参数以及栅格操作的关系,呈现了频谱信息空时表征的对偶性;其次建立了频谱信息测量方法,面向非完美认知,用频谱信息量统一量化多个维度的频谱信息,表示认知无线电网络通过认知的方式消除资源状态的不确定性,可获得频谱信息量以及系统参数,尤其是与频谱利用率和主、次系统干扰概率之间的关系,进一步将频谱信息量应用于频谱检测的参数优化中;再次研究了频谱信息传递方法,基于频谱信息表征理论设计了准确快速的频谱信息传递方案以及栅格融合方案,从而实现在移动环境下的频谱信息高效传递;最后进行了大量的数值仿真,呈现了频谱信息表征、测量、传递中关键参量之间的关系,同时证明了设计的频谱信息传递方案的高效性,还对频谱信息传递方案进行了硬件验证,这一方面验证了的方案具有可行性,另一方面也验证了理论结果的正确性。

本章参考文献

[1] QUALCOMM. The1000x data challenge[EB/OL]. (2013-11-17)[2024-04-01]. https://www. qualcomm. com/invention/technologies/1000x.

[2] ALIA A , HAMOUDA W. Advances on spectrum sensing for cognitive radio networks:theory and applications[J]. IEEE Communications Surveys & Tutorials, 2017,19 (2):1277-1304.

[3] HAYKIN S. Cognitive radio:brain-empowered wireless communications[J]. IEEE Journal on Selected Areas in Communications, 2005,23(2):201-220.

[4] LIANG Y -C, ZENG Y, PEH E C Y,et al. Sensing-throughput tradeoff for cognitive radio networks[J]. IEEE Transactions on Wireless Communications, 2008, 7(4): 1326-1337.

[5] LIU X, ZHENG K, CHI K, et al. Cooperative spectrum sensing optimization in energy-harvesting cognitive radio networks [J]. IEEE Transactions on Wireless Communications,2020 19(11) :7663-7676.

[6] MITOLA J. Cognitive radio:an integrated agent architecture for software defined radio[EB/OL]. (2000-05-08)[2024-04-01]. http://www2. ic. uff. br/~ ejulio/ doutorado/artigos/10. 1. 1. 13. 1199. pdf.

[7] ITU-R M. 2225,Introduction to cognitive radio systems in the land mobile service[EB/ OL].(2014-11-01)[2024-04-01]. https://www. itu. int/dms_pub/itu-r/opb/rep/R-REP-M. 2330-2014-PDF-E. pdf.

[8] DING G et al. Spectrum inference in cognitive radio networks:algorithms and applications[J]. IEEE Communications Surveys & Tutorials, 2018, 20(1):150-182.

[9] UPADHYE A, SARAVANAN P, CHANDRA S S,et al. A survey on machine learning algorithms for applications in cognitive radio networks[C]//2021 IEEE International Conference on Electronics, Computing and Communication Technologies (CONECCT)). 2021:1-6.

[10] LIANG Y -C, ZENG Y, PEH E C Y,et al. Sensing-throughput tradeoff for cognitive radio networks[J]. IEEE Transactions on Wireless Communications,2008, 7(4): 1326-1337.

[11] PEREZ-ROMERO J, SALIENT O, AGUSTI R, et al. A novel ondemand cognitive pilot channel enabling dynamic spectrum allocation[C]//2007 IEEE International Symposium on New Frontiers in Dynamic Spectrum Access Networks (DySPAN). 2007:46-54.

[12] SHANNON C E. A mathematical theory of communication[J]. The Bell System Technical Journal, 1948,27:379-423, 623-656.

[13] FEDER M, MERHAV N. Relations between entropy and error probability[J]. IEEE Transactions on Information Theory, 1994,40(1):259-266.

[14] LIANG Y -C, ZENG Y, PEH E C Y,et al. Sensing-throughput tradeoff for cognitive radio networks[J]. IEEE Transactions on Wireless Communications, 2008, 7(4): 1326-1337.

[15] BARRIE M, DELAERE S, SUKAREVICIENE G, et al. Geolocation database beyond TV white space? matching applications with database requirements[C]//2012 IEEE International Symposium on Dynamic Spectrum Access Networks (DySPAN). 2012:467-478.

[16] PETRINI V, KARIMI H. R. Tv white space databases: algorithms for the calculation of maximum permitted radiated power levels[C]//2012 IEEE International Symposium on Dynamic Spectrum Access Networks(DySPAN). 2012:552-560.

[17] HANG Q,FENG Z. A novel mesh division scheme using cognitive pilot channel in cognitive radio environment[C]//2009 IEEE Vehicular Technology Conference(VTC Fall)). 2009:1-6.

[18] ZHANG Q, FENG Z,ZHANG G. A novel homogeneous mesh grouping scheme for broadcast cognitive pilot channel in cognitive wireless networks[C]//2010 IEEE International Conference on Communications (ICC). 2010:1-6.

[19] CAMP T, BOLENG J, DAVIES V. A survey of mobility models for ad hoc network research[J]. Wireless Communications and Mobile Computing, 2002, 2(5) :483-502.

[20] WEI Z, FENG Z. A geographically homogeneous mesh grouping scheme for broadcast cognitive pilot channel in heterogeneous wireless networks[C]//2011 IEEE Global Communications Conference (GLOBECOM)Workshops. 2011:1008-1012.

[21] HEO J, NOH G, PARK S, et al. Mobile tv white space with multi-region based mobility procedure[J]. IEEE Wireless Communications Letters, 2012, 1 (6): 569-572.

[22] WEI Z, ZHANG Q, FENG Z, et al. On the construction of radio environment maps for cognitive radio networks [C]//2011 IEEE Wireless Communications and Networking Conference(WCNC). 2013:504-4509.

第 3 章

基于多边形和三角化的二维频谱环境地图构建

认知数据库是向 CRN 中的非授权用户传递频谱占用信息的有效方式,该信息被定义为"频谱信息"。本章研究了认知数据库支持的 CRN 中的频谱信息压缩问题,提出了一种基于 Delaunay 三角化的三角形网格划分算法;并且证明了当网格数量相同时,三角形网格的 RPE 比矩形网格的 RPE 小。本章首先对三角形网格进行聚类,以减少频谱信息的冗余度,然后提取聚类的边界,形成多边形,从而进一步压缩频谱信息。最终,本章提供了数值结果来验证理论分析的正确性和频谱信息压缩算法的效率。

3.1 研究背景

为了提高频谱利用率,解决频谱稀缺问题,学者们提出了认知无线电系统(Cognitive Radio System,CRS)[1-2]。CRS 是一个可以获取包含环境知识的频谱信息并重新配置自身以适应环境的系统[3]。本章将可用信道的信息定义为频谱信息[4]。频谱信息可以通过频谱感知和认知数据库获得。由于认知数据库减轻了非授权用户的设备和计算复杂度,认知数据库辅助的 CRN 被广泛研究。在认知数据库中,数据库和非授权用户之间的频谱信息传递对于实现 CRN 的频谱共享至关重要。

频谱信息传递的研究主要集中在频谱信息的压缩和传输方案上。频谱信息的压缩旨在利用最小的数据量表示特定区域的频谱信息。Zhang 等人在文献[5]中提出了一种常规的网格划分方法。文献[6]、[7]、[8]设计了矩形网格聚类算法来进一步压缩频谱信息。Wei 等人在文献[4]中介绍了一种多边形近似算法,可以进一步减少网格数量,压缩频谱信息。在频谱信息的传输方案方面,非授权用户可以利用 CPC 获得频谱信息[9]。CPC 发射器以广播或按需的方式将频谱信息传送给非授权用户[4]。在文献[10]中,非授权用户通过地面基础设施的广播或另一个 CRS 节点获得频谱信息。在文献[11]中,考虑到非授权用户的移动性,Sun 等人研究了频谱信息传递的端到端延迟。

然而,矩形网格聚类算法产生了太多的网格。虽然多边形近似算法产生的网格数量少,但这种算法不能适应复杂的网络分布。在本章中,我们根据 Delaunay 三角化设计了一种新的三角形网格聚类算法。在矩形网格聚类算法中,无线电参数误差是 $O\left(\frac{1}{M}\right)$[①],其中 M 是网格的数量;而在三角形网格聚类算法中,RPE 降低到 $O\left(\frac{1}{M^2}\right)$,这意味着在相同精度下,三角形网格的数量远少于矩形网格的数量。即使每个三角形网格需要 3 个顶点来表示它的位置,总的频谱信息也会减少。与多边形近似算法相比,新算法能够适应复杂的网络环境。此外,本章提取了每个聚类的边界,并将三角形网格聚合成多边形网格,进一步减少了网格的数量,从而压缩频谱信息。数值结果表明,三角形网格聚类算法可以像多边形近似算法一样,将网格数量减少到较低的程度,且该算法更加稳健。

本章的其余部分的内容安排如下:在 3.2 节,我们讨论了用三角形网格对频谱信息进行表征的可行性;在 3.3 节,我们介绍了网格融合算法和多边形逼近算法;在 3.4 节,我们研究了三角形网格的数量与频谱信息之间的关系;在 3.5 节,我们对算法进行了仿真验证;在 3.6 节,我们对本章内容进行了总结。

3.2 频谱信息表征

本节首先定义频谱信息,并使用 RPE 来衡量频谱信息的误差;然后提出了一种三角形网格划分算法,并且理论分析了所提网格划分算法的性能,该算法减少了网格的数量并具有鲁棒性。

3.2.1 频谱信息的定义

如图 3-1 所示,3 个网络将整个地区划分为 6 个区域。频谱可用性信息(即不同地点的频谱信息)可能是不同的。例如,A 点的频谱信息是

$$i_A = \{1\ 号网络的频谱可用,$$
$$2\ 号网络的频谱可用,$$
$$3\ 号网络的频谱可用\}$$

B 点的频谱信息是

$$i_B = \{1\ 号网络的频谱可用,$$
$$2\ 号网络的频谱可用,$$
$$3\ 号网络的频谱不可用\}$$

因此,特定地点的频谱信息被定义为根据网络覆盖得到的可用频谱信息。

为了将频谱信息传递给非授权用户,频谱信息由矩形[7]或多边形[4]聚类。本章应用三角形来聚类频谱信息。如图 3-1 所示,整个区域被三角形化。定义三角形网格 ♯k 内占据面积最大的频谱信息所占的面积比例为 p。三角形网格 ♯k 的频谱信息是位置 A 的频谱信息,即占据面积最大的频谱信息。三角形网格 ♯k 的 RPE 是 $p_{e,k} = 1 - p$,整个区域的 RPE 是各网格 RPE 的加权和[7]。

---

① 如果 $\lim\limits_{n\to\infty} \dfrac{f(n)}{g(n)} < \infty$,$f(n) = O(g(n))$。

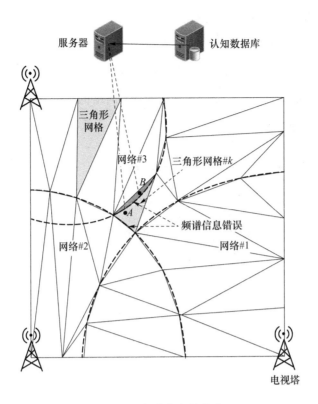

图 3-1 频谱信息的传递

$$p_e = \sum_{i=k}^{M} \alpha_k p_{e,k} \tag{3-1}$$

其中,加权系数 α_k 是整个区域内网格♯k 的面积比例。

3.2.2 三角形网格划分算法

为了表征频谱信息,整个区域被三角化。如图 3-2 所示,假设网络的边界上有 n 个节点,整个区域是一个矩形区域,矩形里有 k 个节点,这是点集的凸壳。根据计算几何的理论,三角形的数量如下:

$$M = 2n - k - 2 \tag{3-2}$$

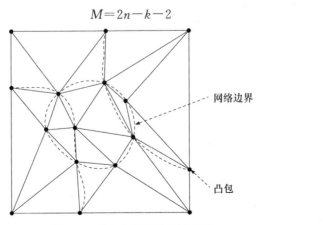

图 3-2 多个主网络的典型场景

可以证明,RPE 和网格数之间的关系如下。

引理 3-1 在三角形网格划分的情况下,RPE 随着网格数 M 的增加而减少,具体如下:

$$p_e = O\left(\frac{1}{M^2}\right) \tag{3-3}$$

证明: 如图 3-3 所示,假设网络的边界长度为 ξ。网络的边界被均匀地划分为 $n_e = \Theta(n)$ 段。因此,边界的一段长度为 $\frac{\xi}{n_e}$。

当 n_e 足够大时,$\frac{\xi}{n_e}$ 的值较小,因此有以下等式:

$$\theta = \frac{\xi}{n_e R} \tag{3-4}$$

其中 R 是该段的曲率半径。注意到式(3-4)成立的条件是 n_e 足够大。至于图 3.3 中的 h 值,有以下等式:

$$
\begin{aligned}
h &= R\left(1 - \cos\frac{\theta}{2}\right) \\
&= R\left(1 - \cos\frac{\xi}{2n_e R}\right)
\end{aligned} \tag{3-5}
$$

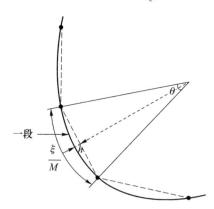

图 3-3 多个电视网络的典型场景

当 n_e 足够大时,$\frac{\xi}{2n_e R}$ 的值趋于 0。利用泰勒级数,有以下等式:

$$h = \frac{1}{8}\frac{\xi^2}{n_e^2 R} - O\left(\frac{1}{n_e^2}\right) \tag{3-6}$$

因此,含有误差的区域的上界为

$$s_i = n_e\frac{\xi}{n_e}h = \frac{1}{8}\frac{\xi^3}{n_e^2 R} - O\left(\frac{1}{n_e^2}\right) \tag{3-7}$$

假设整个区域的边缘长度为 L,那么根据式(3-1)中 RPE 的定义,有以下结果:

$$p_e = \frac{1}{8}\frac{\xi^3}{n_e^2 R L^2} - O\left(\frac{1}{n_e^2}\right) \tag{3-8}$$

根据式(3-2),有 $M = \Theta(n)$。此外,由于 $n_e = \Theta(n)$,所以 $p_e = O\left(\frac{1}{M^2}\right)$。

与文献[6]相比较,矩形网格的 RPE 为 $O\left(\frac{1}{\sqrt{M}}\right)$,其中 M 为网格的数目,而三角形网格的

RPE 为 $O\left(\dfrac{1}{M^2}\right)$。这意味着在网格数量相同的情况下,三角形网格可以达到比矩形网格更小的 RPE。

3.3　网格聚类算法

本节首先讨论频谱信息的格式。然后提出网格融合算法和多边形逼近算法,以进一步减少频谱信息的冗余。

三角形网格的频谱信息包含控制信息、地理信息和频谱可用性信息。控制信息指示信息的开始和结束。地理信息包含网格的地理位置。频谱可用性信息表示这个网格中的可用频谱信息。每个三角形有 3 个顶点,每个顶点都有相应的经纬度坐标。地理信息分别需要 20 位和 21 位来表示每个顶点的纬度和经度[3-9]。频谱可用性信息可以被分成 N_{fre} 个部分。在每个部分中,第一位表示单位是 MHz 还是 GHz。接下来的 14 位表示从 0 到 8 191 的数字,这基本上足以表示从 0 MHz 到 8 GHz 的所有频率。因此,一个网格中的频谱信息的总位数是

$$I_{\text{total}} = N_m(3B_{\text{geo}} + B_{\text{op}} + 15N_{\text{fre}}) = N_m I_m \tag{3-9}$$

其中 N_m 是三角形网格的数量。

表 3-1 表示的是没有使用网格融合算法的频谱信息的格式。每个三角形的频谱信息都被完全放进频谱信息中。然而,具有相同频谱信息的相邻网格可以被融合起来,从而降低信息冗余度。该信息由控制信息、具有相同频谱信息的相邻网格的地理信息和可用频谱信息组成。因此,控制信息和可用频谱信息不必重复出现,这样会进一步降低信息冗余度。表 3-1 中的频谱信息存在冗余,可以通过网格融合算法降低信息冗余度。

表 3-1　没有使用网格融合算法的频谱信息的格式

控制信息	地理位置#1	频谱信息	控制信息	地理位置#2	频谱信息	…

在网格融合之前,要对整个区域进行三角化处理,本章使用 Delaunay 三角化算法[12]进行处理。然后本章提出了两种算法来压缩频谱信息。

算法 3-1 介绍了一种融合网格算法。在开始时,每个网格都有一个唯一的簇号(即 C_i)。该算法将找到一个相邻的网格,其簇号不同(即 C_j),但可用频谱信息相同。然后,该算法找到所有具有相同簇号 C_j 的网格,并将 C_j 改为 C_i。重复该过程,直到所有具有相同可用频谱信息的网格都有相同的簇号。如表 3-2 所示,通过算法 3-1,具有相同可用频谱信息的三角形网格被归为一个簇,这意味着控制信息和可用频谱信息可以被压缩。

表 3-2　使用网格融合算法后的频谱信息的格式

控制信息	地理位置#1	地理位置#2	地理位置#3	…	频谱信息

在算法 3-2 中,我们提取每个聚类的边界,并用一个多边形表示每个聚类。

算法 3-1 网格融合算法

输入:	网络边界上的节点
输出:	每个三角形网格都被分配了一个簇号。相同簇号的网格具有相同的频谱信息
1	使用 Delaunay 三角化算法,将区域划分为三角形网格 M_1 到 M_N
2	初始化网格的频谱信息 F 和它的唯一簇号 C
3	初始化标签为 1
4	循环
5	标签设置为"假"
6	如果 $C_i \neq C_j$ 且 $F_i = F_j$,则
7	如果 M_i 与 M_j 相邻,则
8	标签为"真",遍历所有 C_j
9	$C_j = C_i$
10	条件判断结束
11	条件判断结束
12	循环终止

算法 3-2 的一些参数描述如下:S 是簇的数量,E 存储已经访问过的顶点,I 代表 E 中每个顶点的索引顺序。算法 3-2 开始时,每个簇在簇中随机选取一个三角形网格。然后,算法 3-2 初始化 I 中 3 个顶点的索引顺序,并将这 3 个顶点全部加入 E 中,根据 I 中的索引顺序,名为 A 的图被 E 中的顶点包围。接下来,算法 3-2 找到第一个在 E 中有且只有 2 个顶点的三角形网格,这意味着它与 A 有一个公共边。将不在 E 中的顶点添加到 E 后,算法 3-2 根据其原始索引顺序调整 I。重复该过程,直到该簇中的所有三角形顶点都包含在 E 中。最后,I 中的索引顺序表示每个簇的边界,它可以取代表 3-2 中的地理位置信息。因此,地理位置信息可以进一步被压缩,频谱信息量也可以进一步显著减少。算法 3-2 的过程描述如下,其效果如图 3-4 所示。

算法 3-2　多边形逼近算法

输入：	带有簇号的三角形网格
输出：	每个簇的边界
1	循环遍历簇的数量 S
2	提取具有相同簇号的网格
3	从某个网格开始
4	初始化 E 和 I
5	循环
6	如果找到一个有且仅有 E 中两个顶点 V_1 和 V_2 的网格且第三个顶点是 V_3，则
7	Flag＝0
8	根据其当前的索引顺序更新 I
9	如果 $V_1 \rightarrow V_2$，则
10	$V_1 \rightarrow V_3$，$V_3 \rightarrow V_2$
11	否则，如果 $V_2 \rightarrow V_1$，则
12	$V_2 \rightarrow V_3$，$V_3 \rightarrow V_1$
13	条件判断结束
14	条件判断结束
15	如果 Flag＝1，则
16	跳出循环
17	条件判断结束
18	循环终止
19	循环终止

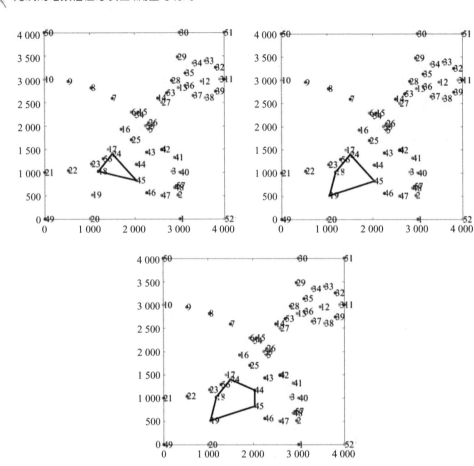

彩图 3-4

图 3-4　算法 3-2 的结果示意图

3.4　频谱信息传递的表现

引理 3-2[6]　平面上的 n 个圆最多有 $n(n-1)$ 个交点。

在三角形网格融合算法中，使用 3 个顶点来表示一个三角形的位置。假设区域内存在 N 个网络，每个网络的边界上有 m 个节点。根据式（3-2）和引理 3-2，我们可以得出结论：区域内有 M 个网格和 $N(N-1)$ 个交叉点，其中 $M=2Nm-k-2$。因此，所有网格的频谱信息 I_t 可以表示为

$$I_t = 3(2Nm-k-2)I_m$$
$$= (6Nm-3k-6)I_m \tag{3-10}$$

与三角形网格相比，多边形网格顶点的数量减少了。由于我们只考虑网络边界上的点，所有网格的频谱信息 I_p 为

$$I_p = NmI_m \tag{3-11}$$

3.5　数值结果与分析

3.5.1　算法 3-1 和算法 3-2 的实现

在图 3-5 中,使用算法 3-1,将整个区域划分为彩色簇,每个簇由多个三角形网格组成。具有相同颜色的网格有相同的频谱信息。图 3-6 显示了使用算法 3-2 得到的每个簇的边界。仿真验证了算法 3-1 可以将整个区域划分为三角形网格并将网格正确聚类。另外,如图 3-5 和图 3-6 所示,算法 3-2 可以正确提取每个簇的边界。

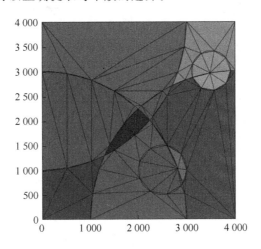

彩图 3-5

图 3-5　使用网格融合算法后的区域

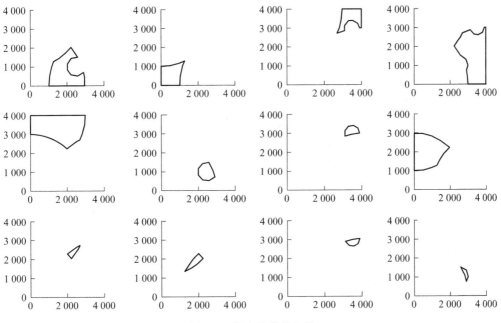

图 3-6　每个聚类的边界

3.5.2 RPE 和网格数之间的关系

三角形网格数量与 RPE 之间的关系如图 3-7 所示。图 3-7 中的数值结果是通过分析图 3-5 中整个区域的 RPE 得到的。理论结果由下式得到：

$$p_e = \frac{1}{8} \frac{\xi^3}{n_e^2 RL^2} \tag{3-12}$$

其中省略了式(3-8)中的 $O\left(\frac{1}{n_e^2}\right)$ 项。因此，理论结果大于数值结果。此外，比较图 3-7 和文献[6]，我们发现当网格数量相同时，三角形网格可以实现比矩形网格更低的 RPE。

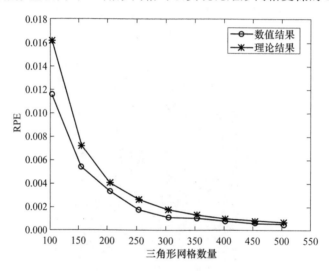

图 3-7 三角形网格数量与 RPE 之间的关系

3.5.3 压缩比

本节阐明了不同形状网格的压缩比。这两种算法的频谱信息分别在式(3-9)和式(3-11)中给出。整个区域的大小为 4 000×4 000。为了比较不同形状的网格在相同数量级的 RPE 下的表现，整个区域被划分为 128×128 的矩形网格，然后根据文献[3]～[6]对矩形网格进行聚类。在三角形网格划分算法中，使用 Delaunay 三角化算法将整个区域分割成 154 个三角形网格，然后使用算法 3-1 对三角形网格进行聚类，使用算法 3-2 提取每个簇的边界。

在表 3-3 中，压缩比等于不同网格形状的频谱信息除以规则矩形网格的频谱信息。表 3-3 显示，当 RPE 处于同一数量级时，三角形网格的压缩比要比矩形网格的小。当三角形网格被聚类为多边形网格时，压缩比可以进一步减小。

表 3-3　不同模式下压缩比的比较

网格形状	RPE	网格数量	信息/bit	压缩比/%
规则矩形	0.008 9	16 384	1 343 488	100.00
簇状矩形	0.008 9	878	71 996	5.36
三角形	0.005 4	154	18 942	1.41
多边形	0.005 4	19	7 872	0.59

3.6 本章小结

本章提出了一种三角形网格划分和融合算法,以降低频谱信息冗余度,并证明了当网格数量相同时,三角形网格的 RPE 低于矩形网格的 RPE。在此基础上,本章设计了一种聚类网格边界提取算法(即多边形逼近算法),进一步压缩频谱信息,并提供了数值结果来验证所提算法的正确性和有效性。

本章参考文献

[1] BARRIEM, DELAERE S, Sukareviċienė G, et al. Geolocation database beyond TV white spaces? matching applications with database requirements[C]//2012 IEEE International Symposium on Dynamic Spectrum Access Networks. 2012:467-478.

[2] LEE W-Y, AKYILDIZ I. Spectrum-aware mobility management in cognitive radio cellular networks[J]. IEEE Transactions on Mobile Computing, 2012,11(4):529-542.

[3] ITU-R M. 2225. Introduction to cognitive radio systems in the land mobile service[EB/OL]. (2014-11-01)[2024-04-01]. https://www. itu. int/dms_pub/itu-r/opb/rep/R-REP-M. 2330-2014-PDF-E. pdf.

[4] WEI Z, WU H, FENG Z. Polygon approximation based cognitive information delivery in geo-location database oriented spectrum sharing[J]. Ksii Transactions on Internet & Information Systems, 2017,11(6):2926-2945.

[5] ZHANG Q, FENG Z, ZHANG G, et al. Efficient mesh division and differential information coding schemes in broadcast cognitive pilot channel[J]. Wireless Personal Communications, 2012,63(2):363-392.

[6] FENG Z, WEI Z, ZHANG Q, et al. Cognitive information delivery in geo-location database based cognitive radio networks[C]//2016 Wireless Communications & Mobile Computing. 2016:1876-1890.

[7] WEI Z, ZHANG Q, FENG Z, et al. On the construction of radio environment maps for cognitive radio networks[C]//2013 IEEE Wireless Communications and Networking Conference(WCNC). 2013:4504-4509.

[8] FENG Z, WEI Z, ZHANG Q, et al. Fractal theory based dynamic mesh grouping scheme for efficient cognitive pilot channel design[J]. Chinese Science Bulletin,2012, 57(28-29):3684-3690.

[9] PEREZ-ROMERO J, SALIENT O, AGUSTI R, et al. A novel on-demand cognitive pilot channel enabling dynamic spectrum allocation[C]//2007 IEEE International Symposium on New Frontiers in Dynamic Spectrum Access Networks. 2007:46-54.

[10] Gür G, Kafilolu S. Layered content delivery over satellite integrated cognitive radio

networks[J]. IEEE Wireless Communications Letters，2017,6(3)：390-393.

[11]   SUN L，WANG W，LI Y. The Impact of network size and mobility on information delivery in cognitive radio networks[J]. IEEE Transactions on Mobile Computing，2016,15(1)：217-231.

[12]   GEORGE B，TAISA D，MICHAEL G. Fingerprint identification using delaunay [C]//1999 IEEE Information Intelligence and Systems. 1999：452-459.

第 4 章

利用无人机的三维频谱环境地图构建

为了提高频谱共享的效率,本章研究了三维频谱环境地图,其可以帮助评估频谱的使用状态以及将频谱资源可视化地呈现。为了精准地构建频谱环境地图,本章借助无人机的高机动性设计了一种快速精准的频谱测量方法,其利用无人机(Unmanned Aerial Vehicle,UAV)的路径规划来完成三维空间中频谱信息的测量。同时,本章分析了三维频谱环境地图构建的精度和效率之间的关系,得出了无人机测量误差和测量精度的关系式。仿真结果显示:利用无人机的频谱环境地图构建方法和常规方法相比,减少了测量次数以及缩短了测量距离,进而可以快速地构建三维频谱环境地图。

4.1 研 究 背 景

4.1.1 研 究 意 义

频谱资源是构建全球信息技术、科技创新和经济发展竞争新优势的关键战略资源,也是数字经济条件下国际竞争的焦点[1]。随着 2019 年全球首个 6G 白皮书的发布[2],对 6G 网络的研究已经开始。6G 将带来一系列新的应用,如全息通信、扩展现实、新型智慧城市等[3],这些应用将深刻改变 2030 年代及以后的人类社会。为了满足这些应用场景的需求,6G 应该具有更大的系统容量,更高的数据速率、频谱效率等。但是,随着需求的增加,频谱资源越来越稀缺。国际电信联盟曾警告说,移动宽带使用的不断增长将导致全球频谱拥塞。

如何提高频谱资源的利用率是目前需要研究的重要课题。一方面,受到传统无线电管理政策的约束,固定的频带被分给了专用的通信,这种频谱管理模式使得频谱利用率很低,是目前频谱资源匮乏的重要原因。另一方面,频谱资源缺乏有效、实时的表征方式,无法得到直观、动态的管理。频谱共享技术被认为是解决此问题的方案之一。频谱共享技术中的授权用户拥有授权频谱,在不干扰授权用户的前提下,未授权用户可以动态地使用授权用户的频谱,以提高整体的频谱利用率[4]。为了降低频谱共享的资源调度复杂性,有很多学者提出了并广泛研究了基于无线电环境地图(Radio Environment Map,REM)的频谱共享[5]。

无线电环境地图的概念最早是由北京交通大学的赵友平提出的。它是对无线电环境的一种抽象描述,是为了动态频谱接入而提出的,动态地包含了频谱占用率、授权用户的位置信息、频谱管理规则和地理特征等信息[6]。它除了能以数据库的方式呈现,还能以可视化的频谱地图来呈现。地图是对地球表面自然地理现象的一种抽象模型,是反映真实世界地理环境的一种有效方式,而频谱环境地图则是频谱场景的一种表征,可以用一幅图来呈现。它可用于维护频谱使用数据以及将频谱资源可视化地呈现,以便于在操作环境中共享频谱。无线电环境地图在无线电动态频谱规划和自组织网络等方面有着广泛的应用,被认为是应用前景十分广阔的技术。

4.1.2 国内外研究现状

近年来,频谱环境地图已经成了国内外无线电与网络领域的研究热点,现已得到创新无线国际论坛(wireless innovation forum)的认同以及 IEEE、ITU-R、ETSI 相关标准文件的采纳或引用[7]。它的准确性直接影响频谱共享的效率,这导致了多种频谱环境地图构建技术的产生。

在国内方面,很多学者总结了频谱环境地图实现的关键技术,分析了频谱环境地图在无线电领域的重要地位[8]。文献[9]提出了一种基于频谱环境地图的智能频谱共享网络架构,以为用户高效、动态地分配频谱资源[9]。文献[10]针对目前的频谱环境地图构建技术几乎没有考虑感知节点可靠性的问题,指出网络中的某些感知节点可能存在恶意攻击行为,并提出了基于节点信任机制的频谱环境地图重构技术,通过信任值更新隔离恶意节点,从而提高了频谱环境地图构建的准确性[10]。

在国外方面,Gajewski 学者考虑了利用无线电传播模型来估计参数,从而提高了频谱环境地图构造的精度[11]。Grimoud 等人利用 Kriging 插值方法来迭代地构建频谱环境地图,减少了需要的测量次数[12]。在文献[13]中,Yilmaz 等人设计了一个传感器的布点算法,通过考虑用户的分布来提升频谱环境地图构建的性能[13]。文献[14]提出了一种新的时空方法,该方法可用于在存在虚假频谱测量的情况下安全地构建频谱环境地图[14]。在文献[15]中,Wei 等人通过考虑授权网络的分布得到了二维频谱环境地图构建精度和测量次数之间的权衡关系[15]。但是,这种关系取决于许可网络的特定分布。近年来,无人机的应用越来越广泛,因为无人机提供了无挑战的灵活性和更好的无线电传播条件[16],使频谱测量具有广阔的应用前景。在文献[17]中,Al-Hourani 利用无人机并借助于随机几何工具来测量频谱。

然而,上述工作在以下两个方面受到了限制:首先,频谱环境地图构建的先前工作重点关注了通过减少所需的测量次数来提高效率,但没有重点关注频谱环境地图测量速度的性能指标;其次,没有研究三维空间中频谱环境地图构建精度和效率之间的权衡问题。

考虑到这些局限性,本章进一步分析了三维空间中频谱环境地图构建精度和效率之间的权衡问题,得到了三维频谱环境地图构建误差和无人机测量次数之间的关系。此外,本章设计了一种基于无人机的快速、准确的频谱测量算法。该算法将整个空间区域划分为小栅格(这个小栅格是无人机测量的最小单位),借助于无人机考虑路径规划去测量栅格的频谱信息并给出一个参数,这样可以缩短测量距离以及减少测量次数,并且可以完成空间中每个栅格内频谱信息的记录,从而可以更高效地构建三维频谱环境地图。

4.1.3　本章的主要内容

本章的主要内容如下。

4.2 节主要研究了三维频谱环境地图构建的基础理论,使用无线电参数来表征频谱信息,使用无线电参数误差来表示无人机频谱测量误差,并且得到了无线电参数误差和栅格数量之间的关系。

4.3 节主要分析了三维空间下频谱环境地图构建的有效性和可靠性之间的关系,推导了无线电参数误差与栅格数量的精确关系式,并进行了仿真验证。

4.4 节主要研究了利用无人机的三维频谱环境地图构建方法,介绍了无人机频谱测量算法和蚁群算法(Ant Colony Optimization,ACO)。

4.5 节利用 MATLAB 仿真了三维频谱环境地图的构建过程,并分析了本章提出的构建方法的一些性能。

4.2　三维频谱环境地图构建的基础理论

本节重点研究了与三维频谱环境地图构建有关的基础理论。如图 4-1 所示,在固定区域内,将几个基站作为授权网络,曲面之内的区域是授权网络覆盖的区域,此部分频谱不能被未授权网络利用;曲面之外的区域不是授权网络覆盖的区域,存在空闲频谱。因此,这里的频谱信息为未授权网络接收到的授权网络的空闲频谱信息。为了进一步研究,将整个区域划分为立方体栅格,它是无人机频谱测量的最小单元,当栅格无限小时,就可以知道空间上任意点的频谱信息。

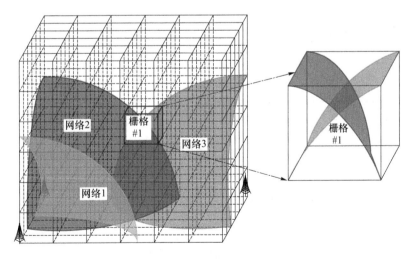

图 4-1　三维频谱资源信息

4.2.1 无线电参数的表征方法

这里把一个栅格内的频谱信息表示为无线电参数,具体表征方法如下。

首先,使用一个二进制数 $R(k,x,y,z)$ 来表示授权网络 k 在位置 (x,y,z) 处存在与否,具体定义如下[15]:

$$R(k,x,y,z) = \begin{cases} 1, & \text{主网络 } k \text{ 在 } (x,y,z) \text{ 处存在} \\ 0, & \text{否则} \end{cases} \tag{4-1}$$

然后,用十进制数来表示所有授权网络在 (x,y,z) 处的覆盖情况,将其定义为该位置 (x,y,z) 处的无线电参数,其具体定义如下[15]:

$$I(x,y,z) = \sum_{k=1}^{T} R(k,x,y,z) \times 2^{k-1} \tag{4-2}$$

其中 T 是授权网络的个数,而 $N = 2^T$ 是授权网络的组合数量,也是 $I(x,y,z)$ 可以取值的数量,即 $I(x,y,z) \in \{0,1,2,\cdots,N-1\}$。无线电参数 $I(x,y,z)$ 可以表示位置 (x,y,z) 处的频谱信息,本章称之为空闲频谱信息。如图 4-1 所示,这里存在 8 种无线电参数并且栅格 1 的无线电参数为 4。

栅格 i 的无线电参数被定义为[15]:

$$I_i = \arg \max_j p_{ij} \tag{4-3}$$

其中 p_{ij} 为在栅格 i 内部,无线电参数为 j 的区域体积占栅格 i 体积的比例。上述定义的含义是在栅格 i 内部选出体积所占比例最大的无线电参数来表示整个栅格 i 的无线电参数。为了不失一般性,假设栅格 i 的中心以均匀分布经历不同的无线电参数。那么无人机进行频谱测量(测量栅格中心点)时恰好测量到栅格的最大体积部分的无线电参数的概率是最大的,如果此时该概率不是最大的,就存在无线电参数误差。

栅格 i 的无线电参数误差的定义为

$$P_{e,i} = 1 - \max_j p_{ij} \tag{4-4}$$

对于整个空间区域,无线电参数误差为

$$P_e = \sum_{i=1}^{M} \alpha_i P_{e,i} \tag{4-5}$$

其中 α_i 是第 i 个栅格占整个空间区域体积的比例。如果栅格是被均匀划分的,则 $\alpha_i = \dfrac{1}{M}$,其中 M 是整个空间区域内栅格的数量。

以上定义的无线电参数误差表示的是整个空间区域的无人机频谱测量误差。

4.2.2 无线电参数误差的数学性质

本小节主要研究无线电参数误差的性质,首先研究二维空间下无线电参数误差的数学性质,然后将其逐渐扩展到三维空间,并且给出如下定理。

定理 4-1[15]　在二维空间下,整个空间区域的无线电参数误差为 $P_e = O\left(\dfrac{1}{\sqrt{M}}\right)$,在三维空间下,整个空间区域的无线电参数误差为 $P_e = O\left(\dfrac{1}{\sqrt[3]{M}}\right)$,其中 M 是整个空间区域内栅格的数量,且有 $\lim\limits_{M\to\infty} P_e = 0$。

证明: 在栅格数量 M 足够大时,设栅格边长为 ε 以及整个区域的边长为 L,于是在二维情况下有 $M = \left(\dfrac{L}{\varepsilon}\right)^2$,在三维情况下有 $M = \left(\dfrac{L}{\varepsilon}\right)^3$。如图 2-2 所示,在 M 足够大时,可以认为所有无线电参数不纯净的栅格(被授权网络边界所切割的栅格)都分布在网络的边界。此授权网络的边界在二维空间下是曲线,而在三维空间下则是曲面。

在二维空间下,假设所有网络边界的总长度为 ξ,于是所有无线电参数不纯净的栅格的数量满足:

$$K \leqslant \frac{2\xi \cdot \sqrt{2}\varepsilon}{\varepsilon^2} = \frac{2\sqrt{2}\xi}{\varepsilon} \tag{4-6}$$

这个不等式是通过求解一个"填充问题"推算出的。将网络边界上的每个点向两边的法线方向分别移动 $\sqrt{2}\varepsilon$ 的距离,得到图 4-2 所示的两条虚线,它们之间的面积为 $2\xi \cdot \sqrt{2}\varepsilon$,此面积除以一个栅格面积,就可以得出无线电参数不纯净的栅格数量的最大值。

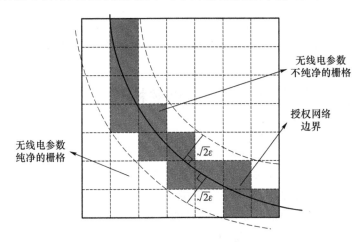

图 4-2 二维空间下的网络边界切割栅格

由无线电参数误差的定义知,栅格 i 的无线电参数误差满足如下关系:

$$1 - P_{e,i} = \max_j p_{ij} \geqslant \frac{1}{N} \tag{4-7}$$

式(4-7)可表达为在栅格 i 内无线电参数为 j 的区域所占比例的最小值为 $\dfrac{1}{N}$。

因此,有

$$P_{e,i} \leqslant 1 - \frac{1}{N} \tag{4-8}$$

那么,整个二维空间区域的无线电参数误差的上界为

$$P_e \leqslant \frac{1}{M} K \left(1 - \frac{1}{N}\right) = \frac{1}{(L/\varepsilon)^2} \frac{2\sqrt{2}\xi}{\varepsilon} \left(1 - \frac{1}{N}\right) = \frac{1}{\sqrt{M}} \frac{2\sqrt{2}\xi}{L} \left(1 - \frac{1}{N}\right) \tag{4-9}$$

根据式(4-9)可以看出,当 $M \to \infty$ 时,P_e 的上界趋于 0,因为 P_e 非负,于是根据夹逼定理可得到 $\lim\limits_{M\to\infty} P_e = 0$,另外,通过上述结果可以得到 $P_e = O\left(\dfrac{1}{\sqrt{M}}\right)$。

在三维空间下,假设所有授权网络边界的总面积为 S,于是所有无线电参数不纯净的栅格

的数量满足

$$K \leqslant \frac{2S \cdot \sqrt{3}\varepsilon}{\varepsilon^3} = \frac{2\sqrt{3}S}{\varepsilon^2} \tag{4-10}$$

与二维空间同理,将网络的边界上个每个点向两边的法线方向分别移动 $\sqrt{3}\varepsilon$ 的距离,得到两个面。这两个面中间的体积为 $2S \cdot \sqrt{3}\varepsilon$,此体积除以一个栅格的体积,便可得到无线电参数不纯净的栅格的数量。

那么,整个三维空间区域的无线电参数误差上界为

$$P_e \leqslant \frac{1}{M}K\left(1-\frac{1}{N}\right) = \frac{1}{(L/\varepsilon)^3}\frac{2\sqrt{3}S}{\varepsilon^2}\left(1-\frac{1}{N}\right) = \frac{1}{\sqrt[3]{M}}\frac{2\sqrt{3}S}{L^2}\left(1-\frac{1}{N}\right) \tag{4-11}$$

同理,根据式(4-11)可以看出,当 $M \to \infty$ 时,P_e 的上界趋于 0,因为 P_e 非负,于是根据夹逼定理可得到 $\lim_{M \to \infty} P_e = 0$,另外,通过上述结果可以得到 $P_e = O\left(\frac{1}{\sqrt[3]{M}}\right)$。

♯

从定理 4-1 可知,随着栅格数量 M 的增多,无线电参数误差 P_e 将逐渐减小。即随着测量次数的增多,无人机频谱测量误差将越来越小,频谱环境地图构建精度将越来越高。

4.3　基于频谱环境地图构建的理论分析

4.2 节得到了无线电参数误差和栅格数量的关系,但是,只得到了无线电参数误差的上界。为了更加精准地构建频谱环境地图,本节将重点研究无线电参数误差和栅格数量之间的精确结果。为了更加清楚地分析,本节先从二维空间开始分析,再逐渐拓展分析三维空间。本节首先得到了授权网络覆盖的形状是不规则时的结果;其次假设与授权网络覆盖的形状有关的参数服从均匀分布,在三维空间下得到了一个特例。

4.3.1　二维空间下的理论分析

在二维空间下,给出如下定理。

定理 4-2　二维空间下,如果授权网络覆盖的形状是不规则的,那么整个空间的无线电参数误差可以表示为栅格数量 M 的函数:

$$P_e = \Theta\left(\frac{1}{\sqrt{M}}\right) \tag{4-12}$$

其中 $\Theta(*)$ 是同阶无穷小。

证明: 由图 4-2 可知,二维空间的网络边界是曲线,那么当栅格数量 M 足够大、栅格边长 ε 足够小时,切割一个参数不纯净的栅格的主网络边界可以近似为一条直线,如图 4-3 所示,x 和 θ 两个参数决定一条直线,$X=x$ 是顶点 O 到授权网络边界的距离,$\Theta=\theta$ 是授权网络边界与正方形栅格 4 条边夹角的最小者。无线电参数误差是栅格中阴影部分的面积占整个栅格的比例。l_1 和 l_2 是和授权网络平行的两条线(在图 4-3 中以虚线表示),根据对称性,认为 x 的最大值为 x_1+x_2。本章忽略多个授权网络的边界切割同一个栅格的情形,因为当 M 足够大时,这

种情形的概率很低。

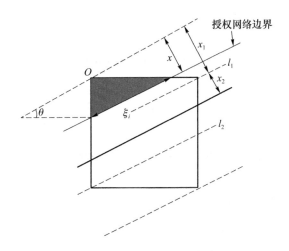

图 4-3　二维栅格的无线电参数误差

因为授权网络覆盖的形状是不规则，所以 $X=x$ 和 $\Theta=\theta$ 两个相互独立的随机变量的概率密度函数（Probability Density Founction, PDF）是一般分布的，也就是说本节没有对两个随机变量的概率密度函数做任何假设，其表达式如下：

$$f_X(x), 0 \leqslant x \leqslant \frac{\sqrt{2}}{2} \varepsilon \sin\left(\theta + \frac{\pi}{4}\right) \tag{4-13}$$

$$f_\Theta(\theta), 0 \leqslant \theta \leqslant \frac{\pi}{4} \tag{4-14}$$

如图 4-3 所示，在栅格 i 内部，授权网络边界的长度为

$$\xi_i = \begin{cases} x(\tan\theta + \cot\theta), & x \leqslant x_1 \\ \dfrac{\varepsilon}{\cos\theta}, & x_1 < x \leqslant x_2 \end{cases} \tag{4-15}$$

x_1、x_2 的取值如下：

$$x_1 = \varepsilon \sin\theta \tag{4-16}$$

$$x_2 = \left[\frac{\sqrt{2}}{2} \varepsilon \sin\left(\theta + \frac{\pi}{4}\right) - \varepsilon \sin\theta\right]^+ \tag{4-17}$$

其中函数 $[*]^+ = \{0, *\}$。

因此，在一个栅格 i 内，无线电参数误差是栅格中阴影部分的面积占整个栅格的比例，其表达式如下：

$$P_{e,i} = \begin{cases} \dfrac{x^2}{\varepsilon^2 \sin 2\theta}, & x \leqslant x_1 \\ \dfrac{x}{\varepsilon \cos\theta} - \dfrac{\tan\theta}{2}, & x_1 < x \leqslant x_2 \end{cases} \tag{4-18}$$

落在栅格 i 内的授权网络边界的长度 ξ_i 和无线电参数误差 $P_{e,i}$ 的期望值如下：

$$\begin{aligned} E(\xi_i) &= \int_0^{\frac{\pi}{4}} \left(\int_0^{\varepsilon\sin\theta} (x\tan\theta + x\cot\theta) f_X(x)\,\mathrm{d}x + \int_{\varepsilon\sin\theta}^{\frac{\sqrt{2}\varepsilon\sin\left(\theta+\frac{\pi}{4}\right)}{2}} \frac{\varepsilon}{\cos\theta} f_X(x)\,\mathrm{d}x \right) f_\Theta(\theta)\,\mathrm{d}\theta \\ &= \int_0^{\frac{\pi}{4}} \left(\varepsilon\frac{1}{\cos\theta} F_X\left(\frac{\varepsilon}{2}\sin\theta + \frac{\varepsilon}{2}\cos\theta\right) - (\tan\theta + \cot\theta)\int_0^{\varepsilon\sin\theta} F_X(x)\,\mathrm{d}x \right) f_\Theta(\theta)\,\mathrm{d}\theta \\ &= \varepsilon P_1 F_{X1}(\varepsilon) \end{aligned}$$

$$\tag{4-19}$$

$$E(P_{e,i}) = \int_0^{\frac{\pi}{4}} \left(\int_0^{\epsilon\sin\theta} \frac{x^2}{\epsilon^2\sin 2\theta} f_X(x)\mathrm{d}x + \int_{\epsilon\sin\theta}^{\frac{\sqrt{2}\epsilon\sin\left(\theta+\frac{\pi}{4}\right)}{2}} \left(\frac{x}{\epsilon\cos\theta} - \frac{\tan\theta}{2} \right) f_X(x)\mathrm{d}x \right) f_\Theta(\theta)\mathrm{d}\theta$$

$$= \int_0^{\frac{\pi}{4}} \left[\frac{1}{2} F\left(\frac{\epsilon}{2}\sin\theta + \frac{\epsilon}{2}\cos\theta \right) + \tan\theta F(\epsilon\sin\theta) - \right.$$

$$\left. \frac{1}{\epsilon^2\sin 2\theta} \int_0^{\epsilon\sin\theta} 2xF(x)\mathrm{d}x - \frac{1}{\epsilon\cos\theta} \int_{\epsilon\sin\theta}^{\frac{\sqrt{2}\epsilon\sin\left(\theta+\frac{\pi}{4}\right)}{2}} F(x)\mathrm{d}x \right] f_\Theta(\theta)\mathrm{d}\theta \qquad (4\text{-}20)$$

$$= P_2 F_{X2}(\epsilon)$$

以上两式中仅对 x 积分是因为关于 $\Theta=\theta$ 的积分上下限都是常数,不影响 ϵ;同时由于 ϵ 是栅格的边长,是常数,因此 $F_{X1}(\epsilon)$ 和 $F_{X2}(\epsilon)$ 是与 ϵ 有关的常数;另外,P_1 和 P_2 也是常数。

本节求解参数 K(无线电参数不纯净栅格的数量),假设在 M 个栅格中,前 K 个栅格的无线电参数不纯净,可以推论:

$$E(\xi_i) = \frac{1}{K} \sum_{i=1}^K \xi_i = \frac{1}{K}\xi \qquad (4\text{-}21)$$

第一个等号基于大数定理(随着样本容量的增加,样本平均数接近总体的平均数);第二个等号则基于无线电参数不纯净的栅格全都集中在授权网络边界,每个栅格里的授权网络边界长度总和是总的授权网络边界长度的事实,根据式(4-21),K 的值估计如下:

$$K = \frac{\xi}{E(\xi_i)} \qquad (4\text{-}22)$$

整个二维平面的无线电参数误差为

$$P_e = \frac{1}{M} \sum_{i=1}^K P_{e,i} = \frac{K}{M} E(P_{e,i}) \qquad (4\text{-}23)$$

将式(4-22)中的 K 和式(4-23)中的 $E(P_{e,i})$ 代入式(4-23)得到:

$$P_e = \xi \frac{1}{M} \frac{E(P_{e,i})}{E(\xi_i)} \cong P\xi \frac{1}{\epsilon M} = P\xi \frac{1}{L\sqrt{M}} = \Theta\left(\frac{1}{\sqrt{M}} \right) \qquad (4\text{-}24)$$

其中 P 是常数,ξ 是所有网络边界的总长度,L 是整个二维区域的边长,M 是栅格的数量,所以得到了两个变量的概率密度函数为一般分布下无线电参数误差和栅格数量的关系式。定理 4-2 再次验证了定理 4-1,定理 4-1 证明了整个二维空间的无线电参数误差为 $P_e = O\left(\frac{1}{\sqrt{M}} \right)$,在定理 4-2 中,$P_e = \Theta\left(\frac{1}{\sqrt{M}} \right)$,它是一个更紧的界。

#

4.3.2 三维空间下的理论分析

在三维空间下,给出如下定理。

定理 4-3 在三维情况下,如果授权网络覆盖的形状是不规则的,那么整个空间的无线电参数误差可以表示为栅格数量 M 的函数:

$$P_e = \Theta\left(\frac{1}{\sqrt[3]{M}} \right) \qquad (4\text{-}25)$$

其中 $\Theta(*)$ 是同阶无穷小

证明: 三维空间的栅格是立方体,授权网络边界是图 4-4(a)所示的曲面,当栅格数量 M 足够大、栅格边长 ε 足够小时,切割一个参数不纯净栅格的授权网络边界近似为一个平面,它可表示为图 4-4(b)所示的平面 P(由 4 条绿色实线所包围成的面)。正如图 4-4(b)和图 4-5 所示,$X=x$ 是顶点 O 到授权网络边界面和栅格 i 的底面交线 BC 的距离;$\Theta=\theta$ 是交线 BC 与栅格 i 的底面的 4 条边夹角中的最小者;$A=\alpha$ 是授权网络边界与栅格 i 的底面的夹角。这 3 个随机变量是相互独立的。这里图 4-5 所示的栅格 i 的底面其实就是二维空间下的栅格,所以 $X=x$ 和 $\Theta=\theta$ 两个随机变量的概率密度函数如式(4-13)和式(4-14)所示,$A=\alpha$ 的概率密度函数为一般分布时的表达式如下:

$$f_A(\alpha), 0 \leqslant \alpha \leqslant \frac{\pi}{4} \tag{4-26}$$

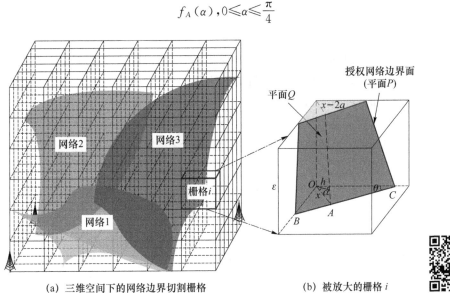

（a）三维空间下的网络边界切割栅格　　　（b）被放大的栅格 i

彩图 4-4

图 4-4　三维空间下的频谱测量图

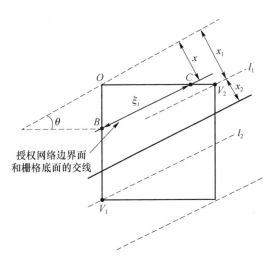

图 4-5　栅格 i 的底面

图 4-6 所示为栅格 i 的侧视图,这是从图 4-4(b)中平面 Q(由 4 条虚线所围成的面)的垂直视角观察到的图。如图 4-6 所示,$2a=\varepsilon\tan\alpha$ 是栅格 i 上底面和下底面在 OA 方向上的差;$h=x\cos\alpha$ 是顶点 O 到主网络边界面 P 的距离;x 的最大值是 x_1+x_2+a。

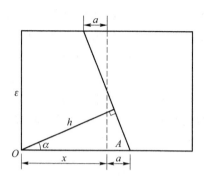

图 4-6　栅格 i 的侧视图

三维空间是用平面切割栅格的,随着 x 的变化,平面的形状也不断变化。根据 α 和 x_2 的大小关系,授权网络边界面的形状有以下两大类情况。

1. $a < x_2$,即 $\tan \alpha < \cos \theta - \sin \theta$

在此种情况下,随着 x 的增大,授权网络边界面依次变成三角形、梯形、五边形、平行四边形。为了之后简洁地表达公式,本处先定义两个中间变量:

$$A = \frac{x_1 - (x - 2a)}{\sin \alpha}$$

$$B = \frac{x - (x_1 + 2x_2)}{\sin \alpha}$$

当 a 与 x_1 的大小关系不同时,不同形状的授权网络边界面的面积 S_i 的计算方式也有所不同,具体如下。

① 当 $2a < x_1$,即 $\tan \alpha < \sin \theta$ 时:

$$S_i(x) = \begin{cases} \dfrac{x^2(\tan \theta + \cot \theta)}{2\sin \alpha}, & x \leqslant 2a \\[3mm] \dfrac{(x-a)(\tan \theta + \cot \theta)\varepsilon}{\cos \alpha}, & 2a < x \leqslant x_1 \\[3mm] \dfrac{\left((x-2a)(\tan \theta + \cot \theta) + \dfrac{\varepsilon}{\cos \theta}\right)}{2}A \mid \dfrac{\varepsilon}{\cos \theta}\left(\dfrac{\varepsilon}{\cos \alpha} - A\right), & x_1 < x \leqslant x_1 + 2a \\[3mm] \dfrac{\varepsilon}{\cos \theta}\dfrac{\varepsilon}{\cos \alpha}, & x_1 + 2a < x \leqslant x_1 + x_2 + a \end{cases}$$

$$(4\text{-}27)$$

② 当 $2a > x_1$,即 $\tan \alpha > \sin \theta$ 时:

$$S_i(x) = \begin{cases} \dfrac{x^2(\tan \theta + \cot \theta)}{2\sin \alpha}, & x \leqslant x_1 \\[3mm] \dfrac{x_1^2(\tan \theta + \cot \theta)}{2\sin \alpha} + \dfrac{\varepsilon}{\cos \theta}\dfrac{x - x_1}{\sin \alpha}, & x_1 < x \leqslant 2a \\[3mm] \dfrac{\left((x-2a)(\tan \theta + \cot \theta) + \dfrac{\varepsilon}{\cos \theta}\right)}{2}A + \dfrac{\varepsilon}{\cos \theta}\left(\dfrac{\varepsilon}{\cos \alpha} - A\right), & 2a < x \leqslant x_1 + 2a \\[3mm] \dfrac{\varepsilon}{\cos \theta}\dfrac{\varepsilon}{\cos \alpha}, & x_1 + 2a < x \leqslant x_1 + x_2 + a \end{cases}$$

$$(4\text{-}28)$$

2. $a > x_2$，即 $\tan \alpha > \cos \theta - \sin \theta$

在此种情况下，随着 x 的增大，授权网络边界面依次变成三角形、梯形、五边形。同理，为了之后简洁地表达公式，本处先定义一个中间变量：

$$C = \tan \theta + \cot \theta$$

与第一种情况相似，根据 a 与 x_1 的大小关系进行分类讨论。

① 当 $2a < x_1$，即 $\tan \alpha < \sin \theta$ 时：

$$S_i(x) = \begin{cases} \dfrac{x^2(\tan \theta + \cot \theta)}{2 \sin \alpha}, & x \leqslant 2a \\[3mm] \dfrac{(x-a)(\tan \theta + \cot \theta)\varepsilon}{\cos \alpha}, & 2a < x \leqslant x_1 \\[3mm] \dfrac{\left((x-2a)C + \dfrac{\varepsilon}{\cos \theta}\right)}{2}A + \dfrac{\left(xC + \dfrac{\varepsilon}{\cos \theta}\right)}{2}B + \dfrac{\varepsilon}{\cos \theta}\left(\dfrac{\varepsilon}{\cos \alpha} - A - B\right), & x_1 < x \leqslant x_1 + x_2 + a \end{cases} \tag{4-29}$$

② 当 $2a > x_1$，即 $\tan \alpha > \sin \theta$ 时：

$$S_i(x) = \begin{cases} \dfrac{x^2(\tan \theta + \cot \theta)}{2 \sin \alpha}, & x \leqslant 2a \\[3mm] \dfrac{x_1^2(\tan \theta + \cot \theta)}{2 \sin \alpha} + \dfrac{\varepsilon}{\cos \theta}\dfrac{x - x_1}{\sin \alpha}, & x_1 < x \leqslant 2a \\[3mm] \dfrac{\left((x-2a)C + \dfrac{\varepsilon}{\cos \theta}\right)}{2}A + \dfrac{\left(xC + \dfrac{\varepsilon}{\cos \theta}\right)}{2}B + \dfrac{\varepsilon}{\cos \theta}\left(\dfrac{\varepsilon}{\cos \alpha} - A - B\right), & 2a < x \leqslant x_1 + x_2 + a \end{cases} \tag{4-30}$$

在三维空间下，在一个栅格内，无线电参数误差是栅格中阴影部分的体积占整个栅格的比例，随着 x 的增大，阴影部分的体积会从三棱锥逐渐变成三棱锥和棱台的组合体。

根据以上式子可知，$S_i(x)$ 共有 4 种表达式。在这里，以式（4-27）的情况为例进行说明。由于式（4-27）中 $S_i(x)$ 的表达式分 4 段，因此对阴影部分的体积也进行分段计算，先引入棱台的体积公式：

$$V = \frac{1}{3}(S_a + S_b + \sqrt[2]{S_a \times S_b})h \tag{4-31}$$

其中 S_a 是棱台的上底面面积，S_b 是棱台的下底面面积，$h = x\cos \alpha$ 是棱台的高。

在式（4-27）的情况下，随着 x 的增大，授权网络边界面依次变成三角形、梯形、五边形、平行四边形。将式（4-27）中 $S_i(x)$ 的 4 种分段函数的表达式分别代入以下式子中，可求得体积。

① 当 $x \leqslant 2a$ 时，求三棱锥的体积：

$$V_1(x) = \frac{1}{3}S_i(x)x\cos \alpha \tag{4-32}$$

② 当 $2a < x \leqslant x_1$ 时，求棱台的体积：

$$V_2(x) = \frac{1}{3}(S_i(2a) + S_i(x) + \sqrt{S_i(x) \times S_i(2a)})(x - 2a)\cos \alpha \tag{4-33}$$

③ 当 $x_1 < x \leqslant x_1 + 2a$ 时，求棱台的体积：

$$V_3(x) = \frac{1}{3}(S_i(x_1) + S_i(x) + \sqrt{S_i(x) \times S_i(x_1)})(x - x_1)\cos \alpha \tag{4-34}$$

④ 当 $x_1+2a < x \leqslant X$ 时，求棱台的体积：

$$V_4(x)=\frac{1}{3}\left(S_i(x_1+2a)+S_i(x)+\sqrt{S_i(x)\times S_i(x_1+2a)}\right)(x-x_1-2a)\cos\alpha \quad (4-35)$$

因此，无线电参数误差即阴影体积除以栅格体积：

$$P_{e,i}=\begin{cases} \dfrac{V_1(x)}{\varepsilon^3}, & x\leqslant 2a \\[2mm] \dfrac{V_2(x)+V_1(2a)}{\varepsilon^3}, & 2a<x\leqslant x_1 \\[2mm] \dfrac{V_3(x)+V_2(x_1)+V_1(2a)}{\varepsilon^3}, & x_1<x\leqslant x_1+2a \\[2mm] \dfrac{V_4(x)+V_3(x_1+2a)+V_2(x_1)+V_1(2a)}{\varepsilon^3}, & x_1+2a<x\leqslant x_1+x_2+a \end{cases} \quad (4-36)$$

那么，在式(4-27)的情况下，授权网络边界面的面积 S_i 的期望为

$$E_1(S_i)=\int_0^{\tan^{-1}\frac{\sqrt{2}}{2}}\left(\int_{\sin^{-1}\tan\alpha}^{\frac{\pi}{4}-\sin^{-1}\tan\alpha}\left(\int_0^{\varepsilon\tan\alpha}\frac{x^2(\tan\theta+\cot\theta)}{2\sin\alpha}f_X(x)\mathrm{d}x+\right.\right.$$

$$\int_{\varepsilon\tan\alpha}^{\varepsilon\sin\theta}\frac{(x-a)(\tan\theta+\cot\theta)\varepsilon}{\cos\alpha}f_X(x)\mathrm{d}x+$$

$$\int_{\varepsilon\sin\theta}^{\varepsilon\sin\theta+\varepsilon\tan\alpha}\left(\frac{(x-2a)(\tan\theta+\cot\theta)+\dfrac{\varepsilon}{\cos\theta}}{2}A+\frac{\varepsilon}{\cos\theta}\left(\frac{\varepsilon}{\cos\alpha}-A\right)\right)f_X(x)\mathrm{d}x+$$

$$\left.\left.\int_{\varepsilon\sin\theta+\varepsilon\tan\alpha}^{\frac{\varepsilon(\cos\theta+\sin\theta+\tan\alpha)}{2}}\frac{\varepsilon}{\cos\theta}\frac{\varepsilon}{\cos\alpha}f_X(x)\mathrm{d}x\right)f_\Theta(\theta)\mathrm{d}\theta\right)f_A(\alpha)\mathrm{d}\alpha$$

$$=\int_0^{\tan^{-1}\frac{\sqrt{2}}{2}}\left(\int_{\sin^{-1}\tan\alpha}^{\frac{\pi}{4}-\sin^{-1}\tan\alpha}\left(\varepsilon^2 F_X(\varepsilon\tan\alpha)\frac{(\tan\theta+\cot\theta)\sin\alpha}{2\cos^2\alpha}+\right.\right.$$

$$\varepsilon^2 F_X(\varepsilon\sin\theta)\frac{2\sin\theta-\tan\alpha}{2}-\varepsilon^2 F_X(\varepsilon\tan\alpha)\frac{\tan\alpha}{2}+$$

$$\varepsilon^2\left(F_X\left(\frac{\varepsilon(\cos\theta+\sin\theta+\tan\alpha)}{2}\right)-F_X(\varepsilon\sin\theta)\right)\frac{1}{\cos\theta\cos\alpha}-\varepsilon^2\left(F_X(\varepsilon\sin\theta+\varepsilon\tan\alpha)-\right.$$

$$F_X(\varepsilon\sin\theta))\frac{(\sin\theta+\tan\alpha)(1+\cos\theta\tan\alpha(\tan\theta+\cot\theta))}{2\cos\theta\sin\alpha}+$$

$$\varepsilon^2((\sin\theta+\tan\alpha)F_X(\varepsilon\sin\theta+\varepsilon\tan\alpha)-$$

$$\sin\theta F_X(\varepsilon\sin\theta))\left(\frac{(\tan\theta+\cot\theta)}{2\sin\alpha}(\sin\theta+2\tan\alpha)+\frac{1}{2\cos\theta\sin\alpha}\right)+$$

$$\varepsilon^2\frac{(\tan\theta+\cot\theta)}{2\sin\alpha}(\sin^2\theta F_X(\varepsilon\sin\theta)-(\sin\theta+\tan\alpha)^2 F_X(\varepsilon\sin\theta+\varepsilon\tan\alpha))+$$

$$\varepsilon\left(\frac{(\tan\theta+\cot\theta)}{2\sin\alpha}(\sin\theta+2\tan\alpha)+\frac{1}{2\cos\theta\sin\alpha}\right)\int_{\varepsilon\sin\theta}^{\varepsilon\sin\theta+\varepsilon\tan\alpha}F_X(x)\mathrm{d}x-$$

$$\varepsilon\int_{\varepsilon\tan\alpha}^{\varepsilon\sin\theta}F_X(x)\mathrm{d}x+\frac{(\tan\theta+\cot\theta)}{2\sin\alpha}\int_{\varepsilon\sin\theta}^{\varepsilon\sin\theta+\varepsilon\tan\alpha}2xF_X(x)\mathrm{d}x-$$

$$\left.\left.\frac{(\tan\theta+\cot\theta)}{2\sin\alpha}\int_0^{\varepsilon\tan\alpha}2xF_X(x)\mathrm{d}x\right)f_\Theta(\theta)\mathrm{d}\theta\right)f_A(\alpha)\mathrm{d}\alpha$$

$$=\varepsilon^2 Q_1 F_{X3}(\varepsilon) \quad (4-37)$$

同理,在式(4-27)的情况下无线电参数误差 $P_{e,i}$ 的期望为

$$E_1(P_{e,i}) = \int_0^{\tan^{-1}\frac{\sqrt{2}}{2}} \left(\int_{\sin^{-1}\tan\alpha}^{\frac{\pi}{4}-\sin^{-1}\tan\alpha} \left(\int_0^{\varepsilon\tan\alpha} \frac{V_1(x)}{\varepsilon^3} f_X(x)\mathrm{d}x + \int_{\varepsilon\tan\alpha}^{\varepsilon\sin\theta} \frac{V_2(x)+V_1(2a)}{\varepsilon^3} f_X(x)\mathrm{d}x + \right.$$

$$\int_{\varepsilon\sin\theta}^{\varepsilon\sin\theta+\varepsilon\tan\alpha} \frac{V_3(x)+V_2(x_1)+V_1(2a)}{\varepsilon^3} f_X(x)\mathrm{d}x +$$

$$\left. \int_{\varepsilon\sin\theta+\varepsilon\tan\alpha}^{\frac{\varepsilon(\cos\theta+\sin\theta+\tan\alpha)}{2}} \frac{V_4(x)+V_3(x_1+2a)+V_2(x_1)+V_1(2a)}{\varepsilon^3} f_X(x)\mathrm{d}x \right) f_\Theta(\theta)\mathrm{d}\theta \right) f_A(\alpha)\mathrm{d}\alpha$$

$$= Q_2 F_{X4}(\varepsilon) \tag{4-38}$$

以上两式中仅求出对 x 的积分是因为关于 $\Theta=\theta$ 和 $A=\alpha$ 的积分上下限和 ε 无关,不影响最终结果;同时,由于栅格的边长 ε 是常数,因此 $F_{X3}(\varepsilon)$ 和 $F_{X4}(\varepsilon)$ 是与 ε 有关的常数;另外,C_3 和 C_4 也是常数。

其他 3 种情况同理,求出式(4-28)、式(4-29)和式(4-30)对应的授权网络边界面的面积 S_i 的期望 $E_2(S_i)$、$E_3(S_i)$ 和 $E_4(S_i)$,以及对应的无线电参数误差 $P_{e,i}$ 的期望 $E_2(P_{e,i})$、$E_3(P_{e,i})$ 和 $E_4(P_{e,i})$。

最终,在三维空间下,一个栅格 i 内部的 S_i 的总期望和 $P_{e,i}$ 的总期望分别如下:

$$E(S_i) = E_1(S_i) + E_2(S_i) + E_3(S_i) + E_4(S_i) \tag{4-39}$$

$$E(P_{e,i}) = E_1(P_{e,i}) + E_2(P_{e,i}) + E_3(P_{e,i}) + E_4(P_{e,i}) \tag{4-40}$$

在三维空间下求解参数 K,即无线电参数不纯净栅格的数量。假设 M 个栅格中,前 K 个栅格的无线电参数不纯净,可以推导出

$$E(S_i) = \frac{1}{K}\sum_{i=1}^{K} S_i = \frac{1}{K}S \tag{4-41}$$

其中,第一个等号基于大数定理;第二个等号则基于无线电参数不纯净的栅格全都集中在网络边界面,且每个栅格里的网络边界面积的总和是总的网络边界面积的事实,根据式(4-41),K 的值估计如下:

$$K = \frac{S}{E(S_i)} \tag{4-42}$$

整个三维平间的无线电参数误差为

$$P_e = \frac{1}{M}\sum_{i=1}^{K} P_{e,i} = \frac{K}{M}E(P_{e,i}) \tag{4-43}$$

将式(4-42)中的 K 和式(4-40)中的 $E(P_{e,i})$ 代入式(4-43)得到:

$$P_e = S\frac{1}{M}\frac{E(P_{e,i})}{E(\xi_i)} = QS\frac{1}{\varepsilon^2 M} = \frac{1}{\sqrt[3]{M}}Q\frac{S}{L^2} = \Theta\left(\frac{1}{\sqrt[3]{M}}\right) \tag{4-44}$$

其中 Q 是常数,S 是所有网络边界的总面积,L 是整个三维区域的边长,M 是栅格的数量。

因此得到了当授权网络覆盖的形状是不规则的时(即在 $X=x$、$\Theta=\theta$ 和 $A=\alpha$ 3 个变量的概率密度函数为一般分布的情况下)无线电参数误差和栅格数量的关系式。

定理 4-4　在三维情况下,如果与授权网络覆盖的形状有关的参数($X=x$、$\Theta=\theta$ 和 $A=\alpha$)服从均匀分布,那么整个空间的无线电参数误差可以表示为栅格数量 M 的函数:

$$P_e = K\frac{1}{\sqrt[3]{M}} \tag{4-45}$$

其中 $K=0.1449\frac{S}{L^2}$,S 是所有网络边界的总面积,L 是整个三维区域的边长,M 是栅格的数量。

证明:如果 $X=x$、$\Theta=\theta$ 和 $A=\alpha$ 3 个随机变量服从均匀分布均匀,那么它们的概率密度函数的表达式如下:

$$f_X(x)=\frac{1}{\frac{\sqrt{2}}{2}\varepsilon\sin\left(\theta+\frac{\pi}{4}\right)},0\leqslant x\leqslant\frac{\sqrt{2}}{2}\varepsilon\sin\left(\theta+\frac{\pi}{4}\right) \tag{4-46}$$

$$f_\Theta(\theta)=\frac{4}{\pi},0\leqslant\theta\leqslant\frac{\pi}{4} \tag{4-47}$$

$$f_A(\alpha)=\frac{4}{\pi},0\leqslant\alpha\leqslant\frac{\pi}{4} \tag{4-48}$$

将式(4-46)中的 $f_X(x)$ 表达式、式(4-47)中的 $f_\Theta(\theta)$ 表达式以及式(4-48)中的 $f_A(\alpha)$ 表达式代入上述式子中得到无线电参数误差为

$$P_e=\frac{1}{\sqrt[3]{M}}0.1649\frac{S}{L^2} \tag{4-49}$$

♯

由式(4-49)可知,与授权网络覆盖的形状有关的参数($X=x$、$\Theta=\theta$ 和 $A=\alpha$)服从均匀分布时,无线电参数误差 P_e 和栅格数量 M 之间的关系仍然满足定理 4-3。并且定理 4-4 得到了一个精确的表达式,从这个定理可以更加明显地看出三维空间中频谱环境地图构建精度和效率之间的权衡关系。随着栅格数量 M 的增多,无线电参数误差 P_e 将逐渐减小,即随着测量次数的增多,无人机频谱测量误差将越来越小,频谱环境地图构建精度将越来越高。

4.3.3　仿真结果与分析

4.3.2 节得出了无线电参数误差 P_e 和栅格数量 M 之间的关系。本节设计了仿真方法去验证与授权网络覆盖的形状有关的参数(如 $X=x$、$\Theta=\theta$ 和 $A=\alpha$)满足均匀分布时的结论,即 $P_e=\frac{1}{\sqrt[3]{M}}0.1649\frac{S}{L^2}$。

假设授权网络的辐射范围是球面,设置的两个三维授权网络场景分别如图 4-7(a)和图 4-8(a)所示,设定 x、y、z 3 个方向的长度都为 $L=10$。

在图 4-7 中,授权网络 1 的中心点为(0,0,0),半径 $r_1=7$;授权网络 2 的中心点为(0,10,0),半径 $r_2=4$;授权网络 3 的中心点为(10,10,0),半径 $r_2=8$。根据以上假设,得出了授权网络边界面的总面积 $S=\frac{1}{8}(4\pi r_1^2+4\pi r_2^2+4\pi r_3^2)$。在图 4-8 中,授权网络 1 的中心点为(0,0,0),半径 $r_1=7$;授权网络 2 的中心点为(0,10,0),半径 $r_2=4$。同理,根据以上假设,得出了授权网络边界面的总面积 $S=\frac{1}{8}(4\pi r_1^2+4\pi r_2^2)$。

这样,如果已知栅格数量 M 就可以由公式 $P_e=\frac{1}{\sqrt[3]{M}}0.1649\frac{S}{L^2}$ 算出无线电参数误差的理论值。

由前文可知,一个栅格内的无线电参数是用栅格内部选出的所占体积最大区域的无线电参数来表示的,那么无线电参数误差就是该栅格剩下的体积占栅格总体积的比例。本节借助于蒙特卡洛仿真方法(即先生成大量的模拟数,再用概率统计的方法进行计算)计算体积,具体步骤如下。

① 选定某个栅格的顶点坐标及其边长,然后在该三维栅格范围内生成随机点,每个随机点都会有一个空间坐标与之对应。

② 获得空间坐标后,计算其到授权网络 1、授权网络 2 和授权网络 3 的中心点的距离,若距离小于某个网络的半径,则该点被该网络覆盖。通过二进制数来记录该点的覆盖情况,设被覆盖为 1,未被覆盖为 0。

③ 设置随机点数为 1 000,循环执行步骤②。循环结束后,计算该栅格内所记录的某个无线电参数的个数。假如无线电参数 100(被授权主网络 1 覆盖,未被授权网络 2 和授权网络 3 覆盖)被记录 800 次,那么在该栅格内无线电参数 100 所占体积为栅格 80% 的体积,无线电参数误差为 20%。

④ 依次遍历三维空间区域的每一个栅格,重复步骤 ① ～ ③,记录每一个栅格的无线电参数误差,根据 $P_e = \sum_{i=1}^{M} \alpha_i P_{e,i}$ 可以获得整个三维空间的无线电参数误差,其中 $\alpha_i = \frac{1}{M}$。

图 4-7(b)和图 4-8(b)是无线电参数误差随着栅格数量变化的仿真图。

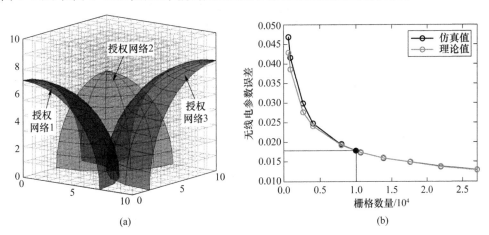

图 4-7　带有 3 个授权网络的栅格数量和无线电参数误差之间的关系

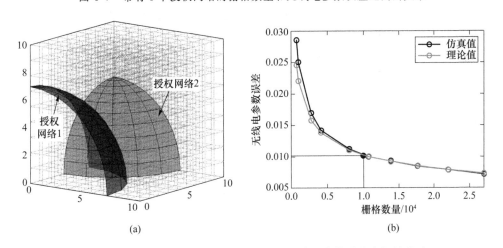

图 4-8　带有 2 个授权网络的栅格数量和无线电参数误差之间的关系

从图 4-7 和从图 4-8 可知,无线电参数误差 P_e 随着栅格数量 M 的增加而减小,并且无线电参数误差 P_e 与 $\frac{1}{\sqrt[3]{M}}$ 成正比,该仿真结果符合定理 4-4。可见随着 M 的增大,三维无线电频谱环境地图构建的精度会越来越高。除此之外,在栅格数量 M 相同时,图 4-7(a)的无线电参数误差要比图 4-8(a)的无线电参数误差要大,这是因为图 4-8 中有 3 个授权网络,无线电环境更复杂。另外,当栅格数量 M 较小时,理论值与仿真值有一定的偏离,但是当栅格数量 M 很大时,理论值与仿真值曲线基本重合,说明该仿真方法的设计是正确的、可行的。

4.4　三维频谱环境地图构建方法

在前面两章中,对频谱环境地图构建的理论进行了分析,本章将利用前面的理论,设计了一个利用无人机的三维频谱环境地图构建方法,构建频谱环境地图最重要的是测量三维空间中每处的频谱环境信息(无线电参数)。因此,本章重点介绍了利用无人机的频谱测量算法,其中蚁群算法的引入是为了规划无人机的最短路径。

4.4.1　无人机频谱测量算法的流程

利用无人机的高移动性和灵活性去构建三维频谱环境地图。首先将三维空间分成一个个的立方体小栅格,让无人机测量每个栅格并给出一个无线电参数。由于空间中相邻两个栅格的相关度是非常大的,如果对空间中每一个栅格都测量的话,必然会存在很大的冗余,也会造成很多测量时间的浪费。那么不妨让无人机先飞行一段距离,让它去试探空间中的栅格,发现无线电参数改变,再返回去测量;若无线电参数不变,则可默认两个栅格之间的栅格的无线电参数相同,这样就可以减少无人机的测量次数,节约测量时间。然后通过考虑无人机路径规划,让无人机进一步缩短测量距离,从而更高效地构建三维频谱环境地图。

考虑到无人机不断转向和往返需要大量的时间,将无人机的测量过程分成多轮次去进行,如图 4-9 所示。首先,将三维空间中间隔 d 的栅格加入集合 D_r 中,并初始化迭代次数 $r=1$(第一轮),测量集合 D_r 中栅格的无线电参数并且记录。然后进行以下两个步骤。

步骤 1:若间隔 d 个栅格的栅格 i 和栅格 j 的无线电参数相同,则默认它们之间的栅格的无线电参数和栅格 i 的无线电参数相同并记录;若不相同,迭代次数 $r=r+1$,并且判断出三维空间中栅格 i 和栅格 j 中间的栅格有哪些需要进一步测量,并且将其加入集合 D_r 中,这些栅格将要在步骤 2 中被测量。

步骤 2:利用无人机路径规划算法测量步骤 1 中集合 D_r 中栅格的无线电参数。在这里,利用传统的蚁群算法解决无人机路径规划问题[18],该算法将在 4.4.2 节具体介绍。然后令间隔 $d=d/2$。

重复步骤 1 和步骤 2,直到三维空间中每个栅格的无线电参数都已知。因此,就可以根据每个栅格内的无线电参数精确地构建三维频谱环境地图。

这种方法类似二分法,让无人机分成多个轮次进行测量,这样一方面可以降低复杂度,将未知空间坐标和频谱信息的问题转化成了已知空间坐标的路径规划问题,因此便可以使用传统的蚁群算法,而且无人机每轮都测量飞行最短距离;另一方面可以减少无人机转换方向的次数,更加贴合实际需求,便于现实中快速和精准地对区域内的无线电参数进行测量,进一步高效地构建三维频谱环境地图。

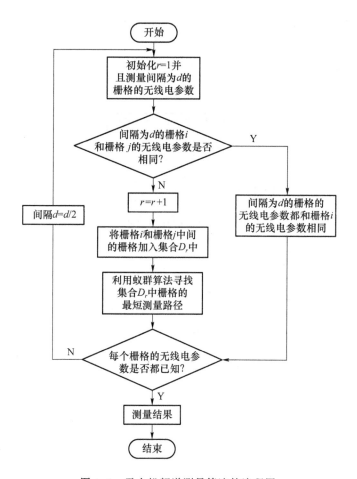

图 4-9　无人机频谱测量算法的流程图

4.4.2　蚁群算法

20 世纪 90 年代初,意大利学者 Marco Dorigo 及其同事提出了蚁群算法,其灵感来源于蚂蚁的觅食行为[19]。蚂蚁在寻找食物时,蚂蚁最初会以随机的方式探索巢穴周围的区域。一旦蚂蚁找到了食物来源,它们就会在途径的路上留下化学信息素的痕迹。蚂蚁对这种信息素有感知能力,它们会走信息素浓度高的路,而且每只蚂蚁都会在途径的路上释放信息素,这样就会形成一种和正反馈很相似的机制[19]。蚂蚁之间正是通过信息素路径进行间接通信,这样可以使它们能够在巢穴和食物来源之间找到最短路径。虽然单独的一只蚂蚁的行为比较简单,但是整体却可以体现出群体智能行为。这种智能行为使蚁群算法可以解决很多问题,比如调度问题、无人机路径规划问题、开放式车间调度问题等。

引入蚁群算法主要是为了解决无人机最短路径规划优化问题。

蚁群算法的步骤如图 4-10 所示。

① 初始化参数:设置初始时间 t、迭代次数 n,将 m 只蚂蚁随机放置到 D_r 个栅格中,设定每条边上的信息素。

② 构建禁忌表:将当前位置添加到禁忌表。禁忌表的作用是防止蚂蚁走重复的路径,蚂蚁走过一个栅格后,就把该栅格的编号加入禁忌表中。

③ 确定行走方向：根据转移概率选择下一个访问的栅格。

④ 计算信息素增量：每只蚂蚁转移后，计算每条边上的信息素增量。

⑤ 判断是否达到最大转移次数。

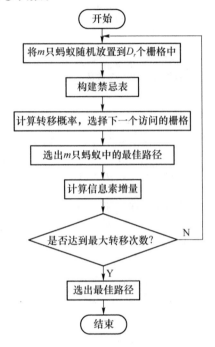

图 4-10　蚁群算法的流程图

在本节的路径规划问题中，利用无人机进行频谱测量的第一轮为依次测量选定的栅格边上的信息素，在之后的轮次中会利用蚁群算法进行三维空间下的最短路径规划。

4.4.3　无人机频谱测量算法的分析

根据无人机频谱测量算法，若间隔 d 个栅格的栅格 i 和栅格 j 的无线电参数相同，则默认它们之间的栅格的无线电参数和栅格 i 的无线电参数相同。如图 4-11 所示，栅格 i 和栅格 j 的无线电参数相同，但是栅格 s 的无线电参数和栅格 i 的不同。很明显，这里也存在测量误差，并且随着间隔 d 的增大，测量误差变小。

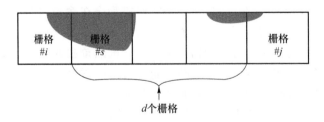

图 4-11　测量误差

下面将进一步分析该算法的性能，存在如下定理。

定理 4-5　在三维空间中，使用无人机频谱测量算法的测量次数上界为：

$$D_d \leqslant \frac{M}{d^3} + \frac{2\sqrt{3}S}{3(\varepsilon L)^2}\left(1 - \frac{1}{d^2}\right)M^{\frac{2}{3}} \tag{4-50}$$

其中 S 是所有网络边界的总面积,L 是整个三维区域的边长,M 是栅格的数量。如果间隔 $d>1$,$d\in\mathbb{N}_+$,使用无人机频谱测量算法的测量次数小于常规的测量算法(无人机频谱测量算法按顺序测量空间中的每个栅格)。

证明:无线电环境不纯净的栅格会沿着授权网络边界面分布,令栅格边长为 ε,于是这里有 $M=\left(\dfrac{L}{\varepsilon}\right)^3$。

♯

无人机频谱测量算法的过程如图 4-12 所示,整个过程共分为 $\log_2 d+1$ 轮次。在 $r=1$(第一轮)时,无人机对三维空间中间隔为 d 个的所有栅格进行测量,最多测量 $D_1=\dfrac{M}{d^3}$ 次。当 $r>1$ 时,需要在下一轮次测量的栅格被表示为图 4-12 中的灰色栅格,并且根据定理 4-1 中"填充问题"的思路,栅格的测量次数等于无线电环境不纯洁栅格的数量。在 $r>1$ 时,将网络边界面上的每个点向两边的法线方向分别移动 $\dfrac{\sqrt{3}\varepsilon d}{2^{r-2}}$ 的距离,它们之间的体积为 $\dfrac{2\sqrt{3}\varepsilon d S}{2^{r-2}}$,此体积除以 $\left(\dfrac{\varepsilon d}{2^{r-2}}\right)^3$ 就可以得出无线电环境不纯净的栅格数量的最大值 $D_r=\dfrac{2\sqrt{3}\varepsilon d S/2^{r-2}}{(\varepsilon d/2^{r-2})^3}=\dfrac{2^{2r-3}\sqrt{3}S}{(\varepsilon d)^2}$,即需要测量的最大次数。因为共需要测量 $\log_2 d+1$ 轮次,所以使用该算法后最大测量次数是

$$D_{\max}=D_1+D_2+D_3+\cdots+D_r=\frac{M}{d^3}+\frac{2\sqrt{3}S}{3\varepsilon^2}\left(1-\frac{1}{d^2}\right)=\frac{M}{d^3}+\frac{2\sqrt{3}S}{3(\varepsilon L)^2}\left(1-\frac{1}{d^2}\right)M^{\frac{2}{3}} \quad (4\text{-}51)$$

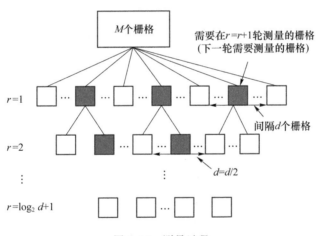

图 4-12　测量过程

从定理 4-5 可以看出,当间隔 $d>1$ 时,使用该算法以后的无人机测量次数比常规的测量算法的少,并且 d 越大,测量次数越少。

4.5　实验及性能分析

4.5.1　三维频谱环境地图构建的实现

将三维空间划分为 $M=9^3$ 个栅格,并设置间隔 $d=4$ 以及假设某个特定的空间区域内存

在 3 个授权网络。并且不同网络覆盖的区域用不同颜色表示,授权网络 1 用蓝色表示,授权网络 2 用绿色表示,授权网络 3 用蓝色表示,授权网络 1 和授权网络 2 重叠部分用青蓝色表示,授权网络 1 和授权网络 3 重叠部分用洋红色表示,授权网络 2 和授权网络 3 重叠部分用黄色表示,3 个授权网络重叠部分用橘黄色表示。让无人机进行 3 轮频谱测量来完成频谱环境地图的构建。

在第一轮测量中,如图 4-13 和图 4-14 所示,先让无人机测量 x、y、z 各方向的第 1、5、9 个栅格并进行记录。那么在 $d=4$ 时,整个空间只需要测量 27 个栅格即可。这样,三维空间中间隔为 d 的栅格的无线电参数都得到了测量和记录。不同的无线电参数用不同的颜色表示,正如图 4-15 所示。

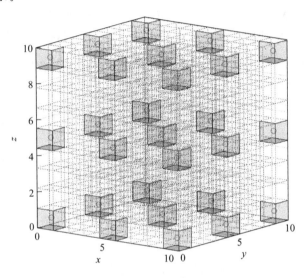

彩图 4-13

图 4-13　第一轮待测量的栅格

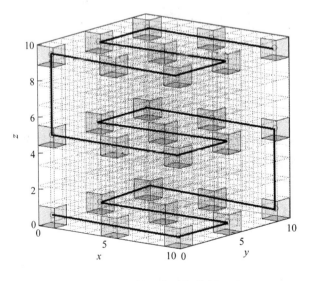

彩图 4-14

图 4-14　第一轮路径规划

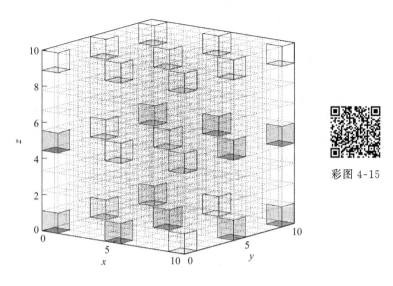

彩图 4-15

图 4-15 第一轮测量的结果图

接下来,根据第一轮测量的结果,判断需要在第二轮测量的栅格并进行记录。例如,如果在某方向上,第 1 个和第 5 个栅格的无线电参数相等,则默认它们之间的栅格的无线电参数和第 1 个栅格的无线电参数相等,并且记录该栅格的无线电参数;若不相等,则记录第 3 个栅格,等待第二轮测量。如图 4-16 所示,用圆圈标记了需要进行第二轮测量的栅格,总共需要再测量 25 个栅格。

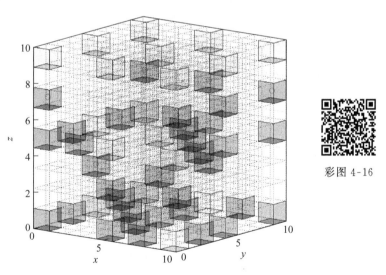

彩图 4-16

图 4-16 第二轮待测量的栅格

第二轮测量中,只需要测量在第一轮中所记录的 25 个栅格,并且利用蚁群算法进行三维空间下的路径规划,从而找出无人机第二轮测量的最短测量路径,完成对所记录栅格的测量。图 4-17 所示为无人机第二轮测量的路径规划,图中的黑粗线便是蚁群算法所模拟出来的最短路径。

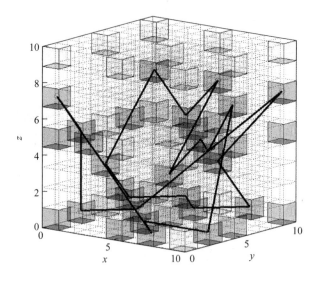

图 4-17　第二轮测量的路径规划

图 4-18 所示的是经过两轮以后的频谱测量结果,空间中间隔为 $d/2$ 的栅格的无线电参数都得到了测量与记录。

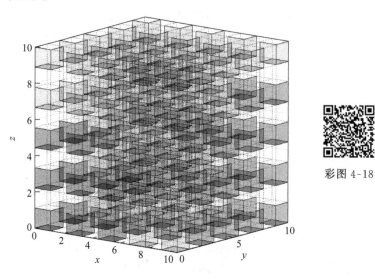

图 4-18　二轮测量的结果图

然后,根据第二轮测量的结果,判断需要在第三轮测量的栅格并进行记录。例如,在某方向上,若第 1 个和第 3 个栅格的无线电参数相等,则默认第 2 个栅格的无线电参数和第 1 栅格的无线电参数相等,并且记录该栅格的无线电参数;若不相等,则记录第 2 个栅格,等待第三轮测量。如图 4-19 所示,需要进行第三轮测量的栅格用圆圈标记了出来,总共需要再测量 74 个栅格。

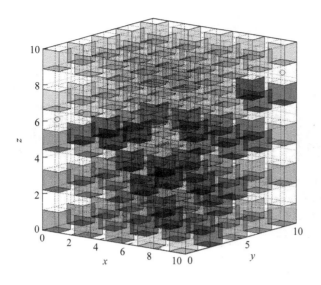

彩图 4-19

图 4-19　第三轮待测量的栅格

　　第三轮测量中,只需要测量在第二轮中所记录的 74 个栅格,同样,引入蚁群算法进行三维空间下的路径规划,从而找出无人机第三轮测量的最短飞行路径。这样就完成了对所记录栅格的测量。图 4-20 所示为无人机第三轮测量的路径规划,图中的黑粗线便是蚁群算法所模拟出来的最短路径。

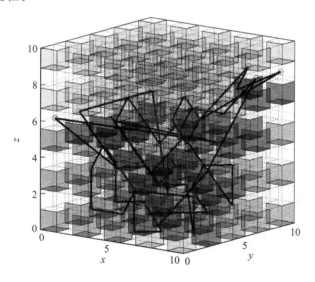

彩图 4-20

图 4-20　第三轮测量的路径规划

　　图 4-21 所示的是经过三轮测量以后的频谱测量结果,空间中间隔为 $d/4$ 的栅格的无线电参数都得到了测量与记录,即 729 个栅格的无线电参数均已知。

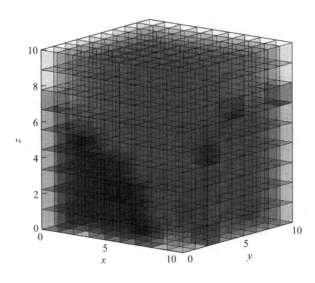

彩图 4-21

图 4-21　三轮测量的结果图

经过三轮测量，无人机共测量了 128 个栅格，但 729 个栅格的无线电参数都得到了记录，大大降低了测量所耗费的时间。图 4-21 为模拟无人机绘制的三维频谱环境地图。但是由于灰色栅格的透明度问题，该图的表示效果不太好(设置灰色,是为了展现出测量的过程)。为了更清晰地展示,将图 4-21 的灰色变为无色,图 4-22 为栅格数量 $M=9^3$ 时构建的三维频谱环境地图。

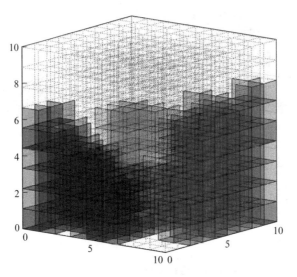

彩图 4-22

图 4-22　$M=9^3$ 的三维频谱环境地图

图 4-23 为栅格数量 $M=17^3$ 时构建的三维频谱环境地图。从图 4-22 和图 4-23 可以看出,随着 M 的增大,本节构建的三维频谱环境地图更加精确,更加符合原授权网络的覆盖分布,即更符合图 4-7 的授权网络分布形状。

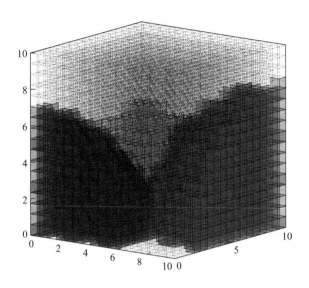

彩图 4-23

图 4-23　$M=17^3$ 的三维频谱环境地图

4.5.2　性能分析

本小节对利用无人机的三维频谱环境地图构建方法的性能进行了分析。

图 4-24 和图 4-25 表明,和常规测量算法相比,该频谱测量算法减少了无人机的测量次数以及缩短了无人机的飞行距离,即节约了无人机的测量时间和飞行时间。并且在图 4-24 中 3 个授权网络的测量次数比 2 个授权网络的测量次数多,以及在图 4-25 中 3 个授权网络的飞行距离比 2 个授权网络的飞行距离长。因为在 3 个授权网络的场景中,无线电环境会更复杂。另外,随着栅格数量(测量精度)的增加,该方法节约时间的效果越明显,这验证了定理 4-5。

图 4-26、图 4-27 和图 4-28 表示的是在 3 个授权网络下无人机频谱测量算法的一些性能。随着间隔 d 的增加,无人机测量次数和飞行距离逐渐减少,这满足定理 4-5。但是随着间隔 d 的增加,测量误差会逐渐增大。这些结论有助于更加精确地构建三维频谱环境地图。

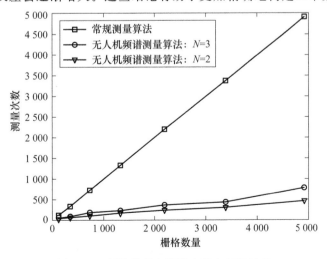

图 4-24　栅格数量和测量次数之间的关系

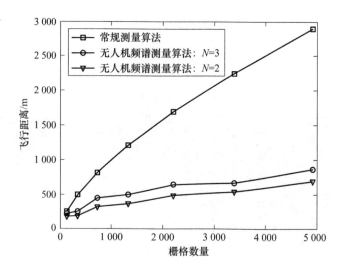

图 4-25　栅格数量和飞行距离之间的关系

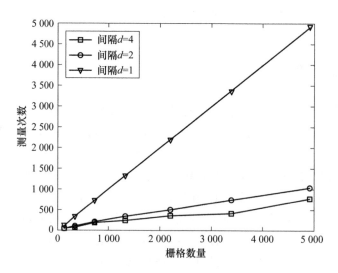

图 4-26　不同间隔 d 的测量次数

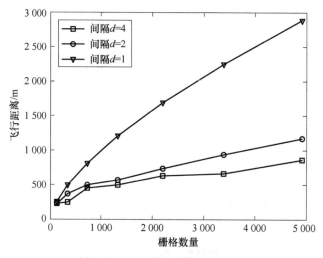

图 4-27　不同间隔 d 的飞行距离

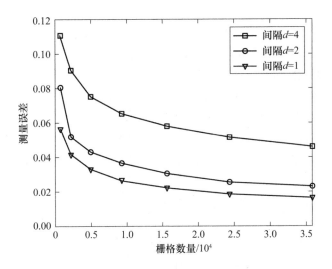

图 4-28　不同间隔 d 的测量误差

4.6　本 章 小 结

　　本节研究了利用具有高机动性和灵活性的无人机构建三维频谱环境地图的方法,通过分析影响三维频谱环境地图构建的因素,得到了栅格数量(构建精度)和无线电参数误差(错误率)之间的关系,即随着栅格数量的增多,频谱环境地图构建的错误率会变低。此外,本章设计了一个快速、准确的无人机频谱测量算法,该算法借助无人机考虑路径规划去测量频谱。和常规算法相比,该算法可以在保证构建精度的基础上缩短测量距离以及减少测量次数,从而节约测量时间。我们通过以上研究可以更加高效、精确地构建三维频谱环境地图。本章的结论得到了理论上的证明以及仿真上的验证。

　　无人机路径规划目前仍是一个人们关注的热点问题,现实中的无人机飞行会有一定的偏差,本章对无人机的实际飞行状态没有进行深入研究,仅仅在理论上分析了无人机测量频谱的路径规划。一种关于无人机的新的热点问题是无人机群体智能行为,但是其由于实现起来比较复杂,所以目前正处于研究阶段。此外,本章只研究了频谱环境地图的构建,仅讨论了空间维度的频谱资源,对于其他网络资源还需要进行更加深入的研究。频谱环境地图构建是一个比较复杂的问题,要想真正实现令人满意的构建精度还需要进行不断的探索和研究。

本章参考文献

[1]　杜振华,周舒. 我国频谱资源配置的动态调整机制研究[J]. 北京邮电大学学报(社会科学版),2020,22(1):14-19.

[2]　LATVA-AHO M,LEPPANEN K. Key drivers and research challenges for 6G ubiquitous wireless intelligence[M]. Finland:6G Flagship,University of Oulu,2019.

[3]　林德平,彭涛,刘春平. 6G 愿景需求,网络架构和关键技术展望[J]. 信息通信技术与

政策，2021，47(1)：82.

[4] MATINMIKKO-BLUE M, YRJOLA A, AHOKANGAS P. Spectrum management in the 6G era：the role of regulation and spectrum sharing[C]//2020 2nd 6G Wireless Summit (6G SUMMIT). IEEE, 2020：1-5.

[5] PAISANA F, KHAN Z, LEHTOMAKI J, et al. Exploring radio environment map architectures for spectrum sharing in the radar bands[C]//2016 23rd International Conference on Telecommunications (ICT). IEEE, 2016：1-6.

[6] 高远，周文虎，匡正. 无线电环境地图技术实现与前景[J]. 上海信息化，2015(11)：66-71.

[7] 字然，常俊，宗容，等. 基于改进空间插值的无线电环境地图生成技术[J]. 电子技术应用，2018，44(3)：103-107.

[8] 王岭. WRAN 中无线电环境地图的生成技术研究[D]. 重庆：重庆大学，2011.

[9] 李伟，冯岩，熊能，等. 基于无线电环境地图的频谱共享网络研究[J]. 电视技术，2016，40(10)：60-66.

[10] 朱江，刘亚利，宋永辉，等. 基于信任机制的无线电环境地图重构[J]. 电讯技术，2017，57(6)：690-697.

[11] GAJEWSKI P. Propagation models in radio environment map design[C]//2018 Baltic URSI Symposium (URSI). IEEE, 2018：234-237.

[12] GRIMOUD S, SAYRAC B, JEMAA S B, et al. An algorithm for fast REM construction[C]//2011 6th International ICST Conference on Cognitive Radio Oriented Wireless Networks and Communications (CROWNCOM). IEEE, 2011：251-255.

[13] YILMAZ H B, CHAE C B, TUGCU T. Sensor placement algorithm for radio environment map construction in cognitive radio networks[C]//2014 IEEE Wireless Communications and Networking Conference (WCNC). IEEE, 2014：2096-2101.

[14] HU Y, ZHANG R. A spatiotemporal approach for secure crowdsourced radio environment map construction[J]. IEEE/ACM Transactions on Networking, 2020, 28(4)：1790-1803.

[15] WEI Z, ZHANG Q, FENG Z, et al. On the construction of radio environment maps for cognitive radio networks[C]//2013 IEEE Wireless Communications and Networking Conference (WCNC). IEEE, 2013：4504-4509.

[16] DING G, WU Q, ZHANG L, et al. An amateur drone surveillance system based on the cognitiveinternet of things[J]. IEEE Communications Magazine, 2018, 56(1)：29-35.

[17] AL-HOURANI A. Interference modeling in low-altitude unmanned aerial vehicles [J]. IEEE Wireless Communications Letters, 2020, 9(11)：1952-1955.

[18] 王辉，胡晓阳. 基于蚁群算法的无人机航迹规划研究[J]. 科技资讯，2020，18(10)：29-30.

[19] 陈少杰，麻莉娜. 蚁群算法基本原理及综述[J]. 科技创新与应用，2016(31)：41.

第 5 章

无线网络空时二维频谱机会

5.1　研究背景

在第 2 章中,我们研究了认知无线电网络中以空间维度和时间维度为代表的多维频谱信息的表征、测量和传递问题。但是在第 2 章我们忽略了一个细节,即空间维度频谱空洞和时间维度频谱空洞的位置。我们在第 2 章的研究中假设空时频谱空洞的位置是已知的,在此基础上进一步重点研究频谱信息的表征、测量和传递问题。而在这一章我们重点研究第 2 章忽略掉的细节,即研究空时频谱空洞的位置问题。

众所周知,认知无线电网络是频谱高效利用的重要技术[1]。认知无线电网络通过灵活高效地利用频谱空洞来提升频谱资源的使用率、频谱的利用率和网络容量[2]。注意到频谱空洞存在于空时维度,次用户在不同的空间和时间有着不同的频谱利用机会。例如,当次用户距离主用户较远的时候,次用户和主用户可以同时传输,而且次用户不会干扰主用户,即次用户有空域频谱机会。然而,当次用户距离主用户较近的时候,次用户仅能利用主用户当前不使用的频谱,也就是说,次用户具有时域频谱机会。

探索和发掘可用的频谱空洞可以提升认知无线电网络的频谱利用率。为了发掘频谱空洞,人们设计了一些空时检测的算法,以检测空时维度的频谱机会。其中 Tandra 等人在文献[3]和[4]中设计了一种空时频谱检测方案,并且针对空时频谱检测提出了一种新的测量方法来衡量空时频谱检测的性能。在此基础上,多种空时频谱检测方案在文献[5]~[8]中得到了研究。其中 Dong 等人在文献[5]中提出了一种两阶段频谱检测方案,其中次用户在第一阶段检测时域频谱机会,如果时域频谱机会不存在,则次用户在第二个阶段转而检测空域频谱机会。Ding 等人在文献[6]中研究了认知无线电网络中的空时频谱检测,提出使用核聚类算法区分协同频谱感知中的目标。Marino 等人在文献[7]中研究了优化空时域的检测时间的方法,并且提出了一个二维检测(Two-Dimensional Sensing, TDS)架构来提升空时频谱检测的性能。Ding 等人在文献[8]中进一步研究了协作空时频谱检测,利用机器学习方法来提升协作空时检测的性能。上述文献虽然大量研究了空时频谱检测的算法和性能,但是仍然很少涉及空时频谱空洞的理论计算,一般假设空时频谱空洞的位置是已知的。

关于空时频谱空洞的位置,Vu 等人在文献[9]中分析了空域频谱空洞存在的区域,并且提出了主用户排斥区(Primary Exclusive Region,PER)的概念。然而,文献[9]没有考虑时域频谱空洞,因此文献[9]中的次用户没有利用时域频谱机会。实际上,在部分的 PER 内有时域频谱机会,次用户可以机会式地利用主用户的频谱。当空时频谱机会被同时利用的时候,认知无线电网络的频谱利用率可以得到提升,因为在整个区域可以部署更多的次用户。在文献[9]之后,文献[10]和[11]在分析空域频谱空洞的时候进一步考虑了阴影效应和网络层面的性能分析,从而扩展了文献[9]中 PER 的概念。

对于认知无线电网络高效频谱检测和接入来说,发现频谱空洞和计算空时频谱空洞的位置仍然是个挑战。为了解决这个问题,我们提出了"黑白灰"三区频谱检测和接入模型,以高效地利用空时频谱空洞。在黑区内,只允许主用户部署,不允许次用户部署在黑区内部;在灰区内,次用户有时域频谱机会,可以利用主用户当前空闲的频谱;在白区内,次用户因为距离主用户足够远,所以次用户有空域频谱机会,可以和主用户同时进行数据传输而不用担心对主用户造成严重的干扰。另外,当灰区半径小于白区半径的时候,在灰区和白区之间会存在一个过渡区,过渡区内部的次用户因为距离主用户发射机较远,所以频谱检测的性能下降,不能像灰区内部的次用户一样利用时域频谱空洞,另外,过渡区内部的次用户因为距离主用户接收机没有足够远,所以不能像白区内的次用户一样利用空域频谱空洞,否则会对主用户接收机造成干扰。从地理上看,灰区包围着黑区,而白区包围着灰区,在灰区和白区之间有可能存在一个过渡带,但是根据我们的研究,过渡带是可以消除的,因为过渡带的消除可以让系统架构、网络管控和资源的分配更加简单,所以我们一般希望过渡带消失。

为了更好地发掘利用空时频谱空洞,本章重点计算"黑白灰"3 个区域的边界。我们首先分析时域频谱检测的性能极限,以此得出灰区的边界;然后通过分析从次用户到主用户的聚合干扰,并且考虑主用户的中断概率约束,得到白区的边界。对于黑区的边界,我们通过动态频谱租赁的观点建立了一个最优化模型,通过求解最优化模型得到黑区边界的最优值。并且我们得到了过渡区存在的条件,并分析了消除过渡区的方法。

需要注意的是,本章研究的"黑白灰"三区频谱检测和接入模型和第 2 章研究的有着密切的联系。在第 2 章,我们研究了空时频谱信息的表征和接入问题,而我们在本章提出的"黑白灰"三区频谱接入模型正好可以应用在认知数据库和频谱检测相结合的架构中(我们在第 2 章研究了认知数据库和频谱检测),三区的边界信息存储在认知数据库中,次用户在需要接入频谱的时候访问数据库,以获取他所在区域的频谱信息。如果认知数据库反馈的信息为次用户在白区,那么只要次用户不移动出当前栅格,就可以一直使用空域频谱空洞;如果认知数据库反馈的信息为次用户在灰区,那么次用户就需要通过频谱检测的辅助进行动态频谱接入(Dynamic Spectrum Access,DSA);如果认知数据库反馈的信息为次用户在黑区,那么次用户就不能接入主用户频段;如果认知数据库反馈的信息为次用户在过渡区,那么次用户或者可以通过进行功率控制来接入主用户频段,或者可以共享灰区内次用户的频谱检测结果,像灰区内部的次用户一样使用主用户频段。而灰区内部的次用户可以通过认知数据库来共享频谱检测的结果,这样能减少次用户频谱检测的次数,从而可以节省时间和能量,提升频谱检测的性能(因为接收信噪比较好的次用户可以进行频谱检测),并且过渡区内部的次用户可以共享频谱检测结果,从而让过渡区变为灰区,最终消除了过渡区。所以本章的研究内容和第 2 章的内容有着密切的联系,本章可以认为是第 2 章的细化。

本章其余部分的内容安排如下:在 5.2 节,我们提出了本章研究的系统模型;在 5.3 节,我们分析了灰区的时域频谱机会,并得到了备选的灰区外半径的精确结果和基于中心极限定理的结果,并且分析了噪声不确定性对灰区半径的影响;在 5.4 节,我们分析了白区的空域频谱机会,使用精确法和补充法得到了主用户受到的聚合干扰,并且计算了白区的内半径,分析了噪声不确定性对白区半径的影响;在 5.5 节,我们针对单主网络和多主网络总结了三区的半径,并且计算了最优的黑区半径,获得了过渡区存在的条件;在 5.6 节,我们提供了仿真结果和分析,主要针对三区对网络容量的性能提升、三区的半径、过渡区和最优黑区半径、三区的应用等内容进行了数值仿真。

5.2　系　统　模　型

如图 5-1 所示,在我们考虑的系统模型中,主用户和次用户均匀分布在一个半径为 R 的圆盘内。主用户发射机(比如电视塔)位于圆心处,以功率 P_0 发射主用户的信号。主用户(比如电视接收机)均匀分布在主用户发射机的覆盖区域内。整个区域被划分为 3 个区域,即黑区、白区和灰区。黑区的外半径为 R_1,在黑区之内,只允许主用户存在,该区即文献[12]所描述的 PER。灰区的外半径为 R_2,在灰区内允许次用户存在,但是次用户只可以使用 Overlay的方式通信,以减小次用户对主用户的干扰。白区的内半径为 R_3,外半径为 R,其中 R 可以为无穷大,在白区次用户可通过 Underlay 方式以最大功率发射,而他们对主用户的干扰可以忽略。本章的主要工作即计算 R_1、R_2、R_3 的值。次用户均匀分布在灰区和白区内,密度为 λ 用户/单位面积,发射功率为 P_s。本章的信道模型只考虑大尺度衰落,即给定传输距离 L,那么信道的功率增益是 $g=\dfrac{V}{L^\alpha}$,其中 V 是由频率决定的参量,α 是路损因子。为了简单,我们将 V归一化为 1,并且仅考虑 $\alpha \geqslant 2$ 的情形,因为在现实环境中,路损因子一般大于 2。

当 $R_2 < R_3$ 的时候,在灰区和白区之间存在一条过渡带,在图 5-1 中,内半径为 R_2、外半径为 R_3 的环形即过渡带。过渡带内的用户也用 Underlay 方式通信(只能用 Underlay 的方式通信,因为以 Overlay 方式通信的频谱检测错误率太高),并且需要进行严格的功率控制以控制对主用户的干扰。因为采用空时检测的次用户的接收机灵敏度必然高于主用户的接收机灵敏度[7,13],所以时域频谱机会在黑区和白区之间存在,而文献[9]对这种情况没有考虑。进一步,通过在灰区内部署次用户,整个区域的频谱利用率相对于文献[9]得到了提升,因为整个区域中部署了更多的次用户。在图 5-1 中,主用户的覆盖区的外半径是 R_c,当主用户在覆盖区之外的时候,因为接收信号太弱,主用户即使没有次用户的干扰也是不可以解调主用户信号的。而黑区内的主用户受保护,可以避免次用户的强烈干扰,因此内半径为 R_1、外半径为 R_c 的环形是主网络的"牺牲区",其中主用户的性能必然会下降,因为他们在黑区之外。

为了决定灰区的外半径 R_2,需要考虑频谱检测的关键性能指标,包括频谱检测的虚警概率和误检概率。一方面,在现有的频谱共享的国际标准(如 IEEE 802.22)中,误检概率被严格地约束,以减少对主用户系统的干扰。另一方面,如果虚警概率太大,次用户可能不会使用授权频段,因为次用户具有较少的频谱使用机会,在这种情况下次用户的收益不能抵消频谱检测中能量-时间的消耗开销。所以我们同时约束频谱检测的虚警概率和误检概率,当主用户发射机到次用户的距离超过某一个阈值的时候,至少有一个约束不能得到满足,这个阈值就是灰区的外半径。白区的内半径主要是通过黑区边缘的主用户的中断概率约束得到的。为了估计黑区边缘的主用户受到的聚合干扰,我们提出了两种方法,即精确法和补充法,两种方法各有优势,我们将在下文逐个介绍。

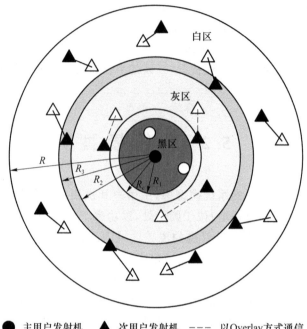

图 5-1　三区划分的系统模型

利用动态频谱租赁的视角,可以构建一个最优化模型,通过求解最优化模型得到黑区的最优半径。我们发现:当扩大黑区时,受保护的主用户增多,但是次用户的频谱机会减少;反之,当缩小黑区时,受保护的主用户减少,但是次用户的频谱机会增多。因此黑区的变化反映了主、次用户的一个有趣的利益博弈。然而,当主网络和公共安全相关的时候,根据一些标准和机构的规定,黑区的半径仍然有约束。比如,当主用户是地面雷达系统的时候,FCC 规定了一个排斥区来保护雷达系统[14]。在这种情况下,在黑区、白区互动的时候,必须考虑黑区的最小半径约束。

5.3　灰区的时域频谱机会

在灰区,由于次用户通过 Overlay 的方式共享频谱,所以次用户需要周期性地检测主用户的频谱。在本章中,次用户通过能量检测的方式检测主用户的信号。设定 $x(t)$、h、$w(t)$ 分别表示带通的主用户信号(中心频率为 f_c,带宽为 W)、信道增益和加性高斯白噪声。当一个主用户信号 $x(t)$ 通过信道增益为 h 的无线信道传输的时候,它被接收到并且以采样频率 f_s 采样。因此在检测时间 τ 之内,采样的样本个数为 $N = \lfloor \tau f_s \rfloor$。对于一个带通信号 $x(t)$,在次用户的检测器里面,它的接收信号 $y(t)$ 的第 n 个采样为 $y(n)$。$y(n)$ 服从一个二元假设检验模型,即 $\mathcal{H}_0$(主用户空闲)、$\mathcal{H}_1$(主用户存在),其模型如下:

$$y(n) = \begin{cases} w(n) & : \mathcal{H}_0 \\ hx(n) + w(n) & : \mathcal{H}_1 \end{cases} \qquad (5\text{-}1)$$

其中 $x(n)$ 和 $w(n)$ 分别是主用户信号和噪声过程的采样, $w(n)$ 假设为一个高斯随机变量,其均值为 0,方差为 σ_w^2,即 $w(n) \sim \mathcal{N}(0, \sigma_w^2)$。类似地,我们假设 $x(n) \sim \mathcal{N}(0, \sigma_s^2)$。因为我们在信道模型中只考虑路径损耗,所以 h 只和次用户的位置有关,因此我们假设 h 在一次频谱检测期间维持不变。另外, $x(n)$、h、$w(n)$ 和 $y(n)$ 假设为实数变量。接下来,我们分析频谱检测的虚警概率和误检概率约束,通过分析频谱检测的性能极限,得到灰区的外半径 R_2。因为在精确结果中没有 R_2 的闭式解,所以我们使用中心极限定理(Central Limit Theorem,CLT)来分析频谱检测的性能极限,类似地推导出灰区外半径 R_2 的闭式解。

5.3.1　精确结果

在这一部分中,检验统计量(test statistic)为 $Y = \sum_{i=1}^{N} (y(i))^2$。根据文献[15],在假设 $\mathcal{H}_1$ 下,检验统计量 Y 服从非中心的卡方分布;在假设 $\mathcal{H}_0$ 下,检验统计量 Y 服从中心的卡方分布。检验统计量 Y 在假设 $\mathcal{H}_1$ 和 $\mathcal{H}_0$ 下的概率密度函数如下:

$$f_{Y|\mathcal{H}_1}(y) = \frac{1}{2\sigma_w^2} \left(\frac{y}{2r}\right)^{(v-1)/2} e^{-\frac{2r+y}{2\sigma_w^2}} I_{v-1}\left(\frac{\sqrt{2ry}}{\sigma_w^2}\right) \tag{5-2}$$

$$f_{Y|\mathcal{H}_0}(y) = \frac{1}{2^v \sigma_w^{2v} \Gamma(v)} y^{v-1} e^{-\frac{y}{2\sigma_w^2}} \tag{5-3}$$

其中 $r = \frac{\sigma_s^2}{\sigma_w^2}$ 是能量检测器的信噪比, N 是样本个数(偶数), $v = N/2$, $I_v(*)$ 是 v 阶第一类修正的贝塞尔函数(modified bessel function of the first kind), $\Gamma(*)$ 是伽马函数。检测概率 $p_d = \text{Pr}\{\mathcal{H}_0 | \mathcal{H}_1\} = \text{Pr}\{Y > \varepsilon | \mathcal{H}_1\}$ 和虚警概率 $p_f = \text{Pr}\{\mathcal{H}_1 | \mathcal{H}_0\} = \text{Pr}\{Y > \varepsilon | \mathcal{H}_0\}$ 表示如下:

$$p_d = \int_\varepsilon^\infty f_{Y|\mathcal{H}_1}(y) dy = Q_v\left(\sqrt{\frac{2r}{\sigma_w^2}}, \sqrt{\frac{\varepsilon}{\sigma_w^2}}\right) \tag{5-4}$$

$$p_f = \int_\varepsilon^\infty f_{Y|\mathcal{H}_0}(y) dy = \frac{\Gamma\left(v, \frac{\varepsilon}{2\sigma_w^2}\right)}{\Gamma(v)} \tag{5-5}$$

其中 ε 是检测门限, $Q_v(*,*)$ 是广义马库姆 Q 函数(generalized marcum Q-function), $\Gamma(\alpha, x)$ 是高阶不完全伽马函数(upper incomplete gamma function),定义为 $\Gamma(\alpha, x) = \int_x^\infty e^{-t} t^{\alpha-1} dt$。误检概率定义为 $p_m = 1 - p_d$。从主用户的立场看,误检概率越小,主用户受到的次用户干扰越少;从次用户的立场来看,虚警概率越小,次用户的频谱机会越多。但是根据接收机的性能特性(Receiver Operating Characteristic,ROC), p_m 和 p_f 不能同时减小,因此我们需要像式(5-6)这样约束 p_m 和 p_f:

$$p_f = \frac{\Gamma\left(v, \frac{\varepsilon}{2\sigma_w^2}\right)}{\Gamma(v)} \leqslant \xi_f \quad (虚警约束) \tag{5-6}$$

$$p_m = 1 - p_d = 1 - Q_v\left(\sqrt{\frac{2r}{\sigma_w^2}}, \sqrt{\frac{\varepsilon}{\sigma_w^2}}\right) \leqslant \xi_m \quad (误检约束) \tag{5-7}$$

且我们定义 ε_f 和 ε_m 如下:

$$\varepsilon_f = 2\sigma_w^2 \Gamma^{-1}(v, \xi_f \Gamma(v)) \tag{5-8}$$

$$\varepsilon_{\mathrm{m}}=\sigma_v^2\left(Q_v^{-1}\left(\sqrt{\frac{2r}{\sigma_{\mathrm{w}}^2}},1-\xi_{\mathrm{m}}\right)\right)^2 \tag{5-9}$$

对于虚警约束,我们有下述定理。

定理 5-1 当检测门限 $\varepsilon \geqslant \varepsilon_{\mathrm{f}}$ 的时候,对虚警概率的约束得到满足,其中 $\Gamma^{-1}(\alpha,x)$ 是高阶不完全伽马函数的反函数,且 x 是自变量,α 是常数。

证明:虚警概率 p_{f} 关于检测门限 ε 的导数是

$$\frac{\partial p_{\mathrm{f}}}{\partial \varepsilon}=\frac{1}{\Gamma(v)}\frac{\partial \Gamma\left(v,\frac{\varepsilon}{2\sigma_{\mathrm{w}}^2}\right)}{\partial \varepsilon}=-\frac{\mathrm{e}^{-\frac{\varepsilon}{2\sigma_{\mathrm{w}}^2}}\left(\frac{\varepsilon}{2\sigma_{\mathrm{w}}^2}\right)^{v-1}}{2\sigma_{\mathrm{w}}^2\Gamma(v)}<0 \tag{5-10}$$

因此 p_{f} 是检测门限 ε 的减函数,通过解不等式(5-6)得到

$$\varepsilon \geqslant 2\sigma_{\mathrm{w}}^2\Gamma^{-1}(v,\xi_{\mathrm{f}}\Gamma(v))\stackrel{\triangle}{=}\varepsilon_{\mathrm{f}} \tag{5-11}$$

因为 $\Gamma\left(v,\frac{\varepsilon}{2\sigma_{\mathrm{w}}^2}\right)$ 是 ε 的单调函数,因此它的反函数存在。

$$\#$$

对于误检约束,我们有下述定理。

定理 5-2 当 $\varepsilon \leqslant \varepsilon_{\mathrm{m}}$ 的时候,对误检概率的约束得到满足,其中 $Q_v^{-1}(\alpha,x)$ 是广义马库姆 Q 函数的反函数,且 x 是自变量,α 是常数。

证明:误检概率 p_{m} 关于检测门限 ε 的导数是

$$\frac{\partial p_{\mathrm{m}}}{\partial \varepsilon}=\frac{\partial \int_0^\varepsilon f_{Y|\mathcal{H}_1}(y)\mathrm{d}y}{\partial \varepsilon}=f_{Y|\mathcal{H}_1}(\varepsilon)\geqslant 0 \tag{5-12}$$

因此 p_{m} 是 ε 的增函数,通过解不等式(5-7)我们得到:

$$\varepsilon \leqslant \sigma_{\mathrm{w}}^2\left(Q_v^{-1}\left(\sqrt{\frac{2r}{\sigma_{\mathrm{w}}^2}},1-\xi_{\mathrm{m}}\right)\right)^2\stackrel{\triangle}{=}\varepsilon_{\mathrm{m}} \tag{5-13}$$

因为广义马库姆 Q 函数 $Q_v(\alpha,x)$ 是 x 的单调函数,因此它的反函数存在。

$$\#$$

因为广义马库姆 Q 函数和高阶不完全伽马函数的反函数的闭式解不存在,因此 ε_{f} 和 ε_{m} 的闭式解也不存在,但是我们可以通过数值方法来得到 ε_{f} 和 ε_{m} 的值。我们探讨 ε_{m} 和主用户发射机、次用户检测器之间距离的关系,得到如下定理。

定理 5-3 设主用户发射机和次用户检测器之间的距离为 L,那么 ε_{m} 是 L 的减函数。

证明:ε_{m} 是信噪比 r 的隐函数,且它们的关系如下:

$$F(\varepsilon_{\mathrm{m}},r)=1-Q_v\left(\sqrt{\frac{2r}{\sigma_{\mathrm{w}}^2}},\sqrt{\frac{\varepsilon_{\mathrm{m}}}{\sigma_{\mathrm{w}}^2}}\right)-\xi_{\mathrm{m}}=0 \quad (隐函数) \tag{5-14}$$

因此我们有

$$\frac{\mathrm{d}\varepsilon_{\mathrm{m}}}{\mathrm{d}r}=-\frac{\dfrac{\partial F(\varepsilon_{\mathrm{m}},r)}{\partial r}}{\dfrac{\partial F(\varepsilon_{\mathrm{m}},r)}{\partial \varepsilon_{\mathrm{m}}}} \quad (隐函数求导) \tag{5-15}$$

其中 $\dfrac{\partial F(\varepsilon_{\mathrm{m}},r)}{\partial \varepsilon_{\mathrm{m}}}>0$,这在定理 5-2 的证明中得到了验证。因此为了证明定理 5-3,我们只需要

验证 $\dfrac{\partial F(\varepsilon_{\mathrm{m}},r)}{\partial r}\leqslant 0$。其中误检概率的另外一种形式如下:

$$p_{\mathrm{m}} = \int_0^{\varepsilon_{\mathrm{m}}} f_{Y|\mathcal{H}_1}(y)\,\mathrm{d}y$$

$$\overset{(a)}{=} \frac{1}{2\sigma_{\mathrm{w}}^2}\int_0^{\varepsilon_{\mathrm{m}}} \left(\frac{y}{2r}\right)^{\frac{v-1}{2}} \mathrm{e}^{-\frac{2r+y}{2\sigma_{\mathrm{w}}^2}} \left(\frac{ry}{\sigma_{\mathrm{w}}^4}\right)^{\frac{v-1}{2}} \sum_{k=0}^{\infty} \frac{\left(\frac{ry}{2\sigma_{\mathrm{w}}^4}\right)^k}{k!\,\Gamma(v+k)}\,\mathrm{d}y \qquad \text{（误检概率新形式）} \quad (5\text{-}16)$$

$$\overset{(b)}{=} \mathrm{e}^{-\frac{r}{\sigma_{\mathrm{w}}^2}} \sum_{k=0}^{\infty} \int_0^{\frac{\varepsilon_{\mathrm{m}}}{2\sigma_{\mathrm{w}}^2}} \left(\frac{r}{\sigma_{\mathrm{w}}^2}\right)^k \mathrm{e}^{-x} x^{k+v-1} \frac{1}{k!\,\Gamma(v+k)}\,\mathrm{d}x$$

$$\overset{(c)}{=} \mathrm{e}^{-\frac{r}{\sigma_{\mathrm{w}}^2}} \sum_{k=0}^{\infty} \left(\frac{r}{\sigma_{\mathrm{w}}^2}\right)^k \frac{\gamma\left(v+k, \frac{\varepsilon_{\mathrm{m}}}{2\sigma_{\mathrm{w}}^2}\right)}{k!\,\Gamma(v+k)}$$

其中(a)是通过展开第一类修正的贝塞尔函数得到的,其中贝塞尔函数的展开形式如下[16]:

$$I_{v-1}\left(\frac{\sqrt{2ry}}{\sigma_{\mathrm{w}}^2}\right) = \left(\frac{\sqrt{2ry}}{2\sigma_{\mathrm{w}}^2}\right)^{v-1} \sum_{k=0}^{\infty} \frac{\left(\frac{ry}{2\sigma_{\mathrm{w}}^4}\right)^k}{k!\,\Gamma(v+k)} \qquad (5\text{-}17)$$

(b)是通过交换积分和求和的顺序得到的,(c)是通过代换低阶不完全伽马函数(lower incomplete gamma function)得到的,其定义为 $\gamma(\alpha,x) = \int_0^x \mathrm{e}^{-t} t^{\alpha-1}\,\mathrm{d}t$。在式(5-16)中,$p_{\mathrm{m}}$ 不适合应用在计算中,因为它涉及无穷级数,但是它可以很方便地应用在分析中,因为无穷级数中的每一项都是相对简单的。将式(5-16)代入式(5-14)中,我们得到

$$F(\varepsilon_{\mathrm{m}}, r) = \mathrm{e}^{-\frac{r}{\sigma_{\mathrm{w}}^2}} \sum_{j=0}^{\infty} \frac{\left(\frac{r}{\sigma_{\mathrm{w}}^2}\right)^j}{j!} \frac{\gamma\left(j+v, \frac{\varepsilon_{\mathrm{m}}}{2\sigma_{\mathrm{w}}^2}\right)}{\Gamma(j+v)} - \xi_{\mathrm{m}} = 0 \qquad (5\text{-}18)$$

然后我们得到

$$\sigma_{\mathrm{w}}^2 \mathrm{e}^{\frac{r}{\sigma_{\mathrm{w}}^2}} \frac{\partial F(\varepsilon_{\mathrm{m}}, r)}{\partial r}$$

$$= \sum_{j=1}^{\infty} \frac{j\left(\frac{r}{\sigma_{\mathrm{w}}^2}\right)^{j-1}}{j!} \frac{\gamma\left(j+v, \frac{\varepsilon_{\mathrm{m}}}{2\sigma_{\mathrm{w}}^2}\right)}{\Gamma(j+v)} - \sum_{j=0}^{\infty} \frac{\left(\frac{r}{\sigma_{\mathrm{w}}^2}\right)^j}{j!} \frac{\gamma\left(j+v, \frac{\varepsilon_{\mathrm{m}}}{2\sigma_{\mathrm{w}}^2}\right)}{\Gamma(j+v)}$$

$$\overset{(d)}{=} \sum_{j=0}^{\infty} \frac{\left(\frac{r}{\sigma_{\mathrm{w}}^2}\right)^j}{j!} \frac{\gamma\left(j+v+1, \frac{\varepsilon_{\mathrm{m}}}{2\sigma_{\mathrm{w}}^2}\right)}{\Gamma(j+v+1)} - \sum_{j=0}^{\infty} \frac{\left(\frac{r}{\sigma_{\mathrm{w}}^2}\right)^j}{j!} \frac{\gamma\left(j+v, \frac{\varepsilon_{\mathrm{m}}}{2\sigma_{\mathrm{w}}^2}\right)}{\Gamma(j+v)} \qquad \text{（导数）} \quad (5\text{-}19)$$

$$= \sum_{j=0}^{\infty} \frac{\left(\frac{r}{\sigma_{\mathrm{w}}^2}\right)^j}{j!} \left(\frac{\gamma\left(j+v+1, \frac{\varepsilon_{\mathrm{m}}}{2\sigma_{\mathrm{w}}^2}\right)}{\Gamma(j+v+1)} - \frac{\gamma\left(j+v, \frac{\varepsilon_{\mathrm{m}}}{2\sigma_{\mathrm{w}}^2}\right)}{\Gamma(j+v)}\right)$$

其中(d)是通过将求和的起始项从 1 变成 0 得到的。低阶不完全伽马函数的展开形式如下:

$$\frac{\gamma(n,x)}{\Gamma(n)} = 1 - \exp(-x) \sum_{j=0}^{n-1} \frac{x^j}{j!} \qquad (5\text{-}20)$$

可见 $\frac{\gamma(n,x)}{\Gamma(n)}$ 是 n 的增函数,所以我们有 $\frac{\gamma\left(j+v, \frac{\varepsilon_{\mathrm{m}}}{2}\right)}{\Gamma(j+v)} \geqslant \frac{\gamma\left(j+v+1, \frac{\varepsilon_{\mathrm{m}}}{2}\right)}{\Gamma(j+v+1)}$,进一步,导数中的 $\frac{\partial F(\varepsilon_{\mathrm{m}}, r)}{\partial r} \leqslant 0$。根据式(5-15),我们有 $\frac{\mathrm{d}\varepsilon_{\mathrm{m}}}{\mathrm{d}r} \geqslant 0$。注意到信噪比 r 是距离 L 的减函数,因此 ε_{m} 也是 L 的减函数,因为 $\frac{\mathrm{d}\varepsilon_{\mathrm{m}}}{\mathrm{d}L} = \frac{\mathrm{d}\varepsilon_{\mathrm{m}}}{\mathrm{d}r}\frac{\mathrm{d}r}{\mathrm{d}L} \leqslant 0$。

次用户从区间 $[\varepsilon_f, \varepsilon_m]$ 上选择一个数值作为检测门限 ε，其中 ε_f 是一个常数，但是 ε_m 是距离 L 的减函数。随着距离 L 的增加，ε_f 不变，但是 ε_m 一直在减小。因此随着距离的增加，必然存在一个距离阈值，使得 $\varepsilon_m < \varepsilon_f$，这样区间 $[\varepsilon_f, \varepsilon_m]$ 就是空集，这时次用户不能选择一个频谱检测的门限。因此 $\varepsilon_m = \varepsilon_f$ 就揭示了时域频谱检测的性能极限，解这个等式，就可以得到灰区的半径，如下：

$$2\sigma_w^2 \Gamma^{-1}(v, \xi_f \Gamma(v)) = \sigma_w^2 \left(Q_v^{-1}\left(\sqrt{\frac{2r}{\sigma_w^2}}, 1-\xi_m \right) \right)^2$$

$$\Rightarrow 1-\xi_m = Q_v\left(\sqrt{\frac{2r}{\sigma_w^2}}, \sqrt{2\Gamma^{-1}(v, \xi_f \Gamma(v))} \right) \qquad \text{（信噪比值）} \qquad (5\text{-}21)$$

我们可以通过数值解法得到上述等式的解，即信噪比 r 的值，然后就可以通过求解等式 $\dfrac{P_0/L^\alpha}{\sigma_w^2} = r$ 得到备选的灰区半径为 $L = \left(\dfrac{P_0}{r\sigma_w^2} \right)^{1/\alpha} \triangleq R_2^p$。因为在式（5-21）中，信噪比 r 不存在闭式解，所以我们通过精确法也得不到灰区半径 R_2^p 的闭式解。于是我们通过中心极限定理得到灰区半径的闭式解，将其标记为 R_2^c。

5.3.2 基于中心极限定理的结果

在 $x[n]$ 和 $w[n]$ 都是实值高斯随机变量的假设下，根据中心极限定理，检验统计量 $Y = \dfrac{1}{N} \sum_{i=1}^{N} (y[i])^2$ 也可以用一个高斯随机变量近似，其分布如下[17]：

$$Y \sim \begin{cases} N\left(\sigma_w^2, \dfrac{2}{N}\sigma_w^4 \right) & : \mathcal{H}_0 \\ N\left((r+1)\sigma_w^2, \dfrac{2}{N}(r+1)^2\sigma_w^4 \right) & : \mathcal{H}_1 \end{cases} \qquad (5\text{-}22)$$

误检概率 $p_m = \Pr\{\mathcal{H}_0 | \mathcal{H}_1\}$ 和虚警概率 $p_f = \Pr\{\mathcal{H}_1 | \mathcal{H}_0\}$ 的表达式如下：

$$\begin{cases} p_m = \Pr\{Y < \varepsilon | \mathcal{H}_1\} = Q\left(\left(1 - \dfrac{\varepsilon}{\sigma_w^2(r+1)} \right) \sqrt{\dfrac{N}{2}} \right) \\ p_f = \Pr\{Y > \varepsilon | \mathcal{H}_0\} = Q\left(\left(\dfrac{\varepsilon}{\sigma_w^2} - 1 \right) \sqrt{\dfrac{N}{2}} \right) \end{cases} \qquad \text{（CLT 虚警误检）} \qquad (5\text{-}23)$$

其中 $Q(x) = \dfrac{1}{\sqrt{2\pi}} \displaystyle\int_x^\infty \exp\left(-\dfrac{t^2}{2} \right) dt$ 是标准正态分布的互补累计分布函数（Complementary Cumulative Distribution Function，CCDF），即 Q 函数。类似地，我们约束误检概率和虚警概率：

$$\begin{cases} p_m(\varepsilon, N) \leqslant \xi_m \\ p_f(\varepsilon, N) \leqslant \xi_f \end{cases} \qquad \text{（虚警误检约束）} \qquad (5\text{-}24)$$

其中 ξ_m 和 ξ_f 是误检概率和虚警概率的上限，将式（5-23）代入式（5-24）中，我们可以重写虚警概率和误检概率的约束：

$$Q\left(\left(1 - \dfrac{\varepsilon}{\sigma_w^2(r+1)} \right) \sqrt{\dfrac{N}{2}} \right) \leqslant \xi_m \qquad (5\text{-}25)$$

$$Q\left(\left(\dfrac{\varepsilon}{\sigma_w^2} - 1 \right) \sqrt{\dfrac{N}{2}} \right) \leqslant \xi_f \qquad (5\text{-}26)$$

解上述不等式,我们得到两个对检测门限的约束,如下:

$$\varepsilon \leqslant \sigma_w^2(r+1)\left(1-Q^{-1}(\xi_m)\sqrt{\frac{2}{N}}\right) \triangleq \varepsilon_m \qquad (5\text{-}27)$$

$$\varepsilon \geqslant \sigma_w^2\left(Q^{-1}(\xi_f)\sqrt{\frac{2}{N}}+1\right) \triangleq \varepsilon_f \qquad (5\text{-}28)$$

其中 $Q^{-1}(*)$ 是反 Q 函数。两个关键参数 ε_m 和 ε_f 决定了检测门限 ε 的变化范围,检测门限 ε 必须比 ε_m 小,以满足对误检概率的约束;同时检测门限 ε 必须比 ε_f 大,以满足对虚警概率的约束。因此,检测门限必须满足 $\varepsilon \in [\varepsilon_f, \varepsilon_m]$。注意到 ε_f 是样本数目 N 的函数,而 ε_m 是样本数目 N 和信噪比 r 的函数。如果我们固定 N 为一个较大值,比如 $N=100$,那么 ε_f 就是一个常数,而 ε_m 是 r 的函数。对于 ε_m,我们有下述定理。

定理 5-4　设主用户发射机和次用户检测器之间的距离为 L,那么当采样数目足够多的时候,ε_m 是 L 的减函数。

证明: ε_m 是信噪比 r 的函数,且 ε_m 关于 r 的导数是

$$\frac{d\varepsilon_m}{dr} = \sigma_w^2\left(1-Q^{-1}(\xi_m)\sqrt{\frac{2}{N}}\right) \qquad (5\text{-}29)$$

对于足够多的采样数目 N,即当 $N>2(Q^{-1}(\xi_m))^2$ 的时候,我们有 $Q^{-1}(\xi_m)\sqrt{\frac{2}{N}}<1$,进而 $\frac{d\varepsilon_m}{dr}>0$。例如,当 $\xi_m=10^{-3}$ 的时候(这是非常严格的误检概率约束),我们有 $N\geqslant20$(实际上定理要求的"采样数目足够多"的条件比较容易满足),此时就能满足 $\frac{d\varepsilon_m}{dr}>0$。实际上,CLT 虚警误检是根据中心极限定理得到的,为了满足中心极限定理,必然会要求 N 足够大。

因为信噪比 $r=\frac{P_0/L^\alpha}{\sigma_w^2}$ 是距离 L 的减函数,所以我们有 $\frac{d\varepsilon_m}{dL}=\frac{d\varepsilon_m}{dr}\frac{dr}{dL}<0$。

$\sharp$

灰区半径的计算和上一节类似,因为 ε_m 是主用户发射机和次用户检测器的距离 L 的减函数,ε_f 是常数(如果我们固定样本数目为 N),因此当 L 增加的时候,必然有 $L=R_2^c$,使得 $\varepsilon_m=\varepsilon_f$。进一步,如果 $L>R_2^c$,则 $\varepsilon_m<\varepsilon_f$,这时次用户无法选择一个检测门限,使得对虚警概率和误检概率的约束同时满足。因此 R_2^c 就是备选的灰区半径。为了得到 R_2^c 的值,我们求解下述方程。

$$\varepsilon_m=\varepsilon_f \Rightarrow r=\frac{Q^{-1}(\xi_f)\sqrt{\frac{2}{N}}+1}{1-Q^{-1}(\xi_m)\sqrt{\frac{2}{N}}}-1 \quad (\text{求解灰区半径的方程}) \qquad (5\text{-}30)$$

将 $r=\frac{P_0/L^\alpha}{\sigma_w^2}$ 代入式(5-30),我们得到备选的灰区半径:

$$L=\left(\frac{P_0}{\sigma_w^2}\frac{\sqrt{\frac{N}{2}}-Q^{-1}(\xi_m)}{Q^{-1}(\xi_f)+Q^{-1}(\xi_m)}\right)^{1/\alpha} \triangleq R_2^c \quad (\text{灰区半径-CLT}) \qquad (5\text{-}31)$$

注意到 R_2^c 是主用户发射功率 P_0 的增函数,因为当主用户的发射功率增大的时候,次用户检测器端的接收信号信噪比会增大,因此频谱检测的性能会得到提升,这样灰区就会扩张,灰区的半径就会增大。R_2^c 也是样本数目 N 的增函数,因为当样本数目增多的时候,频谱检测

的性能也会得到提升,灰区也会相应地扩张。在精确结果中,我们得到灰区的备选半径 R_2^b,R_2^b 对任何的样本数目 N 都适用,但是 R_2^b 没有一个闭式解。虽然 R_2^c 只对足够大的 N 才适用(中心极限定理的要求),但是这个条件容易满足且它有闭式解,因此我们在下文中使用 R_2^c 作为灰区的备选半径来进行后续的讨论。在图 5-2 中,我们对于不同的样本数目 N,对比了 R_2^c 和 R_2^b,事实验证当 N 足够大的时候,基于中心极限定理的结果和精确结果非常接近。

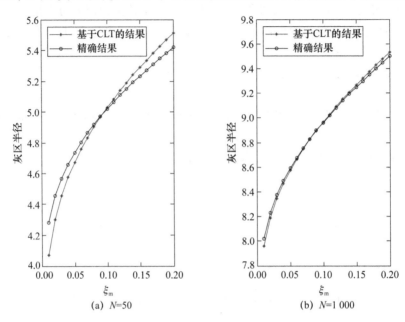

图 5-2　灰区半径中精确结果(R_2^b)和基于 CLT 的结果(R_2^c)的比较($\xi_f=0.05,\alpha=3,\sigma_w^2=1,P_0=100$)

5.3.3　噪声不确定性对灰区半径的影响

在实际中,噪声方差的估计一般存在不确定性,因此我们探索噪声的不确定性对灰区半径的影响。噪声不确定性的可以认为是均匀分布在区间 $\sigma_w^2\in\left[\dfrac{\sigma_n^2}{\rho},\rho\sigma_n^2\right]$ 内,其中 σ_n^2 是归一化的噪声功率,$\rho>1$ 衡量了噪声不确定性的大小。为了获得目标的虚警概率 p_f 和误检概率 p_m,虚警概率和误检概率必须被修改为

$$p_f=\max_{\sigma_w^2\in\left[\frac{\sigma_n^2}{\rho},\rho\sigma_n^2\right]}Q\left(\left(\frac{\varepsilon}{\sigma_w^2}-1\right)\sqrt{\frac{N}{2}}\right)=Q\left(\left(\frac{\varepsilon}{\rho\sigma_n^2}-1\right)\sqrt{\frac{N}{2}}\right) \tag{5-32}$$

$$p_m=\max_{\sigma_w^2\in\left[\frac{\sigma_n^2}{\rho},\rho\sigma_n^2\right]}Q\left(\left(1-\frac{\varepsilon}{\sigma_w^2(r+1)}\right)\sqrt{\frac{N}{2}}\right)=Q\left(\left(1-\frac{\varepsilon\rho}{\sigma_n^2(r+1)}\right)\sqrt{\frac{N}{2}}\right) \tag{5-33}$$

考虑到虚警概率和误检概率的约束,我们有下述不等式:

$$p_f=Q\left(\left(\frac{\varepsilon}{\rho\sigma_n^2}-1\right)\sqrt{\frac{N}{2}}\right)\leqslant\xi_f \tag{5-34}$$

$$p_m=Q\left(\left(1-\frac{\varepsilon\rho}{\sigma_n^2(r+1)}\right)\sqrt{\frac{N}{2}}\right)\leqslant\xi_m \tag{5-35}$$

经过一些变换以后,可以将上述约束转变为对检测门限的约束,如下:

$$\varepsilon \geqslant \rho \sigma_n^2 (Q^{-1}(\xi_f) \sqrt{\frac{2}{N}} + 1) \overset{\Delta}{=} \varepsilon_f^n \tag{5-36}$$

$$\varepsilon \leqslant \frac{\sigma_n^2 (r+1)}{\rho} (1 - Q^{-1}(\xi_m) \sqrt{\frac{2}{N}}) \overset{\Delta}{=} \varepsilon_m^n \tag{5-37}$$

我们令 $\varepsilon_f^n = \varepsilon_m^n$，得到信噪比 r 的解：

$$r = \frac{(\rho^2 - 1) \sqrt{\dfrac{N}{2}} + \rho^2 Q^{-1}(\xi_f) + Q^{-1}(\xi_m)}{\sqrt{\dfrac{N}{2}} - Q^{-1}(\xi_m)} \qquad \text{(噪声不确定-信噪比)} \tag{5-38}$$

为了鲁棒地得到灰区的半径，我们将信噪比的表达式 $r = \dfrac{P_0/L^\alpha}{\rho \sigma_n^2}$ 代入式(5-38)，得到灰区的备选半径值如下：

$$R_2^c = \left(\frac{P_0}{\rho \sigma_n^2} \frac{\left(\sqrt{\dfrac{N}{2}} - Q^{-1}(\xi_m) \right)}{(\rho^2 - 1) \sqrt{\dfrac{N}{2}} + \rho^2 Q^{-1}(\xi_f) + Q^{-1}(\xi_m)} \right)^{1/\alpha} \qquad \text{(灰区半径-噪声不确定)} \tag{5-39}$$

当 $\rho = 1$ 的时候，$\sigma_w^2 = \sigma_n^2$，此时噪声的不确定性不存在。对比式(5-31)和式(5-39)，我们注意到当噪声不确定性存在的时候，灰区会缩小。另外，R_2^c 是 ρ 的减函数，即噪声的不确定性越大，灰区的半径越小，此时次用户的时域频谱机会越少。

5.4　白区的空域频谱机会

在这一部分中，我们通过考虑从次用户到主用户的聚合干扰中得到白区的边界。为了估计主用户受到的次用户的干扰，我们设计了两个方法（即精确法和补充法）来估计聚合干扰。

5.4.1　精确法

如图 5-3 所示，在黑区边缘的主用户受到次用户的最严重干扰，这在接下来的定理 5-5 中得到了证明。在黑区边缘的主用户受到一个次用户的干扰值如下：

$$I(l, \theta) = \frac{P_s}{[d(l, \theta)]^\alpha} = \frac{P_s}{(l^2 + R_1^2 - 2R_1 l \cos \theta)^{\alpha/2}} \tag{5-40}$$

其中 $d(l, \theta)$ 是次用户距离黑区边缘的主用户的距离。因为次用户是均匀分布的，所以 l 和 θ 都是随机变量，其概率密度函数如下：

$$f_l(l) = \frac{2l}{R^2 - R_x^2}, R_x < l \leqslant R \tag{5-41}$$

$$f_\theta(\theta) = \frac{1}{2\pi}, 0 < \theta \leqslant 2\pi \tag{5-42}$$

其中 R_x 是白区的边界（在本章中，R_3 是白区半径的下界，从技术上说，任何半径值 $R_x \geqslant R_3$ 都可以被视为白区的半径）。因为次用户的密度是 λ 用户/单位面积，所以在白区内的次用户平均数目是 $n = \lambda \pi (R^2 - R_x^2)$。假设 $R_x > 1$（容易得到满足），那么积分中的奇点可以移除。标记 I_0 为主用户受到的聚合干扰，其期望值在如下方程中给出：

$$E[I_0] = n\int_{R_x}^{R}\int_{0}^{2\pi} I(l,\theta) f_l(l) f_\theta(\theta)\,\mathrm{d}\theta\mathrm{d}l = \int_{R_x}^{R}\int_{0}^{2\pi} \frac{\lambda l P_s}{(l^2 + R_1^2 - 2R_1 l\cos\theta)^{\alpha/2}}\,\mathrm{d}\theta\mathrm{d}l \quad (\text{干扰积分})$$

$$(5\text{-}43)$$

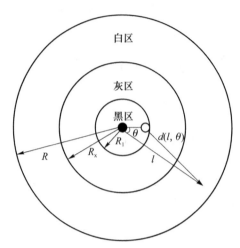

● 主用户发射机　○ 主用户接收机　▲ 次用户发射机

图 5-3　主用户受到次用户的最严重干扰

当 $\alpha = 2k$ 且 k 为正整数的时候,聚合干扰的闭式解存在,其表达式如下:

$$E[I_0] = \frac{\lambda\pi P_s}{R_1^{2k-2}}\sum_{j=0}^{k-1}\left(\frac{(k+j-1)!}{(j!)^2(k-j-1)!}\frac{R_1^{2(k+j-1)}}{k+j-1}\left(\frac{1}{(R_x^2-R_1^2)^{k+j-1}}-\frac{1}{(R^2-R_1^2)^{k+j-1}}\right)\right) \quad (\text{聚合干扰})$$

$$(5\text{-}44)$$

特别地,当 $\alpha = 2$ 的时候,我们有

$$E[I_0] = \pi\lambda P_s\left[\ln(R^2 - R_1^2) - \ln(R_x^2 - R_1^2)\right]$$

因为 $\lim_{R\to\infty} E[I_0] = \infty$,所以对于一个无限大的区域,$\alpha = 2$ 的情形不考虑。当 $\alpha = 4$ 的时候,我们有

$$E[I_0] = \pi\lambda P_s\left[-\frac{R^2}{(R^2-R_1^2)^2} + \frac{R_x^2}{(R_x^2-R_1^2)^2}\right] \quad (5\text{-}45)$$

且有 $\lim_{R\to\infty} E[I_0] = \dfrac{\pi\lambda P_s R_x^2}{(R_x^2-R_1^2)^2}$。对于一般的路损因子,聚合干扰是没有闭式解的,因为式(5-43)对于一般的实数 α 是不可积的。因为 $E[I_0]$ 对于一般路损因子不存在闭式解,所以我们寻找它的上界,这就是 5.4.2 节的内容。现在我们给出定理 5-5。

定理 5-5　当 $R\to\infty$ 的时候,黑区边缘的主用户受到的干扰最严重。

证明:在式(5-44)中,我们用变量 x 替换 R_1,且固定 R_x 的值。然后 $E[I_0]$ 作为 $x\in[0, R_1]$ 的函数,我们寻找 $E[I_0]$ 的单调性。当 $R\to\infty$ 的时候,经过一些变换,$E[I_0]$ 的单调性和下面的函数一致:

$$f(x) = \frac{x^{2j}}{(R_x^2-x^2)^{k+j-1}} \quad (5\text{-}46)$$

上述函数是 x 的单调增函数,因此当 $x = R_1$(x 的最大值)的时候,$E[I_0]$ 是最大的,也就是说,黑区边缘的主用户受到的干扰最严重。

定理 5-5 说明了这样一个事实：黑区边缘的主用户受到的干扰最严重，因此，为了保护主用户，我们只需要保护黑区边缘的主用户。

5.4.2　补充法

类似于文献[9]，我们将系统模型里面网络的圆心移动到黑区的边缘，然后在内半径为 $R_x - R_1$、外半径为 $R_1 + R$ 的圆环内部署次用户，这部分次用户的密度仍然是 λ 用户/单位面积。假设 $R_x - R_1 > 1$，则积分中的奇点可以移除。我们可以获得黑区边缘的主用户受到的干扰的上界及其极限：

$$E[I_0] \leqslant 2\pi P_s \lambda \int_{R_x - R_1}^{R+R_1} l^{1-\alpha} \mathrm{d}l$$

$$= \frac{2\pi P_s \lambda}{\alpha - 2} \left(\frac{1}{(R_x - R_1)^{\alpha-2}} - \frac{1}{(R + R_1)^{\alpha-2}} \right) \tag{5-47}$$

$$\lim_{R \to \infty} E[I_0] \leqslant \frac{2\pi P_s \lambda}{\alpha - 2} \frac{1}{(R_x - R_1)^{\alpha-2}} \quad \text{（聚合干扰-上界）} \tag{5-48}$$

当黑区半径 R_1 比较大的时候，根据补充法计算出的聚合干扰的上界比较松。式(5-48)也可以用来获得白区的内半径。

5.4.3　白区的半径

我们可以根据黑区边缘的主用户的中断概率约束得到白区的内半径 R_3。假设主用户的数据速率为 T_0，当 T_0 降到一个门限值 C_0 以下的时候中断事件发生。为了保证主用户的 QoS，主用户的中断概率必须不能超过 β，其表达式如下：

$$p_{\text{out}} = \Pr[T_0 \leqslant C_0] \leqslant \beta \tag{5-49}$$

我们推导受干扰最严重的主用户的中断概率（也就是黑区边缘的主用户的中断概率），如下：

$$p_{\text{out}} = \Pr\left[\log\left(1 + \frac{P_0/R_1^\alpha}{I_0 + \sigma_w^2}\right) \leqslant C_0\right] \leqslant \beta$$

$$\Rightarrow p_{\text{out}} = \Pr\left[I_0 \geqslant \frac{P_0/R_1^\alpha}{2^{C_0} - 1} - \sigma_w^2\right] \leqslant \beta \tag{5-50}$$

其中 σ_w^2 是主用户接收机端的噪声功率谱密度，定义 $I_{\text{th}} = \frac{P_0/R_1^\alpha}{2^{C_0} - 1} - \sigma_w^2$ 为干扰门限，当 $I_0 \geqslant I_{\text{th}}$ 的时候，主用户的一个中断事件就发生了。注意到 $I_{\text{th}} \geqslant 0$，所以黑区的半径必须满足下述条件：

$$R_1 \leqslant \left(\frac{P_0}{\sigma_w^2 (2^{C_0} - 1)}\right)^{1/\alpha} \triangleq R_c \quad \text{（覆盖区半径）} \tag{5-51}$$

其中 R_c 是主网络覆盖区的半径。当 $R_1 > R_c$ 的时候，单纯的噪声就可以造成主用户传输的中断，因为这时主用户的接收机离发射机太远了，有用信号太弱了。R_c 是 R_1 的上界，因此黑区的半径必须满足 $R_1 < R_c$。

一般次用户的检测器比主用户的检测器更加灵敏[7,13]，因此有 $R_2 > R_c$，进而有 $R_2 > R_1$。白区的半径 R_3 可以根据主用户的中断概率约束计算出来，根据 $\Pr[x \geqslant \varepsilon] \leqslant \frac{E[x]}{\varepsilon}$，我们有

$$p_{\text{out}} \leqslant \frac{E[I_0]}{I_{\text{th}}} = \frac{E[I_0]}{\dfrac{P_0/R_1^a}{2^{C_0}-1} - \sigma_w^2} \quad (\text{马尔可夫不等式}) \tag{5-52}$$

当 $\alpha = 4$ 且 $R \to \infty$ 的时候,我们有

$$p_{\text{out}} \leqslant \frac{\pi \lambda P_s R_x^2}{(R_x^2 - R_1^2)^2 \left(\dfrac{P_0/R_1^a}{2^{C_0}-1} - \sigma_w^2 \right)} \tag{5-53}$$

用 β 来约束式(5-53)的右边,白区半径的计算过程如下:

$$\frac{\pi \lambda P_s R_x^2}{(R_x^2 - R_1^2)^2 \left(\dfrac{P_0/R_1^a}{2^{C_0}-1} - \sigma_w^2 \right)} \leqslant \beta \Rightarrow R_x \geqslant \underbrace{\frac{\sqrt{\pi \lambda P_s} + \sqrt{\pi \lambda P_s + 4\beta R_1^2 \left(\dfrac{P_0/R_1^a}{2^{C_0}-1} - \sigma_w^2 \right)}}{2 \sqrt{\beta \left(\dfrac{P_0/R_1^a}{2^{C_0}-1} - \sigma_w^2 \right)}}}_{R_3} \quad (\text{白区半径})$$

$$\tag{5-54}$$

在式(5-54)中的 R_3 是通过使用精确法计算的 $E[I_0]$ 得到的,然而,这仅对 $\alpha = 4$ 的情形适用。对于一般路损因子的情形,我们使用补充法得到的聚合干扰的上界来计算白区半径,将式(5-48)中 $E[I_0]$ 的上界代入式(5-52),我们得到使用补充法计算出的白区半径:

$$R_3 < \left(\frac{2\pi P_s \lambda}{\beta(\alpha-2) \left(\dfrac{P_0/R_1^a}{2^{C_0}-1} - \sigma_w^2 \right)} \right)^{1/(\alpha-2)} + R_1 \quad (\text{白区半径上界}) \tag{5-55}$$

这就是对于一般路损因子的白区半径 R_3 的上界。注意到式(5-54)和式(5-55)中的 R_3 都是 P_s 和 R_1 的增函数,因为当 P_s 或 R_1 增加的时候,次用户要远离主用户,以减少对主用户造成的干扰,因此 R_3 会增加。

5.4.4　噪声不确定性对白区半径的影响

在实际中,噪声方差(功率)估计的不确定性是存在的,因此我们分析噪声不确定性对白区半径的影响。噪声的方差是 $\sigma_w^2 \subset \left[\dfrac{\sigma_n^2}{\rho}, \rho \sigma_n^2 \right]$,其中 σ_n^2 是归一化的噪声功率,$\rho > 1$ 是衡量不确定性大小的一个参数(ρ 越大,不确定性越大)。为了鲁棒地获得白区的半径,我们将 $\sigma_w^2 = \rho \sigma_n^2$ 代入式(5-54)和式(5-55),得到新的白区半径如下。

- 使用精确法得到的白区半径 R_3 为

$$R_3 = \frac{\sqrt{\pi \lambda P_s} + \sqrt{\pi \lambda P_s + 4\beta R_1^2 \left(\dfrac{P_0/R_1^a}{2^{C_0}-1} - \rho \sigma_n^2 \right)}}{2 \sqrt{\beta \left(\dfrac{P_0/R_1^a}{2^{C_0}-1} - \rho \sigma_n^2 \right)}} \tag{5-56}$$

- 使用补充法得到的白区半径 R_3 为

$$R_3 = \left(\frac{2\pi P_s \lambda}{\beta(\alpha-2) \left(\dfrac{P_0/R_1^a}{2^{C_0}-1} - \rho \sigma_n^2 \right)} \right)^{1/(\alpha-2)} + R_1 \tag{5-57}$$

注意到当噪声的不确定性存在(即 $\rho \neq 1$)的时候,白区的半径增大了。因为白区半径是内半径,这意味着次用户的空域频谱机会减少了。ρ 衡量了噪声不确定性的大小,注意到随着 ρ

的增大,即随着噪声不确定性的增加,白区半径在变大。

5.5　不同网络场景下的三区半径和过渡区存在的条件

在这一部分中,我们首先计算单主网络场景下的三区半径,然后我们研究多主网络场景下的三区半径。因为增加黑区的半径 R_1 可以扩大主用户的保护区,但是会减少白区内次用户的频谱机会,所以可以通过求解一个最优化问题得到黑区的半径 R_1。最后,我们探索过渡区存在的条件。

5.5.1　单主网络场景下的三区半径

相对于灰区的频谱机会,次用户更喜欢白区的频谱机会,因为次用户在白区可以连续传输,而不被主用户打断。因此灰区的半径选取 R_2^c 和 R_3 中的最小值。三区的半径总结如下:

- 黑区的半径是 $R_1 < R_c$;
- 白区的半径是 R_3,在式(5-54)和式(5-55)中给出;
- 灰区的半径是 $R_2 = \min\{R_2^c, R_3\}$,其中 R_2^c 在式(5-31)中给出。

5.5.2　多主网络场景下的三区半径

对于多主网络的三区边界,我们考虑主网络在统一频带部署的场景,因为当主网络部署在不同频带的时候,可以认为主网络之间没有相互干扰(在本章中,我们不考虑邻频干扰),即主网络间是独立的。当主网络部署在同一频带上的时候,多主网络的黑区是每个主网络的黑区的并集,它的外轮廓在图 5-4(a)中标示了。

在多主网络的场景下,次用户接收到多个主网络发射机的聚合信号,因此此时次用户的频谱检测性能必然比单主网络场景下的要好,多主网络的灰区边界相比于单主网络的灰区边界将会向外扩张,如图 5-4(b)所示。多主网络的灰区边界的下界是每个单主网络的灰区的外包络,如图 5-4(a)所示。

在多主网络的场景下,对主用户产生干扰的次用户数量比单主网络场景下的少,因此白区的内边界将会向内扩张,如图 5-4(b)所示。因此单主网络的白区边界的包络可以视为多主网络白区边界的上界。

根据上面的分析,我们总结多主网络场景下的三区边界如下:

- 多主网络的黑区是每个单主网络的黑区的并集;
- 多主网络的灰区的下界是每个单主网络的灰区的包络;
- 多主网络的白区的上界是每个单主网络的白区的包络;
- 多主网络的过渡区在单主网络的灰区包络和白区包络之间。

因此对于多主网络的场景,单主网络的三区边界的包络可以视为多主网络三区的边界。因此对于单主网络得到的三区结论可以直接扩展到多主网络的场景,而不会破坏频谱检测的约束和对主用户的干扰约束。但是这样会扩张过渡区,如图 5-4(b)所示,对于多主网络场景,它的实际过渡区要比单主网络场景的过渡区更窄一些。

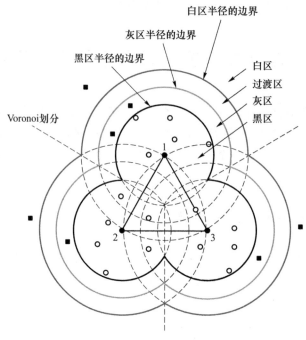

■ 次用户　● 主用户发射机　○ 主用户接收机

(a) 多主网络的黑区、灰区和白区

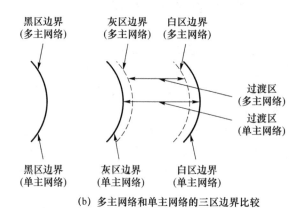

(b) 多主网络和单主网络的三区边界比较

图 5-4　多主网络的三区半径

5.5.3　最优的黑区半径

我们通过将式(5-51)代入式(5-54)，得到 R_3、R_1 和 R_c 之间的联系，如下：

$$R_3 = \frac{\sqrt{\pi\lambda P_s} + \sqrt{\pi\lambda P_s + 4\beta\sigma_w^2 R_1^2\left(\dfrac{R_c^\alpha}{R_1^\alpha} - 1\right)}}{2\sqrt{\beta\sigma_w^2\left(\dfrac{R_c^\alpha}{R_1^\alpha} - 1\right)}} \tag{5-58}$$

注意到 R_3 是 R_1 的增函数。另外，当 $R_1 \to R_c$ 的时候，有 $R_3 \to \infty$，即在这种情况下，次用户没有空域的频谱机会。注意到增加 R_1 将会扩展主用户的保护区，保护更多的主用户，与此同时,白区内次用户的频谱机会将会减少,因为 R_3 随着 R_1 的增加而增加。因此,我们可以根据动态频谱租赁的观点来优化 R_1,即主用户有某种激励(比如通过租赁频谱获得金钱上的补偿),从而允许次用户在自己的授权频段上部署[18]。因此 R_1 没必要设为 R_c (以排挤出所有的次用户),因为在这种情况下,主用户不能通过动态频谱租赁从白区内的次用户处获得收益。在这种情况下我们在分析主用户的收益时,为了简单,假设过渡区被消除了。假设主用户的密度是 λ_p 用户/单位面积,我们定义主用户的效用函数如下:

$$U_{\mathrm{p}}(R_1) = \underbrace{c_{\mathrm{p}}\lambda_p \pi R_1^2}_{A} + \underbrace{\int_{R_1}^{R_3} 2\pi c_{\mathrm{s}} w(l) p_0 \lambda l \, \mathrm{d}l}_{B} + \underbrace{\int_{R_3}^{\infty} 2\pi c_{\mathrm{s}} w(l) \lambda l \, \mathrm{d}l}_{C} \tag{5-59}$$

其中 A 是主网络从自己的用户处获得的收益,注意我们不区分主用户的位置。每个主用户贡献 c_{p} 的收益给主网络,B 和 C 分别是主网络通过将自己的频谱租赁给灰区和白区的次用户得到的收益。在灰区,距离主网络发射机 l 的次用户支付 $c_{\mathrm{s}} w(l) p_0$ 给主网络,其中 $p_0 \in (0,1]$ 是频谱价格的折扣,因为灰区的频谱质量比白区的差(次用户的传输可能被主用户打断)。在本章中,我们假设 p_0 就是主用户空闲的概率,从直观上理解,主用户空闲的概率越大,频谱的价格越高。$w(l) = A\exp(-\kappa l)$[3] 是加权函数,次用户距离主用户越远,加权函数越小。在白区,距离主用户发射机 l 的次用户支付 $c_{\mathrm{s}} w(l)$ 给主网络,且注意到次用户的支付随着距离 l 的增加而减小。经过一些变换,主网络的效用函数表示如下:

$$U_{\mathrm{p}}(R_1) = c_{\mathrm{p}}\lambda_p \pi R_1^2 + 2A c_{\mathrm{s}}\lambda\pi \frac{\mathrm{e}^{-\kappa R_3}(1+\kappa R_3)}{\kappa^2} + 2A c_{\mathrm{s}}\lambda p_0 \pi \frac{\mathrm{e}^{-\kappa R_1}(1+\kappa R_1) - \mathrm{e}^{-\kappa R_3}(1+\kappa R_3)}{\kappa^2}$$

$$\tag{5-60}$$

黑区半径 R_1 的最优值即可以通过最大化效用函数 $U_{\mathrm{p}}(R_1)$ 获得。因为 $U_{\mathrm{p}}(R_1)$ 的复杂性,R_1 的最优值没有闭式解。在下文的数值结果中,我们将展示 R_1 的最优值,以及 A、κ 和 p_0 对它的影响。

5.5.4　过渡区存在的条件

过渡区可以通过调节系统参数来消除,见下述定理。

定理 5-6　过渡区的存在条件如下:

$$f(\xi_{\mathrm{m}}, \xi_{\mathrm{f}}) = \left(R_3^{\alpha} + \frac{P_0}{\sigma_{\mathrm{w}}^2}\right) Q^{-1}(\xi_{\mathrm{m}}) + R_3^{\alpha} Q^{-1}(\xi_{\mathrm{f}}) > C \tag{5-61}$$

其中 $C = \frac{P_0}{\sigma_{\mathrm{w}}^2}\sqrt{\frac{N}{2}}$。

证明:当 $R_2 < R_3$ (即 $R_2^c < R_3$) 的时候,灰区和白区之间的过渡区存在,否则的话,灰区的外边界就是白区的内边界,过渡区被消除。我们将式(5-31)中 R_2^c 的值和式(5-54)中 R_3 的值代入不等式 $R_2^c < R_3$,即得到这个定理。

因此过渡区消失的条件是

$$f(\xi_{\mathrm{f}}, \xi_{\mathrm{m}}) \leqslant C \quad (\text{过渡区消失}) \tag{5-62}$$

注意到函数 $f(\xi_{\mathrm{f}}, \xi_{\mathrm{m}})$ 是 ξ_{f} 和 ξ_{m} 的减函数,这意味着当 ξ_{f} 或 ξ_{m} 足够大的时候,式(5-62)得到满足,此时过渡区将会消失。也就是说,放松对虚警概率和误检概率的约束可以消除过渡区。另外,C 是 P_0 和 N 的增函数,因此当 P_0 或 N 的值增加的时候,式(5-62)得到满足,过渡区也会消失。

在过渡区内部,时域的频谱机会不存在,因为误检概率太大,次用户频谱检测的性能已经和一些标准(比如 IEEE 802.22)相冲突。注意到我们推导 R_3 的时候使用了 Markov 不等式,因为

R_3 是实际白区半径的一个上界，所以仍然有余量，可以在过渡区部署一些采用 Underlay 方式通信的次用户，但是过渡区的次用户要进行严格的功率控制，以避免对主用户产生严重干扰。

在上文中，我们发现可以通过放松对误检概率和虚警概率的约束来消除过渡区，但是这会给主用户带来额外的干扰，另外也会降低频谱利用率。而另一种消除过渡区的方法是将过渡区改造为灰区，即灰区的次用户可以和过渡区的次用户共享频谱检测的结果（如通过认知数据库），这样过渡区的次用户可以利用时域频谱机会，而不会对主用户造成干扰。采用这种方式，灰区的外界可以扩展到白区的内界，即过渡区消除了。但是这种方法的缺点是需要灰区的次用户和过渡区的次用户进行协作，这会带来系统设计的复杂性。另外，如果认知数据库里面频谱的状态没有及时更新，过渡区内的次用户的传输将会给主用户带来干扰，因为这部分次用户不是部署在白区的用户。

5.6 仿真结果与分析

5.6.1 三区划分架构的仿真结果与分析

在图 5-5 中我们展示了三区划分架构对认知无线电网络性能的提升效果，并且在图中给出了次网络的和容量与次用户的发射功率的关系。我们对半径为 $R=400$ m 的圆盘内的所有次用户的可达数据速率求和，得到了次网络的和容量。如图 5-5 所示，次网络的和容量随着次用户发射功率 P_s 的增加而增加。然而，当 P_s 足够大的时候，次网络的和容量增长已经不明显，因为 R_3 相应地增长了。如图 5-5(a)所示，当主用户空闲的概率 p_0 比较大的时候，与文献[9]中的 PER 策略相比，在三区划分架构下次网络的和容量提升较为明显。然而，当 p_0 较小的时候，次网络的和容量提升比较少，因为在这种情况下时域频谱机会比较少，如图 5-5(b)所示。

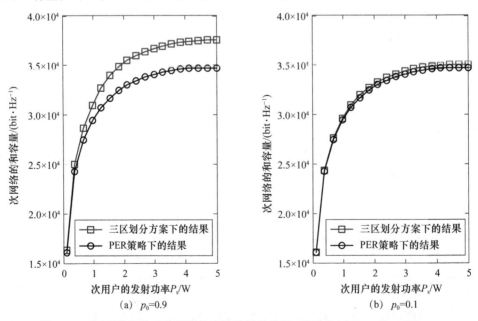

图 5-5　三区划分架构对次网络的容量的提升效果，对于 $R=400$ m，$R_1=100$ m，$C_0=0.1$ bit/s/Hz，$\sigma_w^2=10^{-6}$ W/Hz，$\beta=0.3$，$\alpha=4$，$N=100$，$\xi_m=\xi_f=0.1$

5.6.2　灰区半径的仿真结果与分析

在图 5-6 中我们给出灰区备选半径 R_2^c 和 ξ_m、ξ_f、N 的关系,其中上、中、下 3 个曲面分别是 $N=200$、$N=100$ 和 $N=50$ 对应的结果。注意到灰区的半径随着频谱检测样本数 N 的增加而增加,因为随着 N 的增加,频谱检测的精度也得以提升,因此灰区的半径会增加。另外,R_2^c 也随着 ξ_m 和 ξ_f 的增加而增加,这意味着对虚警概率和误检概率约束的放松可以增大灰区半径,但是这会因为误检概率的增大而增加对主用户的干扰,同时让部分次用户因为虚警概率的增大而失去部分频谱机会。

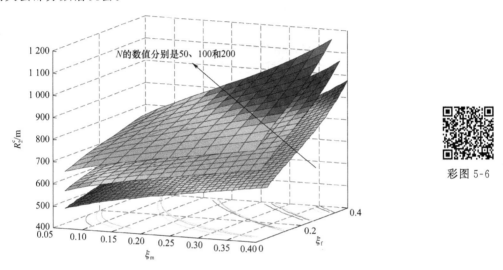

彩图 5-6

图 5-6　灰区备选半径 R_2^c 和 ξ_m、ξ_f、N 的关系,对于 $\alpha=3$,$P_0=100$ W,$\sigma_w^2=10^{-6}$ W/Hz

我们分析了噪声的不确定性对灰区备选半径的影响,得到了图 5-7,其中我们展示了灰区的备选半径 R_2^c 和 N 的关系。注意到 R_2^c 随着 ρ 的增加而减小,因为 ρ 的增加意味着噪声的不确定性增大,所以随着噪声不确定性的增大,灰区的半径逐渐减小,以更加鲁棒地检测到主用户的信号,避免对主用户的干扰。另外,我们也可以发现随着 N 的增加,灰区半径在增大,这与图 5-6 中的结论类似。

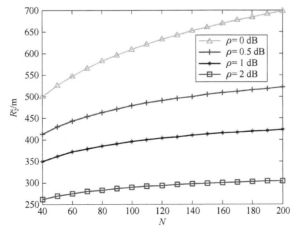

图 5-7　考虑噪声不确定性的灰区备选半径 R_2^c 与 N 的关系,对于 $\alpha=3$,$\xi_f=\xi_m=0.1$,
$P_0=100$ W,$\sigma_w^2=10^{-6}$ W/Hz

5.6.3　白区半径的仿真结果与分析

图 5-8 对比了用精确法得到的白区半径和用补充法得到的白区半径(上界)。其中精确法是用次用户对主用户的聚合干扰的精确值计算白区半径,补充法是用聚合干扰的上界计算白区半径。精确法只有当路损因子 α 是偶数的时候才能得到聚合干扰的闭式解,而补充法对任何路损因子都适用,但是补充法得不到聚合干扰的闭式解,所以精确法和补充法各有利弊。因为补充法的聚合干扰较大,所以它得到的白区半径也是一个上界,这在图 5-8 中表现为补充法得到的白区半径比精确法得到的白区半径大。

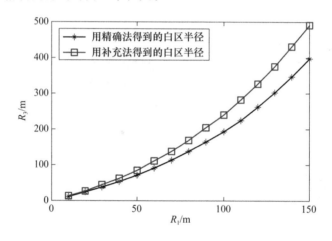

图 5-8　用精确法得到的白区半径和用补充法得到的白区半径(上界)的比较,
对于 $\lambda=0.01$ 用户 $/\mathrm{m}^2$,$C_0=0.1\ \mathrm{bit/s/Hz}$,$\sigma_{\mathrm{w}}^2=10^{-6}\ \mathrm{W/Hz}$,$\beta=0.3$,$\alpha=4$,$P_{\mathrm{s}}=5\ \mathrm{W}$,$P_0=200\ \mathrm{W}$

图 5-9 中,我们展示了不同次用户发射功率 P_{s} 下白区半径 R_3 和黑区半径 R_1 的关系。注意到 R_3 随着 R_1 的增大而增大,因为当黑区扩张的时候,白区应该收缩(白区的内半径 R_3 应该增大),以控制对黑区边缘主用户的干扰。注意到 R_1 的增大会扩大主用户的保护区,与此同时会减少次用户的频谱机会,因为白区收缩了(R_3 增加了)。因此 R_3 和 R_1 的关系揭示了主、次用户利益的权衡关系。尽管在图 5-9 中我们假设 R_1 的值可以任意小,但是对于和公共安全相关的主网络始终会存在一个最小的主用户保护区[14]。图 5-10 以主用户发射功率 P_0 为参考变量,考察了白区半径 R_3 和黑区半径 R_1 的关系。随着 P_0 的增大,R_3 逐渐减小,因为当主用户的发射功率 P_0 增大的时候,主用户的信噪比增大,主用户对干扰和噪声的容忍程度将会提高,这样白区就可以向内扩张。

我们也在图 5-11 中分析了在噪声的不确定性存在的情况下白区半径 R_3 和黑区半径 R_1 的关系。注意到 R_3 随着 ρ 的增大而增大。因为 ρ 描述了噪声的不确定性,所以这意味着噪声不确定性越大,R_3 就会越大,以鲁棒地避免次用户对主用户的干扰。

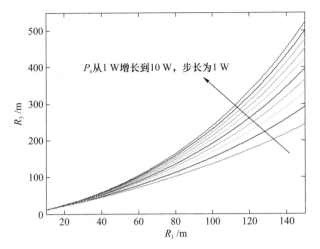

彩图 5-9

图 5-9 不同次用户发射功率 P_s 下白区半径 R_3 和黑区半径 R_1 的关系,对于 $\lambda=0.01$ 用户$/\text{m}^2$,
$P_0=200 \text{ W},C_0=0.1 \text{ bit/s/Hz},\sigma_w^2=10^{-6} \text{ W/Hz},\beta=0.3,\alpha=4$

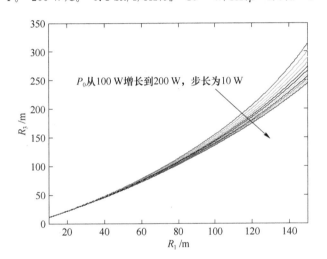

彩图 5-10

图 5-10 不同主用户发射功率 P_0 下白区半径 R_3 和黑区半径 R_1 的关系,对于 $\lambda=0.01$ 用户$/\text{m}^2$,
$P_s=1 \text{ W},C_0=0.1 \text{ bit/s/Hz},\sigma_w^2=10^{-6} \text{ W/Hz},\beta=0.3,\alpha=4$

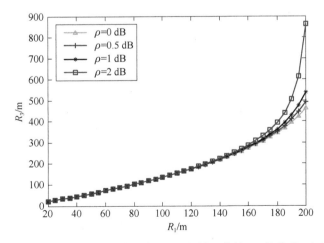

图 5-11 在噪声的不确定性存在的情况下白区半径 R_3 和黑区半径 R_1 的关系,对于 $\lambda=0.01$ 用户$/\text{m}^2$,
$P_s=1 \text{ W},P_0=200 \text{ W},C_0=0.1 \text{ bit/s/Hz},\sigma_w^2=10^{-6} \text{ W/Hz},\beta=0.3,\alpha=4$

5.6.4 过渡区的仿真结果与分析

过渡区存在的条件在图 5-12 中给出,其中在不同的 C 值之下,我们得到了一族曲线。当 (ξ_f,ξ_m) 对在曲线下方的时候,过渡区存在。以 $(\xi_f,\xi_m)=(0.2,0.1)$ 为例,当 $C=4.5$ 的时候,过渡区被消除,但是当 $C=4$ 的时候,过渡区存在。因此当 C 比较大的时候,过渡区比较容易被消除。因为 $C=\dfrac{P_0}{\sigma_w^2}\sqrt{\dfrac{N}{2}}$,所以 P_0 或者 N 的增加都让过渡区更容易被消除。一般消除过渡区可以让系统架构更加简单,因为在过渡区内部的次用户需要进行功率控制,以消除对主用户的干扰。过渡区可以通过调整频谱检测的参数来消除,比如 N、ξ_f 和 ξ_m。如图 5-12 所示,通过增加 ξ_f 或者 ξ_m 可以消除过渡区,然而这会因为误检概率的增大而给主用户带来更多的干扰,另外会因为虚警概率的增大而减少次用户的频谱机会。

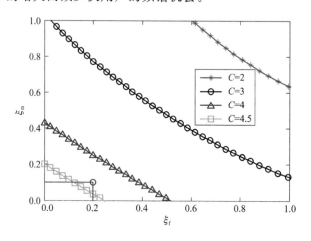

图 5-12　过渡区存在的条件

在图 5-13 中我们给出在噪声的不确定性存在的条件下过渡区宽度和次用户发射功率 P_s 的关系。注意到过渡区宽度随着 P_s 的增大而增大,因为当 P_s 增大的时候,来自白区的次用户对主用户产生的干扰更大了,因此过渡区需要扩张,以隔离白区的次用户,保护主用户不受白区次用户的严重干扰。

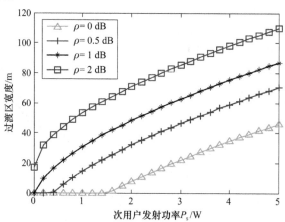

图 5-13　在噪声的不确定性存在的情况下过渡区宽度和次用户发射功率 P_s 的关系,对于 $R_1=100$ m,
$C_0=0.1$ bit/s/Hz,$\sigma_w^2=10^{-6}$ W/Hz,$\beta=0.3,\alpha=4,N=100,\xi_f=\xi_m=0.1$

在图 5-14 中我们给出在噪声的不确定性存在的情况下过渡区宽度和主用户发射功率 P_0 的关系。注意到随着主用户发射功率 P_0 的增大，过渡区宽度逐渐减小，因为 P_0 的增大会向外扩张灰区，与此同时向内扩张白区，因此过渡区的宽度会减小。注意到过渡区可以通过调整 P_s 和 P_0 来消除，即当 P_0 足够大或者 P_s 足够小的时候，过渡区将会消失，这也在图 5-13 和图 5-14 中展示了。

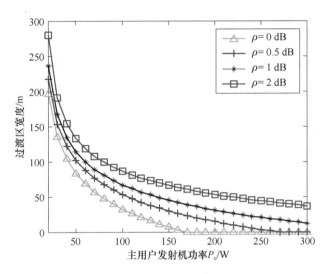

图 5-14　在噪声的不确定性存在的情况下过渡区宽度和主用户发射功率 P_0 的关系，对于 $R_1 = 100\,\mathrm{m}$，$C_0 = 0.1\,\mathrm{bit/s/Hz}$, $\sigma_w^2 = 10^{-6}\,\mathrm{W/Hz}$, $\beta = 0.3$, $\alpha = 4$, $N = 100$, $\xi_f = \xi_m = 0.1$

我们也分析了噪声的不确定性对过渡区的影响，在图 5-13 和图 5-14 中，当噪声的不确定性增大的时候，即当 ρ 增大的时候，过渡区的宽度将会变大，因为当 ρ 增大的时候，R_2^c 将会减小，与此同时 R_3 将会增大。

5.6.5　最优黑区半径的仿真结果与分析

在图 5-15 中，我们给出主网络效用函数 U_p 和黑区半径 R_1 的关系，将不同的 A 值作为参考变量。当 A 增大的时候，U_p 也增大了，因为在这种情况下频谱的价格上升了，主网络通过动态频谱租赁从次网络得到的收益也增加了。在图 5-15 中，主用户收益 U_p 有最大值，图中的黑点标明了主用户收益的最大值以及对应的最优黑区半径 R_1。注意到当 A 更大的时候，即当频谱的价格更高的时候，最优的 R_1 将会更小，这意味着主网络由于可以通过动态频谱租赁从次网络获得更多的收益，所以愿意租借更多的频谱机会给次网络。

在图 5-16 中我们给出了主网络的效用函数 U_p 与 R_1 的关系，将不同的 κ 值作为参考变量。注意到随着 κ 的减小，U_p 的值逐渐增大，因为更小的 κ 值意味着更高的频谱价格，因此主网络可以通过动态频谱租赁从次网络那里获得更多的收益。当 κ 增加的时候，频谱价格相应地降低。因此当 κ 足够大（比如图 5-16 中的 $\kappa = 0.01$）的时候，主网络不愿意将频谱租赁给白区的次网络，因为主网络通过频谱租赁得到的收益不足以补偿黑区之外的主用户的损失。类似图 5-15，当 κ 减小的时候，频谱的价格将上升，主网络将乐意租赁更多的频谱给次网络，因此最优的黑区半径 R_1 将会减小。

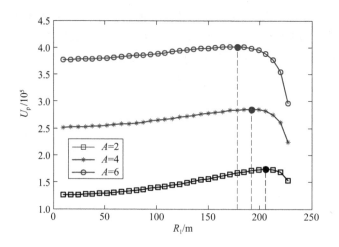

图 5-15　对于不同 A 值，主网络的效用函数 U_p 与 R_1 的关系，对于 $\lambda_p = 0.05$ 用户$/m^2$，$\lambda = 0.01$ 用户$/m^2$，$c_p = 10$，$c_s = 1$，$\kappa = 0.001$，$p_0 = 0.5$，$C_0 = 0.1$ bit/s/Hz，$\sigma_w^2 = 10^{-6}$ W/Hz，$\beta = 0.3$，$\alpha = 4$

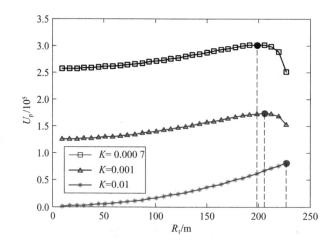

图 5-16　对于不同 κ 值，主网络的效用函数 U_p 与 R_1 的关系，对于 $\lambda_p = 0.05$ 用户$/m^2$，$\lambda = 0.01$ 用户$/m^2$，$c_p = 10$，$c_s = 1$，$A = 4$，$p_0 = 0.5$，$C_0 = 0.1$ bit/s/Hz，$\sigma_w^2 = 10^{-6}$ W/Hz，$\beta = 0.3$，$\alpha = 4$

在图 5-17 中，我们给出主网络的效用函数 U_p 与 R_1 的关系，将不同的 p_0 值作为参考变量。注意到 U_p 随着 p_0 的增大而增大，因为在这种情况下灰区的频谱价格更高了，所以主网络的收益增加了。然而，当 R_1 比较小的时候，对于不同 p_0 值，主网络的收益几乎一样，因为在这种情况下灰区的面积较小，灰区内部的次用户数量较少。注意到 p_0 可以理解为灰区内频谱价格的折扣，因此当 p_0 增大的时候，主网络能从灰区内的次用户获得较多的收益。另外，因为 $c_p > c_s$（对于主网络，我们假设它主要的收益来自它自己的用户，从次网络得到的收益只是补充性收益），所以当 R_1 增大的时候，主网络将能从主用户和灰区内的次用户获得更多的收益，与此同时从白区内的次用户那里获得的收益将会减少。因此我们得到了一个有趣的结论：当灰区内的次用户给主用户支付的费用少，即折扣 p_0 更小，那么主用户将会减小黑区半径 R_1，以给次用户提供更多的空域频谱机会，这样就能通过动态频谱租赁从白区内的次用户获得更多的收益，如图 5-17 所示，最优的 R_1 随着 p_0 的减小而减小。

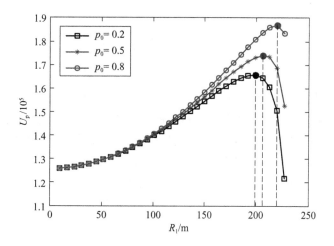

图 5-17　对于不同 p_0 值, 主网络的效用函数 U_p 与 R_1 的关系, 对于 $\lambda_p = 0.05$ 用户$/\text{m}^2$,
$\lambda = 0.01$ 用户$/\text{m}^2$, $c_p = 10$, $c_s = 1$, $\kappa = 0.001$, $A = 2$, $C_0 = 0.1 \text{ bit/s/Hz}$, $\sigma_w^2 = 10^{-6} \text{ W/Hz}$, $\beta = 0.3$, $\alpha = 4$

5.6.6　典型 IEEE 802.22 的应用场景

我们在一个典型的 IEEE 802.22 场景中应用三区划分架构, 其中主用户发射机是一个电视塔, 工作在 DS-33 频道, 发射功率为 200 kW。次用户是认知家庭基站, 这是认知无线局域网, 其目标是利用电视网络的空域和时域频谱空洞。认知家庭基站的发射功率从 10 mW 到 100 mW 不等[19]。在我们设定的场景中我们描绘了 R_3 与 R_1 的关系, 如图 5-18 所示。注意到 R_3 随着 R_1 的增大而增大, 这与前面的仿真结论一致。另外, 白区与黑区非常接近, 因为次用户的发射功率相比于主用户的发射功率特别微小。在这种情况下, 空域频谱机会比时域频谱机会多。

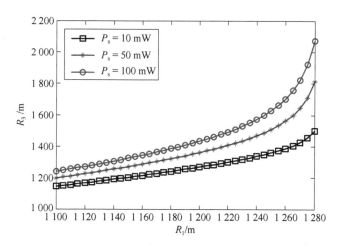

图 5-18　在一个典型 IEEE 802.22 的应用场景下, 对于不同的 P_s 值, R_3 与 R_1 的关系, 对于 $\lambda = 0.01$
用户$/\text{m}^2$, $P_0 = 200 \text{ kW}$, $C_0 = 0.1 \text{ bit/s/Hz}$, $\sigma_w^2 = 10^{-6} \text{ W/Hz}$, $\beta = 0.05$, $\alpha = 4$

5.7 本章小结

在本章中,我们为空时频谱检测和接入设计了三区划分架构,包括黑区、白区和灰区。灰区的半径根据频谱检测的虚警概率和误检概率的约束得到,而白区半径通过分析次用户到主用户的聚合干扰以及对主用户的影响得到。另外,我们通过动态频谱租赁的视角得到最优的黑区半径。我们也分析了在多主网络的场景下的三区边界。灰区和白区之间的过渡区可能存在,我们得到了过渡区存在的条件。因此,我们得到了一个相对完备的三区划分架构,这个架构可认指导认知无线电网络中空时频谱检测和接入的研究。最后,我们得到了一些数值仿真结果,以展示三区中关键参数之间的关系。

本章参考文献

[1] MITOLA J. Cognitive radio:an integrated agent architecture for software defined radio[EB/OL]. (2000-05-08)[2024-04-01]. http://www2.ic.uff.br/~ejulio/doutorado/artigos/10.1.1.13.1199.pdf.

[2] ALIAA ,HAMOUDA W. Advances on spectrum sensing for cognitive radio networks: theory and applications[J]. IEEE Communications Surveys & Tutorials, 2017,19 (2): 1277-1304.

[3] TANDRA R, MISHRA S M, SAHAI A. What is a spectrum hole and what does it take to recognize one[J]. Proceedings of the IEEE, 2009,97(5):824-848.

[4] TANDRA R, SAHAI A, VEERAVALLIV. Unified space-time metrics to evaluate spectrum sensing[J], IEEE Communications Magazine, 2011,49(3):54-61.

[5] GONG T, YANG Z, ZHENG M. Compressivesubspace learning based wideband spectrum sensing for multiantcnna cognitive radio[J]. IEEE Transactions on Vehicular Technology,2019, 68[7]:6636-6648.

[6] DING G, WU Q, YAO Y -D, et al. Kernel-based learning for statistical signal processing in cognitive radio networks:theoretical foundations, example applications, and future directions[J]. IEEE Signal Processing Magazine, 2015, 30(4): 126-136.

[7] MARINO F, PAURA L, SAVOIAR. On spectrum sensing optimal design in spatial-temporal domain for cognitive radio networks[J]. IEEE Transactions on Vehicular Technology,2016, 65(10):8496-8510.

[8] DING G, WANG J, WU Q, et al, Spectrum sensing in opportunity heterogeneous cognitive sensor networks:how to cooperate[J]. IEEE Sensors Journal, 2015, 13(11): 4247-4255.

[9] VU M, DEVROYE N, TAROKH V. On the primary exclusive region of cognitive networks[J]. IEEE Transactions on Wireless Communications, 2009, 8 (7): 3380-3385.

[10] BAGAYOKO A, TORTELIER P, FIJALKOWI. Impact of shadowing on the primary exclusive region in cognitive networks[C]//2010 European Wireless Conference. 2010: 105-110.

[11] DRICOT J, FERRARI G, HORLIN F, et al. Primaryexclusive region and throughput of cognitive Dual-Polarized networks[C]//2010 IEEE International Conference on Communications (ICC) Workshops. 2010: 1-5.

[12] HONG X, WANG C X, CHEN HH,et al. Secondary spectrum access networks[J]. IEEE Vehicular Technology Magazine, 2009, 4:36-43.

[13] MA J, LI G, JUANG B H. Signal processing in cognitive radio[J]. Proceedings of the IEEE, 2009, 97(5): 805-823.

[14] FCC. Enabling innovative small cell use in 5. 5 GHZ band NPRM & order[EB/OL]. (2012-12-12)[2024-04-01]. http://www. fcc. gov/document/enabling-innovative-small-cell-use-35-ghz-band-nprm-order.

[15] DIGHAM F F, ALOUINI M S,SIMON M K. On the energy detection of unknown signals over fading channels[J]. IEEE Transactions on Communications, 2007,55:21-24.

[16] GRADSHTEYN I S, RYZHIK I M. Table of integrals, series, and products[M]. 7th ed. USA:Academic Press, 2007.

[17] LIU X, XU B, WANG X, et al. Impacts of sensing energy and data availability on throughput of energy harvesting cognitive radio networks[J]. IEEE Transactions on Vehicular Technology, 2025, 72(1): 747-759.

[18] JAYAWEERA S K,LI T. Dynamic spectrum leasing in cognitive radio networks via primary-secondary user power control games[J]. IEEE Transactions on Wireless Communications, 2009,8(6): 3300-3310.

[19] HEO J, NOH G, PARK S, et al. Mobile TVwhite space with multi-region based mobility procedure[J]. IEEE Wireless Communications Letters, 2012, 1(6): 569-572.

第6章
空时二维频谱的利用和惩罚

认知无线电是一种可以提高频谱利用率的无线通信技术。多个次用户通过感知空时频谱机会动态地接入可用频段。根据信道采样得到的能量值,得到当前次用户的频谱感知情况。在异构的网络中,每个次用户都在寻求最大的收益。异构网络中认知次用户可以使用时间和空间机会频谱来提高频谱的使用率。当认知次用户处在主用户的发射区内时,只有时间机会频谱。在发射区域外可以利用空时机会频谱实现共享。在共享阶段,次用户和主用户就个人效用进行协商,并最终达到混合纳什均衡(Nash Equilibrium, NE)。

当检测到认知用户能量值异常时进行犯罪惩罚。能量值检测的结果受阈值的影响,而惩罚的时候则需考虑网络中的活动节点数和犯罪次数。认知无线电网络可能会受到许多安全威胁,通过检测信道的情况对接入节点进行限制,给犯罪节点不同的退避时间来做惩罚。我们仿真并分析了建立的混合纳什均衡等式,并从其他角度给出了保护频谱共享安全性的策略。仿真结果显示,在新的惩罚策略下犯罪代价增大,从而导致犯罪概率降低,进而使检测概率降低并最终达到新的均衡。

6.1 研究背景

6.1.1 研究意义

为了应对爆炸式增长的无线电业务,合理地划分频谱资源、有效地使用有限的频谱资源是需要不断地进行讨论的。FCC指出频谱"稀缺"真正的含义是频谱资源在固定的频谱分配模式下没有被充分利用[1]。CRN通过感知和挖掘没有被占用的频谱,为没有授权的用户提供可通信的频段,可以实现对无线电频谱的有效利用。除了面临认知网络特有的安全威胁外,认知无线电网络还面临传统的安全威胁,如窃听、篡改、模仿、伪造和不合作等。

CRN中的关键技术包括频谱感知、频谱共享和功率控制[2]。频谱感知是认知无线电网络中的首要任务,也是实现频谱共享的前提。授权频谱的使用者称为 PU,PU 使用频谱时存在时间和空间上的漏洞。SU 可以通过利用 PU 授权频段的漏洞和未授权频段来提高频谱利用率。这也体现了认知无线电灵活的重构能力。SU 可以通过实时感知授权频段来找到适当的接入频段,从而获得较高的频谱利用率。SU 的发射功率过大会干扰 PU 工作,过小则又会影响自身的工作效率。此外,SU 的传输功率对频谱检测有一定的干扰,有时候会导致虚警和漏检事件的发生。因此,采取有效的功率控制还是很有必要的。

随着认知无线电的实现,新的安全威胁也随之产生。安全威胁主要与认知无线电的两个基本特性有关:认知能力和可重构性。与认知能力相关的威胁包括对手模仿主要发射机发起攻击,以及传输与频谱感知相关的虚假观测数据。对手可以利用这种新技术的几个漏洞并导致 PU 的感知性能严重下降。由于认知无线电网络在本质上是无线的,所以它们面临着传统无线网络存在的所有经典威胁。在复杂的无线电环境中,多径衰落、阴影衰落和接收机的不确定性严重影响系统的可靠性。

在频谱感知过程中,在客观条件的限制下,认知用户不可避免地会造成能量消耗和处理时延。因此,为了优化整个感知过程,并且提高感知的效率和准确性,出现了不同的频谱预测技术。

CRN 中的安全威胁/攻击和对策重点在物理层。从安全的角度来说,感知阶段和行为阶段是最重要的。基于软件定义的无线电(Software Defined Radio,SDR)的 CRN 中动态频谱敏捷性和机会性频谱访问,CR 技术带来了全新的安全威胁和挑战,包括发生 PU 仿真攻击、使用频谱机会时出现自私行为、报告错误感知信息、下载恶意软件或者向 PU 或 SU 发起拒绝通信攻击等。CR 技术的雏形是软件无线电技术。软件无线电是一种创新的通信技术,它将无线通信的实现过程转移到软件平台上。在理想的应用场景中,软件无线电不仅能够灵活地处理多个通信端口和协议,还能够根据需要对系统参数进行动态调整,从而实现很大的灵活性和可定制性。这种技术为认知无线电的发展奠定了坚实的基础,使 CR 技术能够进一步感知、学习和适应其通信环境,优化频谱资源的使用,并提升整体网络性能[3]。感知能力是认知系统的一项关键技术,Havkin 模型中使用感知模块探测出授权频段的占用情况,可以避免次用户盲目地接入授权信道。因此,频谱感知技术的研究对于提高频谱利用率是有很重要的意义的。

在认知无线电网络中,次用户的功率直接影响到其自身的传输性能和干扰水平。在复杂多变的认知无线电网络中认知用户的传输功率是要根据其通信距离、主用户的存在状态进行自适应改变的。如果主动降低认知用户的传输功率,那么就需要通过多跳传输的方式来传输信息。但是,每一跳的传输都需要监测到空闲频谱才能动态地接入。另外,认知用户的传输功率对频谱检测有一定的干扰,会影响检测结果的准确性,从而导致漏警和虚警情况的发生[4]。因此,优良的功率控制是需要综合考虑信道状态及信道检测的准确度的。

随着认知无线电网络的迅速发展,安全问题逐渐受到人们的关注。认知无线电网络中存在着大量的安全问题,主要的安全问题是模仿主用户的攻击[5]。这种情况的出现是因为次用户为了优先使用频谱资源会模仿主用户的特点来冒充主用户,这会减少主用户使用频谱的机会。

认知无线电网络中的安全问题是独有的问题,因为恶意攻击在时间和空间上很有可能会破坏网络的频谱共享机制,因此对于认知无线电来说防御是不够的。目前大多数问题都来源于物理层,所以研究惩罚策略以对违法次用户进行惩罚是很有必要的。

CRN 中的安全威胁包括传统的安全威胁和特殊的安全威胁,如图 6-1 所示,在认知周期的行为阶段传统的安全威胁主要包括:

① 接收机干扰:攻击者通过在接收信道上传输噪声,将接收到的信噪比降低到所需阈值以下。

② 窃听：恶意用户通过无线链接访问交换数据的内容。

③ 物理层攻击：入侵节点创建伪造的控制信道消息，以便使特定网络的公共信道饱和。

④ App 攻击：软件病毒和恶意软件将恶意代码转移到合法的 SU 中，迫使 SU 作出不可预测的不当行为。

⑤ 授权和身份验证（A&A）攻击：缺乏感知和二次通信中的身份验证可能导致网络中恶意节点的入侵，导致发生频谱感知数据造假（Spectrum Sensing Data Falsification，SSDF）攻击或其他攻击。

在 CRN 中，主用户模拟攻击（Primary User Emulation Attack，PUEA）是一种极为严重的安全威胁。在这类攻击中，攻击者精心构造并发送信号，这些信号模仿了主用户的信号特征，其目的是阻止 SU 正常传输数据。拒绝服务（Denial of Service，DoS）攻击是 CRN 中较严重和具有挑战性的安全攻击之一，它显著降低了射频频谱利用率[6]。

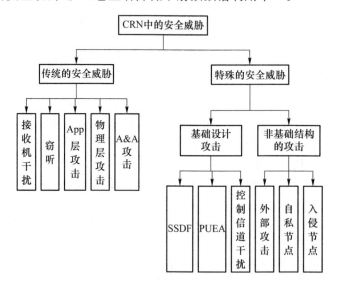

图 6-1　CRN 中的安全威胁

6.1.2　国内外研究现状

频谱感知是新兴的认知无线电网络的一个关键功能，各种协作频谱感知方案被提出来以提高其性能。但是，也会发生恶意用户的潜在攻击，这些恶意用户可能会故意报告虚假的频谱推断，误导智能节点做出错误的决定，这通常被称为拜占庭攻击或者频谱感知数据伪造攻击。

不同的检测方法被提出来。例如，异常值检测[7]被用来判断频谱的使用情况。每一次的检测向量都是由每一个检测者信道统计数据决定的。文献[8]使用信任和一致性价值来减少对次用户的影响。Lin 等人[9]研究了中继 CRN 场景。他认为 SU 是一个潜在的窃听者并且将主要目标设定为 PU 的保密率。Lapiccirel 等人[10]假设 SU 可以访问 PU 控制通道信息，允许 SU 监控反馈信道中 PU 的某些控制信号。在这个方法中，考虑 PU 和 SU 共享频谱，SU 使用一个控制算法来逼近 SU 传输速率的最优解。Mosleh 等人[11]采用了基于阈值的波束形成的分布式机会干涉对准技术，他们的目标是实现完全的多路复用增益。

博弈论是一种数学工具，用来分析多个决策者之间的战略交互作用。20 世纪 50 年代，美国著名数学家纳什利用不动点定理证明了博弈论纳什均衡的存在性，提出了混合纳什均衡的概念。博弈论可以在决策和选择中发挥关键作用。运用博弈论的数学模型,可以定量分析经济、通信、战争、政治、外交等方面的问题,找到问题的均衡解。

文献[12]指出非合作博弈论是博弈论中最重要的分支之一,它使我们能够仅利用局部信息就推导出有效的分布式动态频谱共享方法[12]。文献[12]还提出每个有限策略博弈都具有一个混合策略均衡。文献[13]采用集体行动囚徒困境的方法对频谱感知非合作攻击进行建模并提出一种改进的前馈策略,以提高频谱检测的准确性和效率。文献[14]利用非合作博弈来实现功率控制。在保证信干噪比(Signal-to-Interference-Plus-Noise Ratio,SINR)需求的基础上,最大化系统容量以提高系统的频谱利用率。文献[15]提出了一种适合多认知用户的潜在博弈动态频谱分配算法。文献[16]提出了一种基于数据库辅助的 PUEA 检测方法。上述文献针对惩罚策略并没有做过多研究,本章结合相关文献,采用非合作博弈建立纳什均衡表达式,并在此基础上提出 CRN 中的 SU 犯罪惩罚策略。

6.1.3　本章的主要内容

频谱感知是认知无线电网络中实现动态频谱接入的重要一步。为了确保 PU 得到适当的保护,同时最大限度地提高 SU 的性能,本章以虚警概率和检测概率为出发点,利用博弈论中的建立时间-空间机会异构网络模型,根据建立的纳什均衡,对相关参数进行分析,从而提出惩罚违法 SU 的策略。

本章其余部分的内容安排如下。

6.2 节对模型进行了描述并给出了检测指标。该节建立了一个主用户和多个次用户共享同一个无线电频谱资源的场景。检测指标包括误检概率 p_m(PU 存在但是检测到的发射信号的能量值小于阈值的情况)和检测概率 p_d(SU 进行犯罪时被正确检测出来的概率)。

6.3 节求解了在纳什均衡下黑区和灰区的混合策略,该节给出了效用函数;利用博弈论中的纳什均衡构建了等式;求解出了能保证每个参与者利益达到最大的方案(在该方案下,任何一方不会主动修改策略);对比了灰区和黑区的纳什均衡的不同。

6.4 节提出了次用户为了占用频谱资源可能对主用户产生非预期干扰,为此引入惩罚措施。当发现次用户犯罪时(即此时次用户既没有时间机会频谱,也没有空间机会频谱),根据信道状态对感知节点进行约束可以限制数据包对信道的访问,同时,根据网络中活动节点的数量可以调整退避持续时间。

6.5 节对纳什均衡和惩罚策略进行了仿真。仿真结果表明,黑区和灰区对采样点数、影响范围、主用户活跃概率和惩罚时间等因素有不同的敏感度。此外,结合对感知节点和犯罪次数的约束可以限制数据包对信道的访问。

6.6 节对本章内容进行了总结。

6.2　空时二维检测

6.2.1　机会异构网络模型

在本章中,我们考虑在一个 CRN 中一个主用户和多个次用户共享同一无线电频谱资源的情况。设在 CRN 中包含 N 个次用户，它们分别用 $n=1,2,\cdots,N$ 表示。每个 SU 的能量检测周期为 τ，观测信号带宽为 w。所以 τ 秒内得到的样本点数为 $K=2\tau W$（其中 τW 表示时间带宽积）。假设 CRN 采用周期感知策略。每个感知周期包括一个频谱感知周期和一个数据传输周期。根据感知结果决定在接下来的数据传输时间内是否进行数据传输。在感知阶段，N 个 SU 分别对 PU 进行能量采样。将采样数据送到 S-eNodeB 中进行融合分析，当有机会频谱可以接入时，再进行数据传输。PU 的保护区（PU protected range）范围的定义为 $0\leqslant d_{pi}\leqslant D_{pp}$，其中 D_{pp} 表示灰区半径，d_{pi} 是次用户和基站的距离。因此，PU 的保护区是一个包含灰区和黑区的空间。在 PU 的保护区内的 SU 有可能对 PU 产生干扰，该区域是为了保护 PU 的通信质量而设置的区域。SU 必须在 PU 不使用频谱的时候实现频谱共享，否则就会被认为存在犯罪行为。在 PU 的传输区（PU transmission range）外，无论 PU 是否使用该信道，SU 都有空时机会频谱。本章主要考虑的是有机会频谱的条件下 SU 犯罪以及对 SU 的惩罚，对白区不做讨论。图 6-2 给出一个 PU 和 3 个 SU 的 CRN 模型。

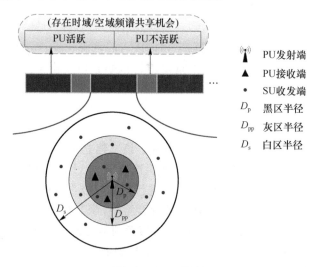

图 6-2　CRN 模型

SU 将接收到的 PU 的能量值送给 S-eNodeB，S-eNodeB 即智能基站[17]。智能基站来收集波段信息以及监控并分配未授权频段给 SU 使用。SU 在白区或灰区时有空间机会频谱，在 PU 传输功率没有被检测到时有时间机会频谱，此时 S-eNodeB 可以决定将这段频谱给 SU 使用；SU 在黑区时没有空时频谱机会，可能是 PU 正在使用频谱，也可能是距离 PU 发射机太近。但是，为了保证 PU 的通信质量，需要对这个 SU 进行惩罚。t 时刻来自第 i 个能量检测器的采样值可用如下二元假设检验模型表示：

$$y_i(t)=\begin{cases}n_i(t), & H_0 \\ h(d_{pi})x_i(t)+n_i(t), & H_1\end{cases} \tag{6-1}$$

其中，假设 $n_i(t)$ 是高斯白噪声，$x_i(t)$ 表示 PU 能量信号采样。假设 $n_i(t)$ 和 $x_i(t)$ 都服从高斯分布，有 $n_i(t)\sim N(0,\sigma_w^2)$，$x_i(t)\sim N(0,\sigma_s^2)$。来自不同信道和不同检测器的 $n_i(t)$ 是独立的、同分布的。针对某个信道的感知结果 $y_i(t)$，将信道的使用情况分为两种：H_0 指主用户不活跃，信道空闲；H_1 指主用户活跃，信道被 SU 占用。H_0 表示主用户的信号在该检测周期内没有被检测到，可以认为此时具有时间频谱机会。H_1 表示主用户的信号在该检测周期内可以被检测到，可以认为此时有空间频谱机会。当 SU 非法侵占 PU 的授权频段时，PU 通过提高发射功率保证通信质量少受影响。这会导致 SNR 增大,进而使得检测器检测到的能量值偏大。在检测周期内得到的能量向量 $Y = (Y_1, Y_2, Y_3, \cdots, Y_M)$ 可以为频谱感知提供依据。

PU 和第 i 个能量检测器之间的信道增益[18]用 $h(d_{pi})$ 表示:

$$h(d_{pi}) = \sqrt{P_t \cdot PL(d_{pi}) \cdot g_i} = \sqrt{P_t \cdot \left(\frac{c}{4\pi f_c d_{pi}^{\frac{\gamma}{2}}}\right)^2 \cdot g_i} \tag{6-2}$$

其中:P_t 是 PU 发射机的传输功率;g_i 是考虑衰落的零均值和单位方差的复高斯随机过程;$PL(d_{pi})$ 是路径损耗,与能量检测器到 PU 的距离、载波频率 f_c 和无线电传播损耗 γ 有关。因为我们只考虑大尺度衰落,所以在 SU 的一个扫描角度内,信道增益不会发生变化,并且可以认为上述参量均为实参量。

上述时间感知模型可以用来判断时间机会频谱资源,考虑空间机会频谱检测时可以用另外一个假设检验问题[19]来表示:

$$\begin{cases} O_0 : y_i(t) = \begin{cases} n_i(t), & 0 \leqslant d_{pi} \leqslant D_s \\ h(d_{pi})x_i(t) + n_i(t), & D_p < d_{pi} \leqslant D_s \end{cases} \\ O_1 : y_i(t) = h(d_{pi})x_i(t) + n_i(t), & 0 \leqslant d_{pi} \leqslant D_p \end{cases} \tag{6-3}$$

O_0 表示 SU_i 有空时机会与 PU 共享一个信道。其中包含两种情况:一种情况是 PU 不存在;另一种情况是 PU 存在,但是 SU 处在 PU 的传输区域外。第二种情况就是所谓的灰区。O_1 表示 SU_i 处在 PU 的传输区域内,此时 SU 是没有空间机会频谱的,但是可以利用时间机会频谱。我们将该区域定义为黑区,是本章考虑频谱犯罪及惩罚策略的重点。

6.2.2　空时二维检测指标

为了实现机会频谱接入并且确保 PU 通信得到保护,SU 需要检测频谱。但是,由于信道衰落或噪声的存在,检测结果可能出现偏差。简单的能量检测基础方案具有较大的漏检和误报概率。如果主用户不活跃,但是次用户错误检测而误以为频谱占用,那么这会导致频谱利用不足。如果 PU 是活跃的,但 SU 未能检测到,那么就会发生遗漏检测的情况,这会导致对主用户产生非预期干扰。因此,确定虚警和误检概率,并分析影响因素是很重要的。在文献[20]中,Moghimi 等人旨在设计一种非高斯噪声下的最优检测器,该检测器可以最小化虚警概率,同时确保漏检概率低于目标阈值。文献[21]通过考虑一个以虚警概率为约束的优化问题,研究了认知无线电网络中的感知-响应权衡问题。因为认知无线电的目的是提高频谱的利用率,所以虚警概率和误检概率一直是人们关注的问题。

对于一个给定的感知周期 τ,令检测统计量为 Y_i,阈值为 ε,决策函数为 $\delta_i^{ST}(\bullet)$。假设 PU 信号出现的概率为 p_0。检验统计量为 $Y = \frac{1}{K} \sum_{i=1}^{K} |y_i(t)|^2$。当样本量足够大时,根据大数定律,检验统计量 Y 可以近似为高斯随机变量。根据文献[22]和[23],Y 的分布如下:

$$Y_i(t) \sim \begin{cases} N\left(\sigma_w^2, \frac{1}{K}\sigma_w^4\right), & H_0 \\ N\left((1+\gamma_s)\sigma_w^2, \frac{1}{K}(1+2\gamma_s)\sigma_w^4\right), & H_1 \end{cases} \tag{6-4}$$

这里,感应信道的 SNR 是 $\gamma_s = \frac{\sigma_s^2}{\sigma_w^2}$,并且 $\sigma_s^2 = \sqrt{h(d_{pi})}$ 是 PU 信号的发射功率。

虚警概率 p_f 一方面指的是 SU_i 处在 PU 的传输区域内,此时在 PU 不活跃的情况下,SU_i 的能量检测器检测到的 $Y_i(t)$ 大于阈值,也就是检测到 SU_i 犯罪;另一方面指的是 SU_i 处在 PU 的传输区域外,SU_i 的能量检测器检测到 $Y_i(t)$ 大于阈值。这种两种情况会导致频谱使用效率下降。误检概率 p_m 是当 PU 存在但是检测的能量值小于阈值的情况。在这种情况下 SU 犯罪未能及时被检测出来,在一定程度上会造成 PU 的通信质量下降。检测概率 p_d 是 SU 犯罪被正确检测出来的概率。那么,在认知无线电网络中虚警概率 p_f、检测概率 p_d、误检概率 p_m 的表达式[24]如下:

$$p_{f,i}^{ST}(t) = P\{\delta_i^{ST}(Y_i(t), \varepsilon) = O_1 \mid O_0\}$$

$$= \begin{cases} P\{Y_i(t) > \varepsilon \mid H_0\}, & 0 \leqslant d_{pi} \leqslant D_p \\ P\{Y_i(t) > \varepsilon \mid H_1\} p_0 + P\{Y_i(t) > \varepsilon \mid H_0\}(1 - p_0), & D_p < d_{pi} \leqslant D_s \end{cases}$$

$$= \begin{cases} Q\left(\left(\dfrac{\varepsilon - \sigma_w^2}{\sigma_w^2}\right)\sqrt{K}\right), & 0 \leqslant d_{pi} \leqslant D_p \\ p_0 Q\left(\left(\dfrac{\varepsilon - (1+\gamma_s)\sigma_w^2}{\sqrt{1+2\gamma_s}\sigma_w^2}\right)\sqrt{K}\right) + (1-p_0) Q\left(\left(\dfrac{\varepsilon - \sigma_w^2}{\sigma_w^2}\right)\sqrt{K}\right), & D_p < d_{pi} \leqslant D_s \end{cases} \tag{6-5}$$

$$p_{d,i}^{ST}(t) = P\{\delta_i^{ST}(Y_i(t), \varepsilon) = O_1 \mid O_1\} = P\{Y_i(t) > \varepsilon \mid H_1\} = Q\left(\left(\dfrac{\varepsilon}{\sigma_w^2} - 1 - \gamma_s\right)\sqrt{\dfrac{K}{1+2\gamma_s}}\right), 0 \leqslant d_{pi} \leqslant D_p \tag{6-6}$$

$$p_{m,i}^{ST}(t) = 1 - p_{d,i}^{ST}(t), \quad 0 \leqslant d_{pi} \leqslant D_p \tag{6-7}$$

其中,$Q(x) = \dfrac{1}{\sqrt{2\pi}}\displaystyle\int_x^\infty \exp\left(-\dfrac{t^2}{2}\right)\mathrm{d}t$ 是标准正态分布的互补累计分布函数(Complementary Cumulative Distribution Function,CCDF),即 Q 函数。

综上,本章构建了一个主用户和若干次用户共享一段频谱资源的认知无线电网络模型。在该模型中,认知用户也就是次用户可以使用时间机会频谱和空间机会频谱。时间机会频谱来源于主用户在该时间段没有数据包要发送。空间机会频谱来源于次用户处在主用户的传输区域外。在认知无线电网络中的检测指标包括检测概率、虚警概率和误检概率。

6.3 基于纳什均衡的混合策略分析

在与非授权频段的网络用户进行频谱共享时,假设每个 SU_i 只关心自己的利益,并选择能使自己收益函数最大的优化策略。在本节中,我们在非合作感知的框架下,运用博弈论中最常见的 NE 概念建立了黑区和灰区下的 SU 的惩罚策略。

6.3.1 纳什均衡

在非合作博弈中的纳什均衡下引入频谱监狱的概念。设定在一段频谱上,PU 拥有这段频谱的所有权。在机会频谱访问中,SU 在每次传输之前都会监听已授权的频谱,以确保 PU 处于不活动状态,然后他们会选择适当的操作参数来优化共享频谱的性能或服务质量[25]。

PU 每当发现有 SU 在违规的时段使用频谱时,都会将该 SU 投放进频谱监狱,禁止其在一段时间内进行通信,我们将这个禁止通信的时间设定为 T。只有当过了这段时间之后,SU

才可以去使用这段频谱。继而 SU 会继续开始对整个频谱进行检测,检测的周期依然为 τ,周而复始。S-eNodeB 可以对 SU 采集到的能量向量进行分析、监控并可以分配未授权频段给 SU 使用。同时,对 SU 的惩罚可以由 S-eNodeB 来执行。

NE 是完全信息静态博弈解的一般概念,是一种最常见的博弈均衡。NE 由所有参与者的最优策略组成。在纳什均衡点,每一个理性的参与者都不会有单独改变策略的冲动。假设将含有 n 个参与者的博弈表述为 $G=\{S_1,\cdots,S_n;u_1,\cdots,u_n\}$,战略组合 $s^*=(s_1^*,\cdots,s_i^*,\cdots,s_n^*)$ 是一个 NE。混合策略组合 s_i^* 是在给定其他参与者的选择 $s_{-i}^*=(s_1^*,\cdots,s_{i-1}^*,s_{i+1}^*,\cdots,s_n^*)$ 的情况下[26]第 i 个参与者的最优战略,表示为

$$u_i(s_i^*,s_{-i}^*)\geqslant u_i(s_i,s_{-i}^*),\quad \forall s_i\in S_i,\forall i\in\mathbb{N} \tag{6-8}$$

NE 可以给出每一个参与者的最优策略,此时,任何一个参与者改变策略,他的盈利都将会减少。第 i 个参与者的最优反应函数被定义为 B_i:

$$s_i^*\in B_i^*(s_{-i}^*),\quad i\in\mathbb{N} \tag{6-9}$$

$$B_i(s_{-i})=\{s_i\in S_i:u_i(s_{-i},s_i)\geqslant u_i(s_{-i},s_i')\},\quad s_i'\in S_i \tag{6-10}$$

纳什均衡的求解一般需要满足 3 个条件[27]:

① 参与者集合是有限的;

② 策略集合是闭且有界集合;

③ 效用函数在作用空间中是一个连续的准凹函数。

我们用一个简单的例子说明 NE 问题的求解思路[28]。其中用到的一个重要概念是效用函数。效用函数是用来量化博弈对象之间的损失的。表 6-1 中给出的是二人博弈的效用函数。在这个博弈中有两个纯策略网元,即(L,R)和(U,D)。为了计算这个混合策略的 NE,假设博弈参与者 A 的策略概率分布为 $\alpha_1[x,1-x]$,博弈参与者 B 的策略概率分布为 $\alpha_2[y,1-y]$。那么,对博弈参与者来说,预期收益可以表示为

$$\bar{u}:\begin{cases}\bar{u}_A=2\cdot x\cdot y+0\cdot x\cdot(1-y)+0\cdot(1-x)\cdot y+1\cdot(1-x)\cdot(1-y)\\ \bar{u}_B=1\cdot x\cdot y+0\cdot x\cdot(1-y)+0\cdot(1-x)\cdot y+2\cdot(1-x)\cdot(1-y)\end{cases} \tag{6-11}$$

根据式(6-10)中的定义,在博弈中,参与者的预期收益应满足 $\dfrac{\partial \bar{u}_A}{\partial x}=0$ 和 $\dfrac{\partial \bar{u}_B}{\partial y}=0$,我们得到 $x=\dfrac{1}{3}$ 和 $y=\dfrac{2}{3}$。此外,我们将博弈用式(6-12)的形式表示,可以得到同样的结果。

$$\begin{cases}2\cdot x+0\cdot(1-x)=0\cdot x+1\cdot(1-x)\\ 1\cdot y+0\cdot(1-y)=0\cdot y+2\cdot(1-y)\end{cases} \tag{6-12}$$

表 6-1　二人博弈例子

效用函数	(博弈参与者 B)L	(博弈参与者 B)R
(博弈参与者 A)U	2,1	0,0
(博弈参与者 A)D	0,0	1,2

在这种形式下描述了 NE 中博弈者策略的含义。就博弈参与者 A 来说,无论选择 U 策略还是 D 策略,最终得到的效用是完全一样的。博弈参与者 B 也是一样的。在这个有限的策略博弈中,达成了一个混合的纳什均衡策略。类似地,在 CRN 中,多个 SU 共同进行机会频谱的博弈并最终达成一个混合策略的 NE。

6.3.2 黑区框架下的混合策略

首先我们在设计这个策略时需要明白,该策略是在三区的架构下进行惩罚策略分析的。在白区,PU 不用担心 SU 会和它抢占频谱,因为 SU 在白区有足够多的空闲频谱机会去进行数据传输,所以也就不存在惩罚的问题。在这一部分我们优先考虑黑区架构下的惩罚机制设计问题。博弈论中概率与效用函数的设计是这个数学模型能否真实地刻画实际量的关键。根据前提条件,设 SU 的欺骗概率为 p_c,PU 在 SU 欺骗时抓住 SU 的条件概率为 p_z,PU 在 SU 未欺骗的情况下抓住 SU 的概率即为 p_y,p_0 则表示 PU 活跃的概率。P_s 为 SU 的发射功率,P_0 为 PU 的发射功率。由此,效用函数可以使用 SU_i 有效占用 PU 的授权频段的时间来衡量。建立评估 PU 与 SU 的效用函数,如表 6-2 所示。

接下来我们应该对表 6-2 中所建立的黑区的效用函数进行分析。以 SU_i 发射端和接收端之间的距离为半径,以发射端为中心,形成圆形干扰区。假设 PU 的均匀分布密度为 λ_p,干扰区域的半径为 $(1+\Delta)r$,SU_i 所干扰的 PU 的总数量为 M。则有 $M = \lambda_p \pi (1+\Delta)^2 r^2$,设一个 PU 的损失为 c_p。那么,当 SU 欺骗 PU 成功并且 PU 没有抓住 SU 的时候,PU 的效用函数可以刻画为 $-c_p M$。当 SU 没有占用 PU 的频谱但是 PU 却感知到 SU 在犯罪时,PU 受影响的时间为此时的效用函数 $-c_s$。

表 6-2　在黑区评估 PU 与 SU 的效用函数

效用函数	PU(抓住 SU)	PU(没抓住 SU)
SU(欺骗)	$-TMp_0, 0$	$K\tau(1-p_0)\dfrac{\log\left(1+\frac{P_s/r^\alpha}{P_0/l^\alpha+\sigma_w^2}\right)}{\log\left(1+\frac{P_s/r^\alpha}{\sigma_w^2}\right)}-TMp_0, -c_p M$
SU(未欺骗)	$-TMp_0, -c_s$	$0, 0$

SU 欺骗 PU 时,毫无疑问,它自己也会受到 PU 的影响。因为此时它与 PU 的发射机的距离 l 是比较小的,这个 SU 的信噪比即 $\gamma_s = \dfrac{P_s/r^\alpha}{P_0/l^\alpha+\sigma_w^2}$。假设发射机是进行全向发射的,检测器的波束是波束宽度为 α 的扫描波束,并且形状是圆锥。进一步地,其获得的速率为 $R_s = \log\left(1+\dfrac{P_s/r^\alpha}{P_0/l^\alpha+\sigma_w^2}\right)$,所以当 SU 进行欺骗并且 PU 没有抓住 SU 时,不仅 PU 有效用损失,而且 SU 也有效用损失,可以使用 SU 的有效作案时间 $\log\left(1+\dfrac{P_s/r^\alpha}{P_0/l^\alpha+\sigma_w^2}\right)\bigg/\log\left(1+\dfrac{P_s/r^\alpha}{\sigma_w^2}\right)$ 来对它的效用进行衡量。$\log\left(1+\dfrac{P_s/r^\alpha}{P_0/l^\alpha+\sigma_w^2}\right)\bigg/\log\left(1+\dfrac{P_s/r^\alpha}{\sigma_w^2}\right)$ 的分子是指在有 PU 干扰时 SU 所能传输的数据量,分母则是指没有 PU 干扰时次用户传输数据的速率,整个式子就是指没有 PU 干扰时 SU 所获得的通信时间。我们设定 SU 的检测周期为 τ,则检测到 SU 欺骗时所需要的时间为 $K\tau$。所以在这个情况下 SU 的效用函数即 $K\tau(1-p_0)\dfrac{\log\left(1+\dfrac{P_s/l^\alpha}{P_0/l^\alpha+\sigma_w^2}\right)}{\log\left(1+\dfrac{P_s/r^\alpha}{\sigma_w^2}\right)}-TMp_0$。

现在在黑区中我们已经把效用函数和概率建模工作完成了,就可以引入经典的混合纳什均衡了。在黑区非合作博弈中,参与者通过猜测对方的行为意图使得自己的效用最大化,从而形成一种动态均衡。我们可以利用混合纳什均衡得出各个参量之间的关系。利用函数关系寻求参数的变化趋势以便为我们制定惩罚规则提供依据,这也是本章进行探讨的目的。

SU 选择使得 PU 抓他与不抓他所获得的期望收益是完全相同的混合策略,因此可以得到

$$-(1-p_c)\cdot c_s = p_c\cdot(-c_p M) \tag{6-13}$$

则可以推导出:

$$p_c = \frac{c_s}{c_s + c_p M} \tag{6-14}$$

这里可以看到 SU 欺骗概率 p_c 是随着 PU 的损失的增加而减少的。SU 当发现较多的 PU 都受到了自己的干扰时,便会主动降低自己欺骗 PU 的概率,以使得自己躲过 PU 的抓捕,减小被抓住的风险。当 c_s 增大时,p_c 也会变大。SU 知道自己很重要,在 PU 抓住了它之后如果这次抓捕是误抓,那么这对于 PU 而言是非常大的损失,此时 SU 的欺骗概率会显著地增大。

PU 选择使得 SU 欺骗与不欺骗所获得的收益是完全相同的混合策略,因此可以得到

$$(-TMp_0)p_z + \left(K\tau(1-p_0)\frac{\log\left(1+\frac{P_s/r^a}{P_0/l^a+\sigma_w^2}\right)}{\log\left(1+\frac{P_s/r^a}{\sigma_w^2}\right)} - TMp_0\right)(1-p_z) = (-TMp_0)p_y \tag{6-15}$$

我们可以推导出:

$$p_y = 1 + (p_z - 1)\frac{K\tau(1-p_0)}{TMp_0}\frac{\log\left(1+\frac{P_s/r^a}{P_0/l^a+\sigma_w^2}\right)}{\log\left(1+\frac{P_s/r^a}{\sigma_w^2}\right)} \tag{6-16}$$

在黑区中,因为 SU 均匀分布在 PU 的发射区域内,可以认为 SU 对 PU 的期待收益是相同的。那么可以令 $F = \frac{K\tau(1-p_0)}{TMp_0}\frac{\log\left(1+\frac{P_s/r^a}{P_0/l^a+\sigma_w^2}\right)}{\log\left(1+\frac{P_s/r^a}{\sigma_w^2}\right)}$,可以得到

$$p_y = 1 + (p_z - 1)F \tag{6-17}$$

根据这个 NE,我们可以初步得到一些参数之间的关系。

① PU 在 SU 未欺骗时抓住 SU 的概率 p_y 和 PU 在 SU 欺骗时抓住 SU 的概率 p_z 呈正相关的关系。如果某 SU 欺骗被抓的概率变大,那么该 SU 更容易被误抓。

② 当检测周期 τ 减小时,检测犯罪的时间变短,但是这会引起多余的资源耗损。此时 p_y 会增大,意味着 SU 犯罪成功的可能性变小。这是很好理解的,因为投入了更多的资源,所以检测效果自然得到了提高。对应的冤假错案数量也会相对减少。

③ 当 PU 活跃的概率 p_0 增大时,SU 的时间频谱机会很少,又因为 SU 处在 PU 的发射区域内,所以此时 SU 的空时频谱机会也是很少的。也就是说,此时的频谱检测和频谱共享效率会很低。相应地,p_y 和 p_z 的值也都在降低且误检概率的变化变缓。

④ 在黑区,应该避免 SU 在利用空时频谱机会时对 PU 造成干扰。如果加大惩罚力度 T,从建立的 NE 中可以看到,SU 会降低欺骗概率,PU 此时则应该放松抓捕。此时冤假错案的

数量减少。

6.3.3 灰区框架下的混合策略

在黑区,由于 SU 会有一个固定的辐射半径,而黑区中的 PU 是均匀分布的,所以辐射的 PU 数量是固定的。但是在灰区,SU 在 PU 的发射区域外。如果 SU 停留在黑区的话,那么 SU 的影响辐射半径是有限的。但是如果 SU 离开了黑区,进入了灰区,那么随着 SU 与 PU 距离的增大,SU 对 PU 的影响越来越小。因为 SU 由辐射半径构成的那个圆覆盖黑区的面积会变得越来越小,故其对 PU 的影响也越来越小。和黑区类似,在灰区可以得到 PU 和 SU 的效用函数,如表 6-3 所示。

表 6-3 在灰区评估 PU 与 SU 的效用函数

效用函数	PU(抓住 SU)	PU(没抓住 SU)
SU(欺骗)	$-TM_1p_0,0$	$K\tau(1-p_0)\dfrac{\log\left(1+\dfrac{P_s/r^{a_1}}{P_0/l^{a_1}+\sigma_w^2}\right)}{\log\left(1+\dfrac{P_s/r^{a_1}}{\sigma_w^2}\right)}-TM_1p_0,-c_pM_1$
SU(未欺骗)	$-TM_1p_0,0$	$0,0$

灰区中 SU 分布在 PU 的传输区域外。在该区域内有空时频谱机会,建立 NE 的表达式为惩罚策略提供依据仍然是这一节的思路。在利用博弈论来求混合纳什均衡的过程中,由于我们最终的参量符号并没有发生非常大的改变,所以最终在灰区中求出来的均衡关系是和黑区中的没有太大的区别的。在这里我们仅仅需要给出一个参量的关系就可以了,即 M_1 和 SU 与 PU 距离的关系式。

在黑区中 SU 影响 PU 的范围可以视作一个以 SU 为圆心的圆。而当 SU 的位置已经位于灰区的时候,只要 SU 不断地往外移动,那么这个圆所能覆盖的黑区面积就会越来越小,自然 SU 对于 PU 的影响会越来越小。此时实际上 M_1 是一个关于 SU 与黑区中心距离的递减函数。此处我们构造公式 $M_1=\dfrac{1}{(1+\Delta)^2l^2}$。本质上我们应该使用的是两个圆相交部分的面积来代替这个量,但是鉴于两圆相交的面积公式过于复杂,我们只需根据随着距离的增大该面积在逐渐减小这个特点来拟合一个函数就可以了。所以我们最终得到的均衡公式依然是

$$p_c=\frac{c_s}{c_s+c_pM_1} \tag{6-18}$$

$$p_y=1+(p_z-1)F_1 \tag{6-19}$$

其中,$F_1=\dfrac{K\tau(1-p_0)}{TM_1p_0}\dfrac{\log\left(1+\dfrac{P_s/r^{a_1}}{P_0/l^{a_1}+\sigma_w^2}\right)}{\log\left(1+\dfrac{P_s/r^{a_1}}{\sigma_w^2}\right)}$。

除了 M_1 变量,我们还需要关注 α_1 这个量。在灰区,SU 与 PU 的距离较远,功率的衰减速度相对是较快的。SU 的能量检测器在进行频谱检测的时候波束的宽度会增大。

上文介绍了纳什均衡的求解和来源,分别在黑区和灰区中建立了纳什均衡。上文首先给出效用函数,根据纳什均衡的定义建立等式,此时对任意一个参与者来说,其收益都会达到最

大;然后根据纳什均衡建立的关系,得到了 PU 在 SU 未欺骗时抓住 SU 的概率 p_y 和 PU 在 SU 欺骗时抓住 SU 的概率 p_z 的关系。建立纳什均衡时考虑到的因素主要包括采样点数、主用户活跃的概率和惩罚时间等。

6.4　惩　罚　策　略

为了有效管理频谱资源并防止非预期干扰的产生,有必要引入灵活的惩罚策略。惩罚发生在频谱感知阶段之后、数据传输之前。S-eNodeB 可以对 SU 采集到的能量向量进行分析、监控并可以分配未授权频段给 SU 使用。同时,对 SU 的惩罚由 S-eNodeB 来执行。当 PU 的 QoS 受到干扰时,SU 被投入频谱监狱,此时基于退避时间补偿策略达成新的混合 NE 状态,实现均衡。

6.4.1　禁止通信时间角度

1. 固定的禁止通信时间下的惩罚

次用户为了占用频谱资源可能对主用户造成非预期干扰,为此引入频谱监狱。当发现次用户犯罪时(也就是此时次用户既没有时间机会频谱,也没有空间机会频谱),智能基站可以强制性地将次用户投放到频谱监狱中。此时系统是集中式的,这必然会导致一系列的问题。采用集中式的频谱监管会导致频谱资源的浪费,在感知信道时也会造成时间的浪费,进而必然导致产生额外的开销。但是,为了保证主用户的通信质量,还是有必要对犯罪的次用户进行强制的惩罚的。

首先想到的是采用一个固定的时间 T 来对违法的次用户进行惩罚。在惩罚时间内,由智能基站对 SU 进行惩罚。在禁止通信的时间内虽然不允许传输信息,但是可以持续对信道的使用情况进行检测,以便在惩罚时间结束后可以尽快进行数据传输。

2. 线性退避下的惩罚

在之前的方案中惩罚时间都是固定的 T,但是这显然不是很合理也无法实现对 SU 的警示性惩罚。因此,本节提出对惩罚时间进行改进。本节引入了 CSMA/CA 中的截断二进制指数退避算法中的退避思想,将惩罚时间从一个定值变成一个动态变化的值。这个退避的值和次用户犯罪的次数有关,次用户在连续犯罪的时候会遭到严重的时间惩罚。此时会出现犯罪成本极大的局面。

退避算法又称补偿算法,可以创建一个等待时间,用于重新建立传输信道,避免二次冲突。目前以太网 CSMA 协议中最常用的退避算法有非坚持算法、1-坚持算法、P-坚持算法[29]、可预测 P-坚持算法。

① 非坚持退避算法:假设信道是空闲的,则发送数据;否则等待一段随机时间,重复监听信道步骤。

② 1-坚持退避算法:假设是信道空闲的,则发送数据;否则继续监听,直到信道空闲,立即发送数据,若发生冲突,则等待一段随机时间,重复监听信道步骤。

③ P-坚持退避算法:假设是信道空闲的,则以 P 概率发送数据,以 $1-P$ 的概率延迟一个

时间单位,一个时间单位等于最大的传播时延;假如信道是忙的,则继续检测,直到信道空闲,重复第一步。

④ 可预测 P-坚持退避算法:假如当前信道有多个节点需要占用信道,或者已经发生了多次冲突,可预测 P-坚持退避算法可以根据当前的负荷来判断发送数据时发生碰撞的可能性。当前冲突次数较多时,则自动减小 P 值,否则增大 P 值。

因为采用 1-坚持退避算法时,虽然当检测到信道的是空闲的时候立即发送数据可以提高通信的速率,但是这是在默认 SU 确需发送数据并且在检测阶段发现了空时机会频谱的前提下。并且这种退避算法无法检测到单点接入和恶意用户。可预测 P-坚持退避算法虽然退避效果更好,但是会浪费信道资源。因此考虑信道资源的占用情况和降低可用信道的受影响概率,本章采用 P-坚持退避算法,以一定概率发送数据。

首先给出几个定义:在多个主用户和次用户对同一个信道进行共享的时候,将有数据包要发送的节点定义为移动节点(active point)。当前时间内活动节点越多,发生碰撞的可能性就越大,此时的惩罚也是最必要的。相反,当前时间内活动节点很少则说明此时有时间机会频谱可以共享。对主用户来说,当主用户要发送一个数据包的时候具有绝对优先级。网络中的节点数就是总的次用户的数目 N,信道数为 c。假设所有优先级的数据包到达的概率 η 服从泊松分布。根据泊松理论,网络中的活动节点数可以定义为[30]

$$n = N(1 - e^{-\frac{2\eta}{c}}) \tag{6-20}$$

因为纳什均衡的成立是建立在一个连续值上的,因此退避持续时间按照原来选取随机数的方法来求解是不合适的。因此,在第 i 次退避中,由避免碰撞导致的退避时间的定义为

$$t = \left\lceil -\frac{2}{\ln \dfrac{n}{N+1}} \right\rceil \tag{6-21}$$

进一步考虑到在 CRN 中存在一个严重的安全威胁,即主用户仿真攻击。此外,MAC 层上的入侵节点会创建伪造的控制通道消息,使特定网络的公共通道饱和。那么,主节点的活动可能不是由频谱共享引起的。仅仅依靠活动节点的活动程度来惩罚恶意侵占频谱的次用户是不够的,所以我们进一步考虑了犯罪数量。

犯罪数量是一个变量,由 S-eNodeB 统计,它直接影响频谱中授权用户之间的通信质量。当次用户检测到能量值超过阈值时,他们即使没有时间或空间频谱机会,也会发生频谱犯罪。产生更多的犯罪行为最有可能是因为有其他更邪恶的频谱威胁,如非基础设施安全威胁(包括入侵节点、外部攻击和自私节点[31])。

综上所述,可以按照如下步骤确定惩罚时间。

① 确定基本惩罚时间(基数),使其和混合纳什均衡中的 T 一致。

② 定义一个参数 k 为犯罪次数。惩罚时间更新为 $T_1 = k \cdot T + t$。

③ 发送数据包的时候以 P 概率发送,以 $1-P$ 的概率延迟一个检测周期 τ。

线性 P-坚持退避算法比固定的禁止通信时间惩罚的惩罚效果更好,这主要体现在它可以将惩罚时间和犯罪次数进行结合,另外,由于信息的传输也是以一定概率进行的,因此可以在一定程度上缓解信道共享过程中的干扰和恶意攻击行为。它在高负载下比传统的媒体访问控制协议具有更好的性能,因为它可以根据实时信道状态控制数据包对信道的访问,并根据网络中活动节点的数量调整退避持续时间。

3. 混合策略更新

在惩罚机制中,我们在建模时曾使用了两个概率,即 PU 在 SU 欺骗时抓住 SU 的概率 p_z 以及 PU 在 SU 未欺骗时抓住 SU 的概率 p_y。而我们在混合的纳什均衡策略中也出现了两个概率,即检测概率 p_d 与虚警概率 p_f。检测概率是指在 SU 犯罪的情况下检测到 SU 出现的概率,虚警概率是指在 SU 没有犯罪的情况下检测到 SU 出现的概率,所以从本质上来这两对概率是分别对应的,于是有 $p_z = p_d^{ST}$ 和 $p_y = p_f^{ST}$ 成立。到此,我们建立了检测概率 p_d 与虚警概率 p_f 的关系:

$$p_d^{ST}(t) = \frac{1}{F} \cdot p_f^{ST} - \frac{1}{F} + 1 \tag{6-22}$$

其中 $F = F_1 = \dfrac{K\tau(1-p_0)}{(k \cdot T + t)Mp_0} \dfrac{\log\left(1 + \dfrac{P_s/r^\alpha}{p_0/l^\alpha + \sigma_w^2}\right)}{\log\left(1 + \dfrac{P_s/r^\alpha}{\sigma_w^2}\right)}$。同理,在灰区中,$F = F_2$。此时,对感知节点的约束是根据信道状态决定的,可以限制数据包对信道的访问。同时,根据网络中活动节点的数量可以调整退避持续时间。

6.4.2　其他角度

除了禁止通信时间角度,还可以从其他角度对 SU 进行惩罚,在 PU 和 SU 间构建一个混合纳什均衡。在 NE 下,通过分析影响均衡的因素来找到提升检测概率的方法。为了更好地实现 PU 和 SU 之间的频段共享,SU 可以从 SU 是否位于 PU 的保护区域内的角度来进一步提升频谱利用效率。因为 SU 和 PU 实现频谱共享主要依赖第一步频谱检测的结果,当检测到有时间机会频谱或者空间机会频谱时,可以申请接入授权信道,进而进行信息传输。因此感知的结果对频谱共享和 SU 犯罪的惩罚都是基础。而感知与检测周期和阈值的设定是息息相关的。因此,惩罚的时候可以从阈值和检测周期的设定的角度来进行分析。

当检测到 PU 在使用授权频段时,频谱共享机会会大大减少。此时如果可以通过检测频率、犯罪成本 T、阈值来为做 SU 掩护。当然此时的空间机会频谱就没有那么有价值了。尤其是当 SU 处在 PU 的发射保护区域内时,需要以保证 PU 的通信为前提。当没有时间机会频谱时,黑区中的 SU 就没有可能和 PU 实现频谱共享了。但是如果 SU 处在 PU 的发射区域外的话,就可以通过频谱感知来实现对可以共享的信道的动态接入。

如果 PU 未使用授权频段或者不活跃,此时就会有足够多的空时机会频谱来为 SU 提高良好的通信机会。此时的频谱感知是最有价值的。为了提高频谱利用率,在此时达到的 NE 之下,可以从采样点数、发射功率和惩罚力度这 3 个角度来提高检测概率。

综上,根据博弈论中的经典应用,对 SU 和 PU 之间的频谱共享问题建立了一个混合纳什均衡。在纳什均衡下,对每一个次用户来讲,达到的都是最优解。此时的博弈结果可以为分析惩罚策略提供依据和思路。在建立了黑区和灰区下的混合策略之后引入了 P-坚持退避算法来对犯罪用户进行惩罚。最后还从别的角度对惩罚策略进行了完善。惩罚策略主要考虑了网络中的活动节点数和犯罪次数。当数据包发送概率增大的时候,网络中的活动节数会增多,此时会导致严重的惩罚。

6.5 参数及仿真结果分析

图 6-3 以 SU_i 与基站的距离 d_i 和黑区半径 D_p 的比值为横坐标,表示了 PU 的发射功率对检测概率的影响。当 SU_i 处在 PU 的保护区内的时候,从图 6-3 可以看到虚警概率很低,一旦 SU 出了 PU 的保护区,就会发生跃变。文献[32]认为这个跃变是由噪声的不确定性导致的。靠近 PU 的保护区时,频谱空洞是不可以恢复的,这会导致检测概率很低,从而造成巨大的频谱空洞。在 PU 的保护区外灰区的检测概率保持稳定。当 SU_i 位于 PU 的保护区外的时候,SU_i 和基站距离的增加将导致严重的空间虚警[33]。为此,文献[34]中提出的干扰感知技术通过假设连续状态的干扰感知,进一步提高了二进制感知的性能。并且随着 SU_i 和基站距离的增加,频谱空穴的概率不会急剧转变,从而更好地利用了频谱。

从式(6-6)可以得到检测概率的分布。由式(6-5)中 p_i^{ST} 的表达式可以得到空时机会检测的结果。达到混合纳什均衡后,SU_i 和 PU 将维持一个混合 NE。在这个 NE 下机会异构网络模型中 p_d^{ST} 和 p_i^{ST} 的关系由式(6-22)给出。因此,空时二维指标和博弈论的联系可以为认知无线电网络中 SU 的惩罚策略提供依据。为了分析异构网络的空时机会频谱检测的性能,我们从式(6-22)入手,对可能影响频谱检测的因素进行分析。本节通过分析对黑区和灰区框架下的混合策略,给出提高频谱使用率的方法。

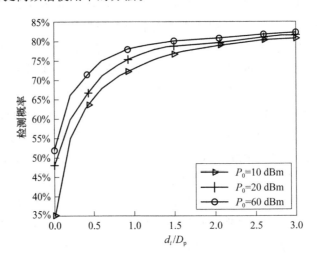

图 6-3　PU 的发射功率对检测概率的影响

能量检测是频谱感知的一种基础方法,其对 PU 的发射功率是很敏感的。P_0 是 PU 的发射功率,它直接影响的是 SU 的信噪比。从图 6-3 中可以看到当 PU 的发射功率增大时,检测概率也增大,但是在灰区中检测概率几乎没有受到影响。PU 的发射功率的增大一方面可能是 PU 的通信需要,另一方面可能是受 SU 的影响。在空时异构网络中,在黑区中空间机会很有限。当 P_0 增大时,SU 接收到的信噪比增大,此时 PU 活跃,因此共享概率会降低,所以此时的检测概率增大。

整体来讲,影响黑区检测概率的因素是远多于灰区的。这是因为在异构网络中,SU 在黑区并没有很多的机会频谱。而且 SU 一旦非法侵占了 PU 的授权频段就会影响 PU 的通信质量,还会引发对其的惩罚。此外,可以认为检测概率越高,SU 犯罪的可能性越小。因为此时有更多的空间频谱可以共享。可以肯定的是,在灰区,SU 分布在 PU 的发射区域外时具有空时频谱机会。此时建立的 NE 可以为提高频谱的使用率提供参数调整的思路。

在混合的 NE 中,每一个 SU 都会达到一个使自己收益最大的平衡状态。在传统考虑时间机会频谱的基础上,考虑空间频谱直接将频谱共享问题提高了一个维度。PU 的发射机传输区域之外的频谱机会将会为 CRN 中认知用户的可用频段提供更多的可能。

图 6-4(a)分析的是采样点数对检测概率的影响。在黑区,随着采样点数的增加,检测概率增大。灰区有更多的空域频谱机会,灰区的检测概率高于黑区,当采样点数增加时,同样会有更好的检测表现。相应地,采样点数的增加会导致检测成本的增加。$K = 100$ 时采样点数过少,这就导致此时的检测概率很低,时间机会频谱利用率变得很低。因为 $K = 2\tau W$,可以看出在分析同一段授权频段的时候,τ 对检测概率的影响和 K 对检测概率的影响是等效的。检测周期 τ 变大虽然可以一定程度上提高频谱感知的效果,但是会显著加大感知成本。因此,在检测效果和投入检测成本之间需要进行折中。

图 4(b)分析的是受影响的 PU 个数 M 对检测概率的影响。考虑到整个 CRN 环境中,信号检测到的能量值可能来自多个用户,因此仿真分析假设检测到的能量值是多个信号的融合,而不考虑各信号的具体成分。仿真结果表明,当 SU 没有影响任何一个 PU 的时候,检测概率是最高的,此时和 PU 不存在时的感知结果是等效的,SU 有非常多的空时频谱机会。然而,受影响的 PU 个数越多,CRN 的结构越复杂,导致频谱感知难度越大,进而检测概率越低,此时容易发生恶意侵占频谱资源的情况。

图 6-4 中(c)分析的是 PU 活跃的概率 p_0 对检测概率的影响。在混合的 NE 中,PU 出现的概率越高说明 SU 在同一时刻使用授权频段的机会越少。p_0 直接影响的是时间机会频谱的多少。也就是说,p_0 直接限制检测概率的上限值。从图 6-4(c)可以看到,p_0 对黑区和灰区的影响是同步的。当 p_0 达到 0.85 的时候,黑区和灰区的检测概率明显降低了。此时,虽然在灰区有空间机会频谱,但是由于时间上授权频段被占用的概率很大,所以共享很容易造成犯罪。

图 6-4 中(d)分析的是惩罚时间 T 对检测概率的影响。T 增大则意味着 SU 一旦在侵占 PU 授权频段时被抓住,将会被惩罚在很长的时间内不允许进行通信。那样的话此用户将会付出惨重的代价,SU 也是知道这个事实的,于是就会降低自己进行欺骗的概率,在 SU 欺骗或不欺骗的情况下 PU 抓捕 SU 的条件概率都会减小。因为此时 SU 的犯罪概率相应地也降低了,所以同时也减少了冤假错案的数量。简单地增大 T 是不合理的,为了使混合策略具有更加广的适用范围,上文提出了对其进行修改,考虑了网络中的活动节点和犯罪次数。在有 10 个 SU 的网络中,随着数据包到达发送的概率 η 的增大,网络中的活动节点数会逐渐增多。

在图 6-5 中可以看到随着信道数目的增多,网络中的活动节点数也会增多。因此多个信道会给频谱共享增加更多可能性,但是也会增大碰撞的概率。网络中的活动节点数代表的是同一时间内想实现信道共享的个数,活动节点越多越需要碰撞避免的退避算法。更新后的退避时间和网络中的活动节点数目与犯罪次数有关。退避时间本质上是为了减少网络中可能存在的恶意攻击和信道干扰。

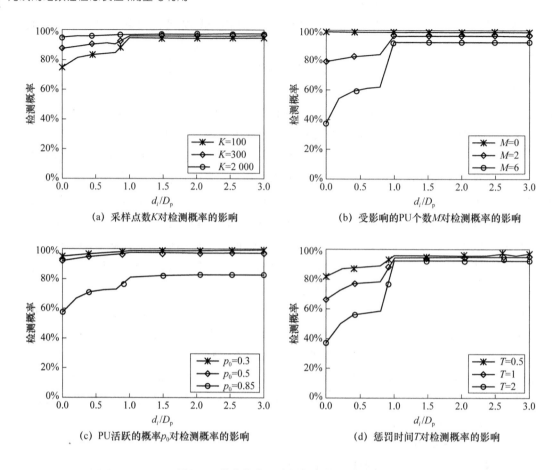

(a) 采样点数K对检测概率的影响

(b) 受影响的PU个数M对检测概率的影响

(c) PU活跃的概率p_0对检测概率的影响

(d) 惩罚时间T对检测概率的影响

图 6-4 纳什均衡下检测概率的影响因素

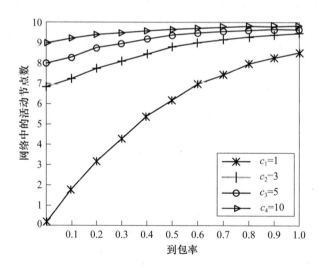

图 6-5 不同信道数目下到包率和网络中活动节点的关系

从图 6-6 中可以看到网络中活动节点数的增多会导致退避时间的增加。并且,随着犯罪次数的增加,惩罚力度越来越大。

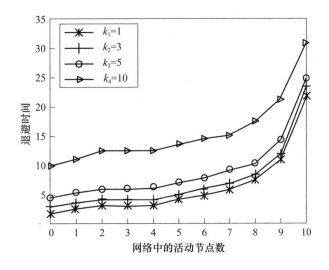

图 6-6　不同犯罪次数下活动节点数对退避时间的影响

相比于较单纯地设置禁止通信时间,将退避时间和网络中的活动节点数和犯罪次数相结合具有更好的检测表现。6-7 为固定 T 和动态退避策略的检测概率的对比图。动态退避策略下的检测概率在网络中活动节点数多时具有更好的表现,因为数据是以概率 P 发送的,会进一步减少恶意节点的攻击等。也就是说,当网络共享环境比较复杂的时候,使用退避的惩罚可以一定程度上提高共享的效果,可以减少恶意节点的攻击机会。

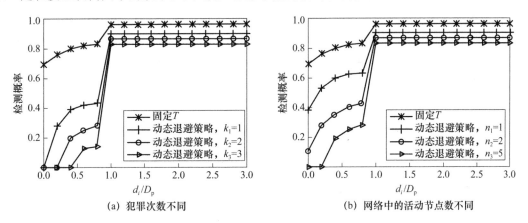

图 6-7　更新后的纳什均衡下的检测概率

图 6-7(a)和图 6-7(b)分别展示了犯罪次数和网络中的活动节点数对更新后的策略的检测概率的影响。对比图 6-7 中的两个图还可以得到:相比于犯罪次数,网络中的活动节点数对检测概率的影响相对较小。当检测到能量值异常时,用更新后的策略进行惩罚,检测概率会更低。也就是说,在这个惩罚策略下,被检测到的犯罪概率降低了。这虽然对主用户的保护,可以减少对频谱的恶意攻击,但是会导致信道的利用率降低。

在混合策略下,由于采用退避的惩罚策略,检测概率明显降低。这可以解释为犯罪的代价变大了。因此,检测概率的下降既有助于保护 PU,减小授权频段受到恶意攻击的可能性,同时也会降低信道的利用效率。设定可靠的动态阈值有助于提高频谱管理的效率和公平性。

综上,本节将黑区和灰区的纳什均衡进行仿真,从采集点数对检测概率的影响、受影响的

PU 个数 M、PU 活跃的概率、惩罚时间 T 对检测概率的影响等角度分析了空间异构网络中的检测概率。可以看到,影响时空机会频谱共享的因素有很多,当发现次用户异常接入的时候需要进行惩罚。此外,惩罚次用户从网络中的节点和犯罪次数的角度进行考虑。分析可以得到,到包率的概率越大,网络中的活动节点数越多,犯罪的退避惩罚时间越多。本章提出的惩罚策略可以在网络中活动节点密度很大的时候有较好的表现。

6.6 本章小结

本章将博弈论引入空时机会频谱的共享问题中,在 PU 和 SU 之间构建一个混合纳什均衡。在 NE 下,通过分析影响均衡的因素来找到提升检测概率的方法。为了更好地实现 PU 和 SU 之间的频段共享,SU 可以从以下几个方面来提升空时机会频谱的接入效率。当检测到 PU 在使用授权频段时,时间机会频谱会大大减少。此时可以采取的措施包括适当地降低检测频率、降低犯罪成本 T、降低阈值。当然此时的空间机会频谱就没有那么有价值。尤其是当 SU 处在 PU 的发射保护区域内时,需要以保证 PU 的通信为前提。如果 PU 未使用授权频段或者不活跃,那么就会有足够多的空时机会频谱来为 SU 提高较多的通信机会。此时的频谱感知是最有价值的。为了提高频谱利用率,在此时达到的 NE 之下,可以采取的措施有增加采样点数、增大发射功率和减小惩罚力度来提高检测概率。

进一步地,可以发现在黑区附近有个空时感知窗口,这里会发生检测概率的突变。产品这个窗口是感知结果导致的,为了减少感知结果导致的检测结果的突变,可以从检测阈值调整和惩罚时间设定两方面来寻求解决办法。另外,简单的能量检测感知的方法并不能获得良好的空时机会检测下的混合均衡,我们需要研究其他的感知算法,如机器学习和连续隐马尔可夫等智能的感知算法。本章研究的问题本质上是频谱共享中的安全问题,CR 范式引入了全新的安全威胁和挑战,未来研究需要侧重于具备抗干扰能力的频谱共享策略,以满足复杂多变的网络环境需求。

本章参考文献

[1] FRAGKIADAKIS A G, TRAGOS E Z, ASKOXYLAKIS I G. A survey on security threats and detection techniques in cognitive radio networks[J]. IEEE Communications Surveys & Tutorials, 2013,15(1): 428-445.

[2] DING G, JIAO Y, WANG J, et al. Spectrum inference in cognitive radio networks: algorithms and applications[J]. IEEE Communications Surveys & Tutorials,2018,20 (1): 150-182.

[3] 宋志群. 认知无线电技术及应用[J]. 无线电通信技术,2012,38(5): 1-5+35.

[4] 唐万斌,喻火根,韩艳峰,等. 动态频谱共享系统容量和接入性能的实时评估与检测[R]. 中兴基金项目研究报告,2010.

[5] CHEN S, ZENG K, MOHAPATRA P. Hearing is believing: detecting mobile primary user emulation attack in white space[J]. Infocom Procedings IEEE, 2011, 42

(4): 36-40.

[6] SHARMA R K, RAWAT D B. Advances on security threats and countermeasures for cognitive radio networks: a survey[J]. IEEE Communications Surveys & Tutorials, 2017,2(23): 234-250.

[7] KALIGINEEDI P, KHABBAZIAN M, BHARGAVA V K. Malicious user detection in a cognitive radio cooperative sensing system[J]. IEEE Trans. Wireless Commun, 2010, 3(16): 2488-2497.

[8] SUDHA Y, SARASVATHI V. Evolution of the security models in cognitive radio networks: challenges and open issues [C]//2020 International Conference on Innovation and Intelligence for Informatics, Computing and Technologies (3ICT). IEEE, 2020: 1-6.

[9] LIN P-H, GABRY F, THOBABEN R, et al. Multi-phase smart relaying and cooperative jamming in secure cognitive radio networks [J]. IEEE Trans. Cogn. Commun. Netw,2016,2(1): 38-52.

[10] SHAH H A, KWAK K S, SENGOKU M, et al. Reliable cooperative spectrum sensing through multi-bit quantization with presence of multiple primary users in cognitive radio networks [C]// 2019 34th International Technical Conference on Circuits/Systems, Computers and Communications (ITC-CSCC). IEEE, 2019: 1-2.

[11] MOSLEH S, ABOUEI J, AGHABOZORGI M R. Distributed opportunistic interference alignment using threshold-based beamforming in MIMO overlay cognitive radio[J]. IEEE Trans. 2014,10(11): 3783-3793.

[12] WANG B, WU Y, RAY LIU K J. Game theory for cognitive radio networks: an overview[J]. Computer Networks, 2010, 54(14): 2537-2561.

[13] LÓPEZ O L A, SÁNCHEZ S M, MAFRA S B, et al. Power control and relay selection in cognitive radio ad hoc networks using game theory[J]. IEEE Systems Journal, 2017,12(3): 2854-2865.

[14] YANG G, LI B, TAN X, et al. Adaptive power control algorithm in cognitive radio based on game theory[J]. IET Communications,2019,9(15): 1807-1811.

[15] TENG Z, XIE L, CHEN H, et al. Application research of game theory in cognitive radio spectrum allocation[J]. Wireless Networks,2019,5(7): 252-259.

[16] YU R, ZHANG Y, LIU Y, et al. Securing cognitive radio networks against primary user emulation attacks[J]. IEEE Network,2016,10(7): 231-238.

[17] ALI A, HAMOUDA W, UYSAL M. Next generation M2M cellular networks: challenges and practical considerations[J]. IEEE Communications Magazine,2015,10 (10): 23-33.

[18] ZHANG Z, WEN X, XU H, et al. Sensing nodes selective fusion scheme of spectrum sensing in spectrum-heterogeneous cognitive wireless sensor networks [J]. IEEE Sensors Journal, 2019,6(16): 436-445.

[19] WU Q, DING G, WANG J, et al. Spatial-temporal opportunity detection for spectrum-heterogeneous cognitive radio networks: two-dimensional sensing[J]. IEEE

Transactions on Wireless Communications,2013,10(11):516-526.

[20] MOGHIMI F, NASRI A, SCHOBER R. Lp-Norm spectrum sensing for cognitive radio networks impaired by non-gaussian noise[J]. Proc. IEEE GLOBECOM,2009, 11(5):1-6.

[21] LIANG Y-C, ZENG Y, PEH E, et al. Sensing-throughput tradeoff for cognitive radio networks[J]. IEEE Trans. Wireless Comm,2008,4(13):1326-1337.

[22] BHOWMICK A, ROY S D, KUNDU S. Cognitive radio network with continuous energy-harvesting[J]. International Journal of Communication Systems,2017,30(6): 1345-1351.

[23] HUANG S, JIANG N, GAO Y, et al. Radar sensing-throughput tradeoff for radar assisted cognitive radio enabled vehicular ad-hoc networks[J]. IEEE Transactions on Vehicular Technology,2020,69(7):7483-7492.

[24] WU Q, DING G, WANG J, et al. Spatial-temporal opportunity detection for spectrum-heterogeneous cognitive radio networks:two-dimensional sensing[J]. IEEE Transactions on Wireless Communications, 2013,4(12):516-526.

[25] AKBAR I A, TRANTER W H. Dynamic spectrum allocation in cognitive radio using hidden markov models:poisson distributed case[C]//Proceedings 2007 IEEE Southeast Con.. IEEE, 2007:196-201.

[26] WANG B, WU Y, RAY LIU K J. Game theory for cognitive radio networks:an overview[J]. Computer Networks, 2010, 54(14):2537-2561.

[27] TENG Z, XIE L, CHEN H, et al. Application research of game theory in cognitive radio spectrum allocation[J]. Wireless Networks,2019,25(7):67-73.

[28] WANG B, WU Y, RAY LIU K J. Game theory for cognitive radio networks:an overview[J]. Computer Networks, 2010,54(14):2537-2561.

[29] 周智洋,阮军政.任务量自适应的 CSMA/CD 退避算法研究[J].微型电脑应用,2017, 33(4):31-34.

[30] ZHENG B, LI Y, CHENG W, et al. A multi-channel load awareness based MAC protocol for flying AD Hoc networks[C]//2019 IEEE 19th International Conference on Communication Technology (ICCT). 2019:379-384.

[31] SHARMA R K, RAWAT D B. Advances on security threats and countermeasures for cognitive radio networks:a survey[J]. IEEE Communications Surveys & Tutorials, 2015,3(12):1023-1043.

[32] WEI Z, FENG Z, ZHANG Q, et al. Three regions for space-time spectrum sensing and access in cognitive radio networks [J]. IEEE Transactions on Vehicular Technology, 2015,64(6):2448-2462.

[33] HAN W, LI J, LIU Q, et al. Spatial false alarms in cognitive radio[C]//IEEE Communication Technology (ICCT). 2019:379-384.

[34] LIN Y, LIU K, HSIEH H. On using interference-aware spectrum sensing for dynamic spectrum access in cognitive radio networks[J]. IEEE Transactions on Mobile Computing,2013,3(22):461-474.

第7章

无线网络角度维频谱机会

7.1 研究背景

随着无线通信技术的飞速发展,5G 时代即将来临,移动数据流量呈现爆炸式增长的趋势,有限的频谱资源已经变得越来越稀缺。为了缓和频谱资源紧缺和频谱资源利用效率低下的矛盾,认知无线电[1]的概念首先被提出来。认知无线电能够检测到无线环境中的频谱机会信息,从而找出某个频段中尚未被使用的时间、空间等维度信息。认知无线电能够通过利用频谱空洞[2]提高频谱资源的利用效率。

文献[3]、[4]提出了多域频谱空洞的概念,包括时域、频域、空域和角度域等。在认知无线电网络中,非授权用户可以在授权用户空闲的时候利用空域、时域、频域等资源。在文献[5]中,Do 等人提出了一种两阶段混合频谱感知架构:在第一阶段,用户探测时域频谱机会;在第二阶段,如果时域频谱机会不存在,进行空域频谱机会探测。在文献[6]中,Cabric 等人提出了基于时间和位置的频谱机会接入方法。

虽然关于频谱机会的研究很多,但是关于角度域频谱机会的研究很少,现有的文献大多探讨的是定向天线场景。在文献[7]和[8]中,Wang 和 Duan 等人分析了全向和定向天线场景下自适应定向传输和协作频谱共享方案,并通过波束成形的方法进行了角度域频谱接入。在文献[9]和[10]中,Zheng 等人和 Zhang 等人提出了一种鲁棒性波束成形方法来探索频谱机会。在文献[11]中,Wang 等人提出了一种基于中继的联合多域频谱机会的架构和探测方法,包括时域、频域、位置和角度域等,然而其主要考虑的是链路层上的性能,并没有做其他更深入的分析。在文献[12]中,Dung 等人在网络层层面分析了基于定向天线的非授权用户的频谱机会。

综上所述,频谱接入是提高基于毫米波通信的 5G 异构网络频谱资源利用效率的有效手段。同时,由于 5G 毫米波频段具有波束窄、方向性强等特点,不同于传统的时域、频域等频谱机会接入技术,本章创新性地研究了 5G 异构网络角度域频谱接入技术,充分发挥了定向天线的优势,有效地提高了频谱资源的利用效率。

本章首先假设授权用户采用全向天线,而非授权用户采用定向天线,用概率统计[13]的方法计算了存在的频谱机会概率以及机会均值。其次,本章在假定授权用户位置已知的条件下,

171 · 171 ·

理论推导了其可能存在的频谱机会。再次,本章由简及难,研究了授权、非授权用户均采用毫米波定向天线进行通信时的频谱机会,并求出其干扰概率。最后,本章分析了在干扰允许的场景下 5G 异构网络的频谱机会,并通过仿真加以验证。

本章其余部分的内容安排如下:在 7.2 节,我们讨论了授权用户在全向天线通信且非授权用户在定向天线通信的场景,分析了在授权用户位置已知情况下的角度域频谱接入技术;在 7.3 节,我们讨论了授权用户和非授权用户均在定向天线通信场景下的角度域频谱接入技术;在 7.4 节,我们综合考虑角度域和空域,重点研究了干扰存在的场景下的角度域频谱接入技术;在 7.5 节,我们利用随机撒点的方式对比分析了上述 3 种场景的性能;在 7.6 节,我们对本章内容进行了总结。

7.2 授权用户位置已知的角度域频谱接入技术

7.2.1 理想条件下的频谱机会

本节讨论授权用户全向发射全向接收、非授权用户定向发射定向接收(Omnidirectional Transmission and Omnidirectional Reception-Directional Transmission and Directional Reception,OTOR-DTDR)场景下的角度域频谱机会。为了简化分析,本章假设非授权用户的发射覆盖范围为一个圆,授权用户在其中服从二项分布。假设授权用户的数目为 N,圆的半径为 R。如图 7-1 所示,在角度 δ 区域内存在频谱机会。

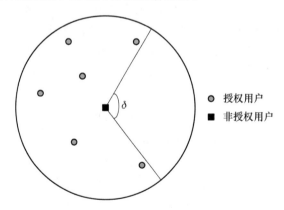

图 7-1 理想条件下的角度域频谱机会

事件 A:一个授权用户落在角度 δ 的区域里,于是事件 A 的概率为

$$p_A(\delta) = \frac{\delta}{2\pi} \tag{7-1}$$

现在假设一种理想信道模型,即授权用户接收到的非授权用户信号没经过衰减。频谱机会存在的充要条件是:当且仅当角度 δ 区域内没有任何授权用户。于是一个授权用户不在角度 δ 区域内的概率为

$$P_0 = 1 - P_A(\delta) = 1 - \frac{\delta}{2\pi} \tag{7-2}$$

进而所有 N 个授权用户都不在角度 δ 区域内的概率为

$$P_D(\delta) = P_0^N = \left(1 - \frac{\delta}{2\pi}\right)^N \tag{7-3}$$

$P_D(\delta)$ 便是传统意义上的检测概率[13]，即检测到频谱空洞的概率，同时也是系统内 N 个授权用户不在 δ 区域的事件发生概率。注意到，角度 δ 越小，$P_D(\delta)$ 越大。同时，授权用户的分布数目 N 越小，$P_D(\delta)$ 越大。

$P_D(\delta)$ 是关于 N 和 δ 的函数，授权用户数目在一次讨论中可以认为是常数，而角度 δ 是一个随机变量，因为非授权用户检测的角度是可以变化的（假设可以在 0 到 2π 之间连续变化）。

推论 7-1　对于随机变量 $\Delta = \delta$，存在频谱空洞的概率为 $P_D(\delta)$，那么当仅存在一个频谱空洞时，满足角度值 $\Delta \geqslant \delta$ 的概率也是 $P_D(\delta)$。

证明：虽然角度域频谱空洞存在，但是我们不知道这个角度是多少，只知道角度值 $\Delta \geqslant \delta$，现在要求概率 $\Pr\{\Delta \geqslant \delta\}$。首先，如果在角度值 $\Delta \geqslant \delta$ 存在频谱空洞，那么当角度值 $\Delta = \delta$ 时一定也存在频谱空洞（大扇形会包含小扇形）；其次，如果在角度值 $\Delta = \delta$ 处存在频谱空洞，那么在角度值 $\Delta \geqslant \delta$ 处一定存在频谱空洞，因为如果最小的频谱空洞不是 δ，最小的频谱空洞只能比 δ 大，将其假设为 $\delta + \varepsilon$，其中 ε 是一个正数，那么在 $\delta < \Delta < \delta + \varepsilon$ 的时候就不存在频谱空洞，这显然和"角度值 $\Delta \geqslant \delta$ 的时候存在频谱空洞"矛盾，所以"在角度为 δ 时存在频谱空洞"和"存在一个频谱空洞，但是角度值 $\Delta \geqslant \delta$"两个事件是等价的，于是有

$$F_\Delta(\delta) = \Pr\{\Delta < \delta\} = 1 - P_D(\delta) = 1 - \left(1 - \frac{\delta}{2\pi}\right)^N \tag{7-4}$$

可以解得随机变量 $\Delta = \delta$ 的概率密度函数为

$$f_\Delta(\delta) = \frac{\mathrm{d}F_\Delta(\delta)}{\mathrm{d}\delta} = \frac{N}{2\pi}\left(1 - \frac{\delta}{2\pi}\right)^{N-1} \tag{7-5}$$

角度值 Δ（即频谱空洞）的均值为

$$E[\Delta] = \int_0^{2\pi} \delta f_\Delta(\delta)\mathrm{d}\delta = \frac{2\pi}{N+1} \tag{7-6}$$

所以在平均意义下，角度域频谱机会的均值是 $\frac{2\pi}{N+1}$，只和用户数（用户密度）有关。

不妨再求解一下随机变量 Δ 的方差，有

$$\mathrm{Var}[\Delta] = E[\Delta^2] - E[\Delta]^2 = \frac{4N\pi^2}{(N+1)^2(N+2)} \tag{7-7}$$

注意到频谱空洞的均值以 $\Theta\left(\frac{1}{N}\right)$ 的速度衰减，频谱空洞的方差以 $\Theta\left(\frac{1}{N^2}\right)$ 的速度衰减。其实标准差和均值的衰减速度是一样的。于是随着节点数目的增加，角度 δ 会趋于 0，因为均值和方差都趋于 0，所以随机变量 Δ 无疑也趋于 0。但是为了更详细地说明这个极限过程，下面进行简单推导，说明"随机变量 Δ 以高概率收敛于 0"。

假设 $\varepsilon > 0$ 是个小正数，计算概率 $\Pr\{\Delta < \varepsilon\} = 1 - \left(1 - \frac{\varepsilon}{2\pi}\right)^N$，容易发现：

$$\lim_{N \to \infty} \Pr\{\Delta < \varepsilon\} = \lim_{N \to \infty} 1 - \left(1 - \frac{\varepsilon}{2\pi}\right)^N = 1 \tag{7-8}$$

收敛的速度为 $\Theta(\kappa^N)$，其中 $\kappa = 1 - \dfrac{\varepsilon}{2\pi}$。所以随机变量 Δ 以高概率收敛于 0，这是显而易见的。

7.2.2　授权用户发射机位置已知时的频谱机会

在上一节中，对于授权用户到底是发射机还是接收机并没有做说明。原则上应该是授权用户的接收机回馈 beacon 信号以方便非授权用户检测。这个假设相当强，本节试图分析授权用户为发射机时的角度域频谱机会。

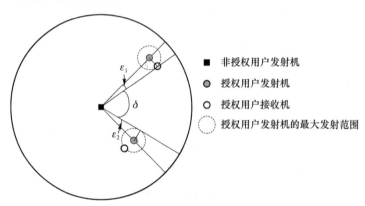

图 7-2　授权用户为发射机时的 OTOR-DTDR 频谱机会

和上一节相比，在这种场景下，我们需要在角度域空洞中额外增加一个保护角度以确保不会存在干扰。这是基于如下事实而得到的结论：授权用户的一条活动链路中，发送机和接收机之间的距离不会太远。如图 7-2 所示，假设有 N 对授权用户发射机和接收机，两者之间的最大有效传输距离为 r_0（远小于授权用户接收机与非授权用户发射机之间的距离），非授权用户能够获取授权和非授权用户之间的距离信息（该部分内容将在第 8 章重点阐述）。那么，修正后的角度域频谱空洞为

$$\begin{bmatrix} \delta & \varepsilon_1 - \varepsilon_2 \end{bmatrix}^+ \tag{7-9}$$

其中 $[{}^*]^+ = \max\{{}^*, 0\}$，且有

$$\varepsilon_1 = \arcsin \frac{r_0}{r_1}, \quad \varepsilon_2 = \arcsin \frac{r_0}{r_2} \tag{7-10}$$

其中 $r_i, i = 1, 2$ 是授权用户发射机与非授权用户之间的距离，且 $r_i \geqslant r_0$。显而易见，r_i 的概率密度函数为 $f(r) = \dfrac{2r}{R^2}$，其中 R 是大圆的半径。求 $\varepsilon_i = \arcsin \dfrac{r_0}{r_i}$ 的概率密度函数时要从求解累积分布函数（Cumulative Distribution Function，CDF）开始：

$$\begin{aligned} F(\varepsilon) &= \Pr\{\varepsilon_i < \varepsilon\} = \Pr\left\{\arcsin \frac{r_0}{r_i} < \varepsilon\right\} \\ &= \Pr\left\{r_i > \frac{r_0}{\sin \varepsilon}\right\} = \int_{\frac{r_0}{\sin \varepsilon}}^{R} \frac{2r}{R^2} \mathrm{d}r = \left. \frac{r^2}{R^2} \right|_{\frac{r_0}{\sin \varepsilon}}^{R} = 1 - \frac{r_0^2}{R^2 \sin^2 \varepsilon} \end{aligned} \tag{7-11}$$

于是 ε_i 的概率密度函数是

$$f(\varepsilon) = \frac{2r_0^2}{R^2} \cot \varepsilon \csc^2 \varepsilon \tag{7-12}$$

现在求 $[\delta-\varepsilon_1-\varepsilon_2]^+$ 的概率密度函数。根据式(7-3)，于是求随机变量 (U,V,W) 的联合概率密度函数，其中随机变量的具体取值为

$$\begin{cases} u=\delta-\varepsilon_1-\varepsilon_2 \\ v=\varepsilon_1 \\ w=\varepsilon_2 \end{cases} \tag{7-13}$$

随机变量 $(\Delta,E_1,E_2)\sim(\delta,\varepsilon_1,\varepsilon_2)$ 相互独立，所以它们的联合概率密度函数为

$$f(\delta,\varepsilon_1,\varepsilon_2)=f_\Delta(\delta)f_{E_1}(\varepsilon_1)f_{E_2}(\varepsilon_2)$$

$$=\frac{N\left(1-\dfrac{\delta}{2\pi}\right)^{N-1}}{2\pi}\left(\frac{2r_0^2}{R^2}\cot\varepsilon_1\csc^2\varepsilon_1\right)\left(\frac{2r_0^2}{R^2}\cot\varepsilon_2\csc^2\varepsilon_2\right) \tag{7-14}$$

为了求 Jacobi 行列式，反解出：

$$\begin{cases} \delta=u+v+w \\ \varepsilon_1=v \\ \varepsilon_2=w \end{cases} \tag{7-15}$$

于是 Jacobi 行列式为

$$J=\begin{vmatrix} 1 & 1 & 1 \\ 0 & 1 & 0 \\ 0 & 0 & 1 \end{vmatrix}=1 \tag{7-16}$$

于是 (u,v,w) 的联合概率密度函数为

$$f(u,v,w)=\frac{N\left(1-\dfrac{u+v+w}{2\pi}\right)^{N-1}}{2\pi}\left(\frac{2r_0^2}{R^2}\cot v\csc^2 v\right)\left(\frac{2r_0^2}{R^2}\cot w\csc^2 w\right) \tag{7-17}$$

为了获得随机变量 u 的概率密度函数，需要将 v 和 w 通过积分消除，于是得

$$f_U(u)=\int_{\arcsin\frac{r_0}{R}}^{\frac{\pi}{2}}\int_{\arcsin\frac{r_0}{R}}^{\frac{\pi}{2}}f(u,v,w)\mathrm{d}v\mathrm{d}w$$

$$=\int_{\arcsin\frac{r_0}{R}}^{\frac{\pi}{2}}\int_{\arcsin\frac{r_0}{R}}^{\frac{\pi}{2}}\frac{n\left(1-\dfrac{u+v+w}{2\pi}\right)^{n-1}}{2\pi}\left(\frac{2r_0^2}{R^2}\cot v\csc^2 v\right)\left(\frac{2r_0^2}{R^2}\cot w\csc^2 w\right)\mathrm{d}v\mathrm{d}w \tag{7-18}$$

即

$$f([\delta-\varepsilon_1-\varepsilon_2]^+)=\int_{\arcsin\frac{r_0}{R}}^{\frac{\pi}{2}}\int_{\arcsin\frac{r_0}{R}}^{\frac{\pi}{2}}f(u,v,w)\mathrm{d}v\mathrm{d}w \tag{7-19}$$

为了保护授权用户接收机，假设缩减的角度值固定为 2ε，即在两边分别缩减 ε，那么可以求解出非授权用户对授权用户干扰概率的上界。

如图 7-3 所示，在 ε 的保护范围内，PU1 没被干扰，PU2 也没被干扰，但是因为 PU2 的发射范围和非授权用户的发射范围重叠，所以 PU2 可能被非授权用户干扰。如果认为非授权用户的发射范围和授权用户的发射范围重叠即产生了干扰，就可以计算出干扰概率的上界。

$$P_1=\Pr\left\{r_i<\frac{r_0}{\sin\varepsilon}\right\}=\int_0^{\frac{r_0}{\sin\varepsilon}}\frac{2r}{R^2}\mathrm{d}r=\left.\frac{r^2}{R^2}\right|_0^{\frac{r_0}{\sin\varepsilon}}=\frac{r_0^2}{R^2\sin^2\varepsilon} \tag{7-20}$$

ε 越小，干扰概率越大。

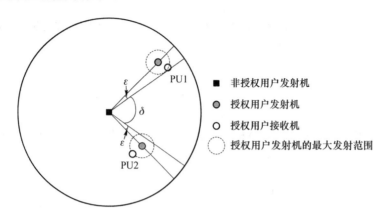

图 7-3　授权用户发射机位置已知时的 OTOR-DTDR 干扰上界

7.3　基于定向天线的角度域频谱接入技术

　　毫米波波束很窄,具有良好的方向性。例如,对于一根 12 cm 的天线,在 9.4 GHz 时波束宽带为 18°,而在 94 GHz 时波束宽带仅为 1.8°。一方面,由于毫米波受大气吸收和降雨衰落的影响严重,所以单跳通信距离较短;另一方面,由于频段高,所以干扰源很少。下面讨论授权用户采用定向天线在毫米波频段通信时的角度域频谱接入技术,即授权用户和非授权用户均为定向发射定向接收(Directional Transmission and Directional Reception-Directional Transmission and Directional Reception,DTDR-DTDR)模式。

7.3.1　基于定向天线的理想条件下的频谱机会

　　如图 7-4 所示,假设授权用户是均匀分布的,授权用户的波束宽度为 θ。假设信道模型是一种理想模型,即非授权用户接收到的授权用户信号没经过衰减。那么在以非授权用户为圆心、角度为 δ、半径为 R 的扇形区域内不存在频谱空洞机会的充分必要条件是当且仅当有授权用户在该区域并且授权用户的波束指向非授权用户(即授权用户能接受到非授权用户的信号)。也就是说,当在角度为 δ、半径为 R 的扇形区域内没有授权用户时,存在频谱空洞机会;当在角度为 δ、半径为 R 的扇形区域内有授权用户,但授权用户的波束方向和非授权用户不重合时,授权用户接收不到非授权用户发射的信号时,频谱空洞机会同样存在。

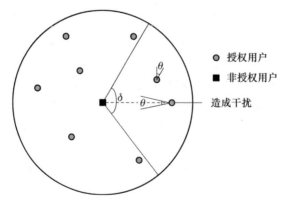

图 7-4　基于定向天线的频谱机会

事件 B: 一个授权用户的波束对准非授权用户,于是事件 B 的概率为

$$P_B(\theta) = \frac{\theta}{2\pi} \tag{7-21}$$

显然,事件 B 与前文中的事件 A 是独立不相关的。对于一个授权用户而言,非授权用户存在频谱空洞的概率为

$$P_0^\theta = 1 - P_A(\delta) \cdot P_B(\theta) = 1 - \frac{\delta\theta}{4\pi^2} \tag{7-22}$$

则对于所有 N 个授权用户来说,非授权用户存在频谱空洞的概率为

$$P_D^\theta = P_0^{\theta N} = \left(1 - \frac{\delta\theta}{4\pi^2}\right)^N \tag{7-23}$$

$\Delta = \delta$ 的累积分布函数为

$$F_\Delta^\theta(\delta) = \Pr\{\Delta < \delta\} = 1 - P_D^\theta(\delta) = 1 - \left(1 - \frac{\delta\theta}{4\pi^2}\right)^N \tag{7-24}$$

然后,$\Delta = \delta$ 的概率分布函数为

$$f_\Delta^\theta(\delta) = \frac{\mathrm{d}F_\Delta^\theta(\delta)}{\mathrm{d}\delta} = \frac{N\theta}{4\pi^2}\left(1 - \frac{\delta\theta}{4\pi^2}\right)^{N-1} \tag{7-25}$$

求解随机变量 Δ 的均值,有

$$E^\theta[\Delta] = \left[\frac{1 - \left(1 - \frac{\theta}{2\pi}\right)^N}{N} - \frac{1 - \left(1 - \frac{\theta}{2\pi}\right)^{N+1}}{N+1}\right]\frac{4N\pi^2}{\theta} \tag{7-26}$$

所以在平均意义下,基于毫米波定向天线的角度域频谱空洞的均值只和授权用户数量(用户密度)和授权用户波束宽度有关。当 $\theta \to 2\pi$ 时,$E \to \frac{2\pi}{N+1}$;当 $\theta \to 0$ 时,$E \to +\infty$。

7.3.2 基于定向天线的授权用户发射机位置已知时的频谱机会

在图 7-5 中,假设带有毫米波定向天线的授权用户的最大波束宽度为 θ,授权用户收发机之间的最大距离为 r_0,且非授权用户可以知道它和授权用户之间的相对位置,那么非授权用户修正角度域频谱空洞的大小为

$$[\delta - \varepsilon_1 - \varepsilon_2]^+ \tag{7-27}$$

其中 $[*]^+ = \max\{*, 0\}$,且有

$$\begin{cases} \varepsilon_1 = \arcsin\dfrac{r_0 \cdot \sin\theta}{r_1} \\ \varepsilon_2 = \arcsin\dfrac{r_0 \cdot \sin\theta}{r_2} \end{cases} \tag{7-28}$$

其中 $r_i, i=1,2$ 是授权用户的发射机与非授权用户之间的距离,且 $r_1, r_2 \geqslant r_0$。

由于均匀分布的假设,r_i 的概率密度函数为 $f(r) = \dfrac{2r}{R^2}$。求 $\varepsilon_i = \arcsin\dfrac{r_0 \cdot \sin\theta}{r_i}$ 的概率密度函数时,要从求解累积分布函数开始:

$$\begin{aligned} F(\varepsilon) &= \Pr\{\varepsilon_i < \varepsilon\} = \Pr\left\{\arcsin\frac{r_0 \cdot \sin\theta}{r_i}\right\} \\ &= \Pr\left\{r_i > \frac{r_0 \cdot \sin\theta}{\sin\varepsilon}\right\} = \int_{\frac{r_0 \cdot \sin\theta}{\sin\varepsilon}}^R \frac{2r}{R^2}\mathrm{d}r = \frac{r^2}{R^2}\bigg|_{\frac{r_0 \cdot \sin\theta}{\sin\varepsilon}}^R = 1 - \frac{r_0^2 \cdot \sin^2\theta}{R^2\sin^2\varepsilon} \end{aligned} \tag{7-29}$$

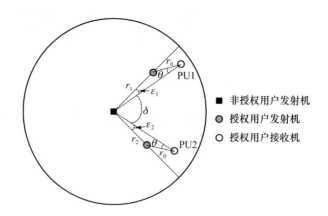

图 7-5　授权用户发射机位置已知时的频谱机会

于是 ε_i 的概率密度函数是

$$f(\varepsilon) = \frac{2r_0^2}{R^2} \sin^2 \theta \cot \varepsilon \csc^2 \varepsilon \qquad (7\text{-}30)$$

现在求 $[\delta - \varepsilon_1 - \varepsilon_2]^+$ 的概率密度函数。先求随机变量 (U, V, W) 的联合概率密度函数，其中随机变量的具体取值可以表示为 (u, v, w)：

$$\begin{cases} u = \delta - \varepsilon_1 - \varepsilon_2 \\ v = \varepsilon_1 \\ w = \varepsilon_2 \end{cases} \qquad (7\text{-}31)$$

随机变量 $(\Delta, E_1, E_2) \sim (\delta, \varepsilon_1, \varepsilon_2)$ 相互独立，所以它们的联合概率密度函数为

$$\begin{aligned}
f(\delta, \varepsilon_1, \varepsilon_2) &= f_\Delta(\delta) f_{E_1}(\varepsilon_1) f_{E_2}(\varepsilon_2) \\
&= \frac{N\theta \left(1 - \dfrac{\delta\theta}{4\pi^2}\right)^{N-1}}{4\pi^2} \left(\frac{2r_0^2}{R^2} \cot \varepsilon_1 \csc^2 \varepsilon_1\right) \left(\frac{2r_0^2}{R^2} \cot \varepsilon_2 \csc^2 \varepsilon_2\right)
\end{aligned} \qquad (7\text{-}32)$$

为了求 Jacobi 行列式，反解出：

$$\begin{cases} \delta = u + v + w \\ \varepsilon_1 = v \\ \varepsilon_2 = w \end{cases} \qquad (7\text{-}33)$$

于是 Jacobi 行列式为

$$J = \begin{vmatrix} 1 & 1 & 1 \\ 0 & 1 & 0 \\ 0 & 0 & 1 \end{vmatrix} = 1 \qquad (7\text{-}34)$$

于是 (u, v, w) 的联合概率密度函数为

$$f^\theta(u, v, w) = \frac{N\theta \left(1 - \dfrac{\theta(u+v+w)}{4\pi^2}\right)^{N-1}}{4\pi^2} \left(\frac{2r_0^2}{R^2} \sin^2 \theta \cot v \csc^2 v\right) \left(\frac{2r_0^2}{R^2} \sin^2 \theta \cot w \csc^2 w\right) \qquad (7\text{-}35)$$

为了获得随机变量 U 的概率密度函数，将 v 和 w 通过积分消除，得到

$$f^\theta([\delta - \varepsilon_1 - \varepsilon_2]^+) = f_U(u) = \int_{\arcsin \frac{r_0 \sin \theta}{R}}^{\frac{\pi}{2}} \int_{\arcsin \frac{r_0 \sin \theta}{R}}^{\frac{\pi}{2}} f^\theta(u, v, w) \mathrm{d}v \mathrm{d}w \qquad (7\text{-}36)$$

求解随机变量 U 的均值有

$$E[\delta - \varepsilon_1 - \varepsilon_2] = E[U] = \int_0^{2\pi} u f_U(u)\, du$$

$$= \frac{N r_0^4 \theta \sin\theta}{\pi^2 R^4}\left[\frac{1 - \left(1 - \frac{r_0 \theta \sin\theta}{4\pi^2 R}\right)^N}{N} + \frac{1 - \left(1 - \frac{r_0 \theta \sin\theta}{4\pi^2 R}\right)^{N+1}}{N+1}\right] \quad (7\text{-}37)$$

同理,如图 7-6 所示,为了保护授权用户接收机,假设缩减的角度值固定为 2ε,即在两边分别缩减 ε,那么可以求解出非授权用户对授权用户干扰概率的上界。由于 $\frac{r_0}{\sin\varepsilon} = \frac{r}{\sin\theta}$,即 $r = \frac{r_0 \sin\theta}{\sin\varepsilon}$,所以干扰概率的上界为

$$P_I^\theta = \Pr\left\{r_i < \frac{r_0 \sin\theta}{\sin\varepsilon}\right\} = \frac{r_0^2 \sin^2\theta}{R^2 \sin^2\varepsilon} \quad (7\text{-}38)$$

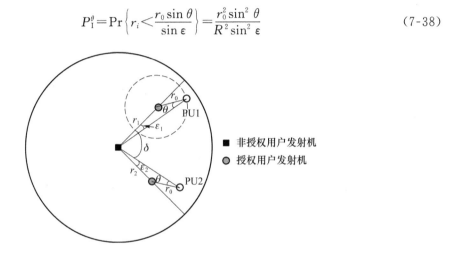

图 7-6 授权用户发射机位置已知时的 DTDR-DTDR 干扰上界

7.4 允许干扰的角度域频谱接入技术

上文假设的角度域频谱空洞定义为一个角度之内不能有任何授权用户(全向天线)或者存在授权用户但其波束并未对准非授权用户(定向天线)。实际上授权用户可以容忍一定程度的非授权用户的干扰,这个模型联合考虑了空域和角度域频谱机会。我们考虑的场景和传统意义上的频谱检测场景有区别。传统的频谱检测场景是一个授权用户、多个非授权用户;我们考虑的场景是多个授权用户、一个非授权用户。非授权用户要估计它对授权用户最严重的干扰(即对距离它最近的授权用户的干扰)。

如图 7-7 所示,在干扰允许的定向发射定向接收(Interference-Allowed Directional Transmission and Directional Reception,IA-DTDR)场景中,假设半径 R 已知,在此区域内有 N 个授权用户,每个的波束宽度均为 θ。h^{th}($0 < h < N$)个授权用户和非授权用户之间的距离为 r_h,且为一个随机变量。本章假设非授权用户不知道授权用户的位置,在节点均匀分布的情况下,每个授权用户与非授权用户之间的距离的概率密度函数为

$$f(r) = \frac{2r}{R^2} \tag{7-39}$$

授权用户距离非授权用户越远,授权用户存在的概率越大。

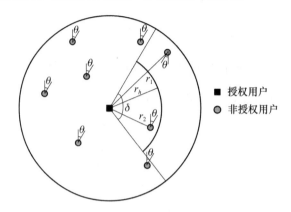

图 7-7 IA-DTDR 场景下的频谱机会

事件 C：一个授权用户落在半径为 r_h 的区域内,那么事件 C 发生的概率为

$$P_C(r_h) = \int_0^{r_h} f(r)\,\mathrm{d}r = \frac{r_h^2}{R^2} \tag{7-40}$$

显然,事件 C 和事件 A 和 B 是相互独立。那么,在 IA-DTDR 场景下,对于 N 个授权用户,非授权用户存在频谱空洞的概率为

$$P_D^{r_h}(\delta) = [1 - P_A(\delta) \cdot P_B(\theta) \cdot P_C(r_h)]^N = \left(1 - \frac{r_h^2}{R^2} \cdot \frac{\delta\theta}{4\pi^2}\right)^N \tag{7-41}$$

$P_D^{r_h}(\delta)$ 可以由图 7-8 解释。同 $P_D(\delta)$ 和 $P_D^\theta(\delta)$ 类似,可以计算出随机变量 Δ 的均值为

$$E^{r_h}[\Delta] = \left[\frac{1 - \left(1 - \frac{\theta r_h^2}{2\pi R^2}\right)^N}{N} - \frac{1 - \left(1 - \frac{\theta r_h^2}{2\pi R^2}\right)^{N+1}}{N+1}\right] \cdot \frac{4N\pi^2 R^2}{\theta r_h^2} \tag{7-42}$$

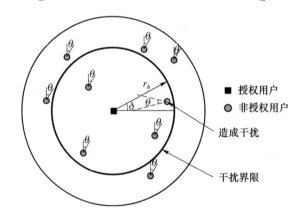

图 7-8 IA-DTDR 干扰界限示意图

$P_D(\delta)$ 和 $P_D^\theta(\delta)$ 是非常严格的,它们都要求在非授权用户覆盖到的范围内没有授权用户或存在授权用户但其波束不对准非授权用户。因此,在 IA-DTDR 下,角度域频谱空洞存在的概率会增大,在 7.5 节中,我们会给出具体的数值仿真分析结果。

7.5　仿真结果与数值分析

　　本章通过随机撒点的方法给出数值分析结果来展示不同场景下的性能。首先,我们比较 OTOR-DTDR、DTDR-DTDR、IA-DTDR 3 种场景下频谱空洞检测概率随 N 变化的规律,如图 7-9 所示。

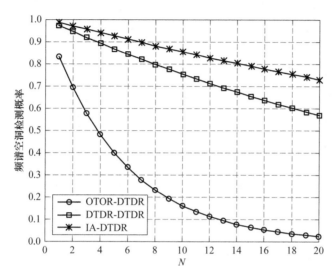

图 7-9　频谱空洞检测概率随 N 变化的规律$\left(\delta=\theta=\dfrac{\pi}{3},r_h=\dfrac{3R}{4},0<N\leqslant 20\right)$

　　从图 7-9 可以得出,随着 N 的增大,频谱空洞检测概率逐渐减小。对于同一个 N,IA-DTDR 的检测概率最大,而 OTOR-DTDR 的频谱空洞检测概率最小。例如,对于 $\delta=\theta=\dfrac{\pi}{3},r_h=\dfrac{3R}{4},N=10$ 时,OTOR-DTDR 场景下的频谱空洞检测概率为 16.15%,DTDR-DTDR 场景下的频谱空洞检测概率为 75.45%,而 IA-DTDR 场景下的频谱空洞检测概率为 85.43%,均远远大于 OTOR-DTDR 场景。这些结果表明:毫米波定向天线的使用和允许干扰能够明显地增加频谱机会,且毫米波定向天线的效果更明显。

　　其次,我们比较 OTOR-DTDR、DTDR-DTDR、IA-DTDR 3 种场景下频谱空洞检测概率随角度 δ 变化的规律,如图 7-10 所示。从图 7-10 可以得出类似的结论,随着角度 δ 的增大,频谱空洞检测概率逐渐减小。对于同一个 N,IA-DTDR 的频谱空洞检测概率最大,而 OTOR-DTDR 的频谱空洞检测概率最小。对比图 7-9 和图 7-10 中 N 和 δ 对频谱空洞检测概率的影响,发现当 N 足够大时($N>10$),角度 δ 对频谱空洞检测概率有更显著的影响。

　　再次,我们比较 OTOR-DTDR、DTDR-DTDR、IA-DTDR 3 种场景下频谱空洞均值随 N 变化的规律,如图 7-11 所示。从图 7-11 可以得出,随着 N 的增大,频谱空洞均值逐渐减小。对于同一个 N,IA-DTDR 的频谱空洞均值最大,而 OTOR-DTDR 的频谱空洞均值最小,这与我们前文中的推测一致。同时,随着 N 的不断增大,频谱空洞均值减小的趋势变缓,并最终趋于 0。

　　最后,我们比较 OTOR-DTDR 和 DTDR-DTDR 场景下干扰概率上界随机变量 Δ 变化的规律,如图 7-12 所示。从图 7-12 中可以得出,随着 Δ 的增大,干扰概率的上界逐渐减小。对于同一个 Δ,DTDR-DTDR 的干扰概率上界大于 OTOR-DTDR。

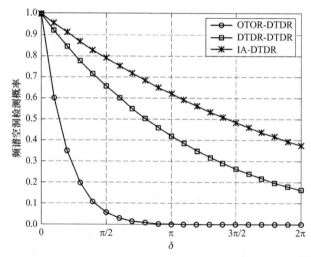

图 7-10　频谱空洞检测概率随角度 δ 变化的规律（$N=10,\theta=\dfrac{\pi}{3},r_h=\dfrac{3R}{4},0<\delta<2\pi$）

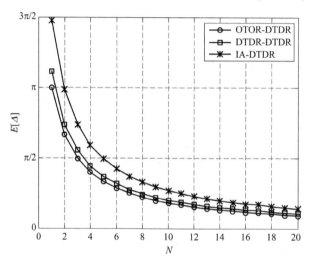

图 7-11　频谱空洞均值随 N 变化的规律

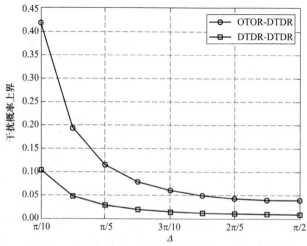

图 7-12　干扰概率上界随随机变量 Δ 变化的规律（$\theta=\dfrac{\pi}{6},r_0=\dfrac{R}{5},0<\Delta<2\pi$）

7.6　本 章 小 结

在本章中,针对基于定向天线的 5G 异构网络角度域频谱接入技术问题,我们提出了 3 种频谱接入场景:OTOR-DTDR、DTDR-DTDR 和 IA-DTDR,然后推导频谱空洞检测概率、频谱空洞均值、干扰概率上界等。通过数值分析和仿真计算,我们得出结论:IA-DTDR 场景下的频谱空洞检测概率最大,而 OTOR-DTDR 场景下的频谱空洞检测概率最小。当 N 足够大 ($N>10$) 时,角度 δ 对频谱空洞检测概率有更显著的影响。通过对不同场景的仿真分析,我们进一步证明毫米波定向天线的使用和允许干扰能够增加角度域频谱空洞机会,从而提升频谱的利用率。

本章参考文献

[1] MITOLA J, MAGUIRE G Q. Cognitive radios:making software radios more personal [J]. IEEE Personal Communications, 1999, 6(4):13-18.

[2] YUCEK T, ARSLAN H. A survey of spectrum sensing algorithms for cognitive radio applications [J]. IEEE Communications Surveys & Tutorials, 2009, 11(1): 116-130.

[3] WEI Z, FENG Z, ZHANG Q, et al. The asymptotic throughput and connectivity of cognitive radio networks with directional transmission [J]. IEEE Journals & Magazines, 2014, 16(2): 227-237.

[4] BEREZDIVIN R, BREINIG R, TOPP R. Next-generation wireless communications concepts and technologies [J]. IEEE Communications Magazine, 2002, 40(3): 108-116.

[5] DO T, MARK B. Joint spatial-temporal spectrum sensing for cognitive radio networks [J]. IEEE Transactions on Vehicular Technology, 2010, 59(7): 3480-3490.

[6] CABRIC D, MISHRA S M, BRODERSEN R W. Implementation issues in spectrum sensing for cognitive radios [C]//Proc. 38th. Asilomar Conf. Signals Systems, Computers. 2004:772-776.

[7] WANG Z, DUAN L, ZHANG R. Adaptively directional wireless power transfer for large-scale sensor networks [J]. IEEE Journal on Selected Areas in Communications, 2016, 34(5): 1785-1800.

[8] DUAN L, GAO L, HUANG J. Cooperative spectrum sharing:a contract-based approach[J]. IEEE Transactions on Mobile Computing, 2014, 13(1): 174-187.

[9] ZHENG G, MA S, WONG K, et al. Robust beamforming in cognitive radio [J]. IEEE Transactions on Wireless Communications, 2010, 9(2): 570-576.

[10] ZHANG L, LIANG Y, XIN Y, et al. Robust cognitive beamforming with partial channel state information [J]. IEEE Transactions on Wireless Communications, 2009, 8(8): 4143-4153.

[11] WANG X, LIU J, CHEN W. CORE-4: Cognition oriented relaying exploiting 4-D spectrum holes [C]//IEEE Wireless Communications and Mobile Computing Conference (IWCMC). IEEE, 2011: 1982-1987.

[12] DUNG L T, AN B. A modeling framework for supporting and evaluating connectivity in cognitive radio ad-hoc networks with beamforming [J]. Wireless Networks, 2016: 1-13.

[13] WEI Z, FENG Z, ZHANG Q, et al. Three regions for space-time spectrum sensing and access in cognitive radio networks [J]. IEEE Transactions on Vehicular Technology, 2015, 64(6): 2448-2462.

第8章

无线网络角度维频谱机会容量分析

8.1 研 究 背 景

在第5章中,我们研究了认知无线电网络中的空时频谱机会,并且提出三区划分的概念,以实现认知无线电网络空时频谱检测和接入。我们仿真证明了空时频谱接入可以提升认知无线电网络的频谱利用率,最终提升网络容量。在本章,为了进一步提高认知无线电网络的频谱利用效率,我们探索认知无线电网络利用角度维频谱机会的情形。严格地说,角度维频谱机会也属于空间维频谱机会,但是为了和第3章区分,我们认为本章的研究是在角度维度下进行的。

认知无线电网络可以灵活地利用多个维度的可用频谱空洞,进而提升频谱的利用效率,同时提升认知无线电网络的容量[1-3]。在第2章和第3章,我们探索了空间和时间维度的频谱空洞,在这章中,我们进一步探索角度维频谱空洞,并且从容量和连通性两方面验证认知无线电网络利用角度维频谱空洞的优势。容量可以衡量网络的效率,而连通性可以衡量网络的可靠性。容量和连通性的研究可以更加全面地展示认知无线电网络的特性。

Gupta 和 Kumar 在文献[4]中得到了大规模无线网络的容量,自从这个开创性的成果发表以来,大规模无线网络的容量尺度律得到了广泛的研究。对于 n 个均匀随机分布在单位面积上的自组织节点,Gupta 和 Kumar 揭示了网络的单点容量是 $\Theta(1/\sqrt{n\log n})$。而最近关于认知无线电网络的容量尺度律研究得到了类似的结果,在文献[5]中,Jeon 等人研究了认知自组织网络的容量尺度律,得到结论:在 n 个次用户节点和 m 个主用户节点共存的异构场景下,次用户能获得和单网络同样的容量尺度律 $\Theta(1/\sqrt{n\log n})$。在文献[6]中,Yin 等人在一个更加实际的场景中获得了同样的结论,即次用户只知道主用户发射机的位置,而不知道主用户接收机的位置。这个结论进一步被 Huang 等人在文献[7]中用一个更加普适的模型验证了。

现存的关于认知自组织网络容量尺度律研究的文献仅仅分析了认知网络利用空时维度频谱空洞的情形,并没有对利用角度维频谱空洞的认知无线电网络容量进行分析。Yi 等人在文献[8]中以及 Li 等人在文献[9]中都发现采用方向性传输的传统网络能获得比传统网络更大

的单点尺度律容量 $\Theta(1/\sqrt{n\log n})$。在文献[10]中,Zhao 等人证明通过利用方向性频谱空洞可以提升认知无线电网络的成功通信概率和频谱效率。Zhang 等人在文献[11]中分析了认知 mesh 网络采用全向天线和定向天线的情形,证明了无线 mesh 网络采用定向天线具有容量增益。进一步,Dai 等人在文献[12]中研究了多信道无线网络采用方向性天线的情形,证明了通过在多信道网络中部署定向天线可以得到提升网络容量和网络的连通性,也可以减少网络内部的干扰。Wang 等人在文献[13]中研究了四维频谱空洞,即时间维度、频谱维度、位置维度和角度维度的频谱空洞。所有这些结果证明了方向性传输可以增加次用户的频谱机会,最终提升次网络的性能。在这一章中,我们分析了次用户采用方向性传输的容量增益。考虑图 8-1 所示的例子,主用户的保护区(即图中的圆)覆盖了整个区域。这时根据文献[5]和文献[6]中的网络协议,次用户其实没有传输机会。然而,如果次用户方向性地进行传输,那么次用户可以减少对主用户的干扰,仍然有传输机会,也就是说,次用户的容量得到了提升。

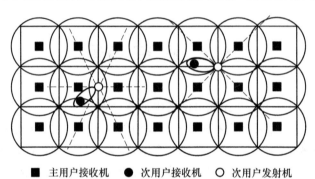

■ 主用户接收机　● 次用户接收机　○ 次用户发射机

图 8-1　次网络利用角度域频谱空洞的情形

在本章中,我们验证了当次用户的发射机主瓣宽度为 $\delta = o\left(\dfrac{1}{\log n}\right)$ 的时候,在定向发射-全向接收(Directional Transmission and Omni Reception,DTOR)模式中,次用户能够获得的单点吞吐量为 $\Theta\left(\sqrt{\dfrac{\log n}{n}}\right)$,这比没有定向传输的容量高 $\Theta(\log n)$ 倍。类似地,当次用户接收机的主瓣宽度为 $\phi = o\left(\dfrac{1}{\log n}\right)$ 的时候,在全向发射-定向接收(Omni Transmission and Directional Reception,OTDR)模式下,次用户能够获得的单点吞吐量为 $\Theta\left(\sqrt{\dfrac{\log n}{n}}\right)$。如果 $\delta\phi = \omega\left(\dfrac{1}{\log n}\right)$,在定向发射-定向接收(Directional Transmission and Directional Reception,DTDR)模式下,次用户能够获得的单点吞吐量为 $\Theta\left(\sqrt{\dfrac{\log n}{n}}\right)$。反之,如果 $\delta = \omega\left(\dfrac{1}{\log n}\right)$,那么相比于没有方向性传输的情形,DTOR 模式下的次网络吞吐量增益为 $\dfrac{2\pi}{\delta}$;如果 $\phi = \omega\left(\dfrac{1}{\log n}\right)$,那么相比于没有方向性传输的情形,OTDR 模式下的次网络吞吐量增益是 $\dfrac{2\pi}{\phi}$;如果 $\delta\phi = \omega\left(\dfrac{1}{\log n}\right)$,那么相比于没有方向性传输的情形,DTDR 模式下的次网络吞吐量增益是 $\dfrac{4\pi^2}{\delta\phi}$。

连通性是衡量随机自组织网络的另一个关键的参数,自从 Gupta 和 Kumar 的开创性的成果[14]被提出之后,大规模无线网络的渐进连通性得到了广泛的研究。假设 n 个自组织节点被随机部署在单位圆盘之内,Gupta 和 Kumar 证明:如果每个节点都能以某个功率等级发射,以覆盖面积为 $\pi r^2 = \dfrac{\log n + c(n)}{n}$ 的区域,那么当 $c(n) \to \infty$ 的时候网络能高概率连通,也就是说,以高概率存在一条路径连接任意两个节点。Zhang 等人在文献[15]中考虑了 k 连通性的概念,即在任意两个节点之间至少存在 k 条不相交路径。因为主用户和次用户之间的相互影响,认知自组织网络的连通性研究不同于传统的自组织网络。在认知无线电网络中,因为主用户业务在空间和时间维度的动态性,次用户的信道状态是动态的[16]。Ren 等人在文献[16]中使用连续渗透理论和遍历性理论推导了认知自组织网络的时延和连通性尺度律。Ao 等人在文献[17]中使用渗透理论推导了协作认知无线电网络的连通性规律。在文献[18]中,Abbagnale 等人提出了基于拉普拉斯矩阵的方法来衡量认知自组织网络的连通性。

然而,现有研究认知自组织网络连通性的文献很少考虑路由方案。而考虑次用户的路由方案可以更好地分析网络的实际部署和运行方案对网络连通性的影响。在本章中,我们发现路由方案对于认知自组织网络的连通性有显著的影响。考虑一个单位区域,假设两个自组织网络随机部署,即有 m 个节点的主网络和 n 个节点的次网络,且 n 和 m 的关系是 $n = m^\beta$。HDP-VDP 路由方案在自组织网络容量尺度律分析中得到了广泛应用,当使用 HDP-VDP 路由的时候,若 $\beta > 1$,我们能够保证单个次用户的连通性;若 $\beta > 2$,我们能够保证一条单独次用户路径的连通性。我们也分析了次用户采用环绕路由的连通性,且证明了环绕路由可以提升次网络的连通性,当 $\beta > 1$ 的时候,既能保证单个次用户的连通性,又能保证单个次用户路径的连通性。因此为了保证次网络的连通性,次用户的密度必须在量级上比主用户的密度大,另外,灵活的路由方案可以提升次网络的连通性。我们的研究有助于了解认知无线电网络的部署和路由方案。

本章其余部分的内容安排如下:在 8.2 节,我们首先介绍主、次用户的网络协议和相关定义,然后介绍角度域频谱空洞的概念,并且介绍其统计特性;在 8.3 节,我们分析允许次用户等待的网络连通性;在 8.4 节,我们分析利用角度域频谱空洞的认知无线电网络的容量;在 8.5 节,我们分析不允许次用户等待的网络连通性;在 8.6 节,我们总结本章的内容。

8.2　网络协议和相关定义

8.2.1　主、次用户的网络协议

假设 m 个主用户和 n 个次用户均匀分布在单位正方形内部,主、次网络共享相同的地理空间和无线频谱。主用户的部署和工作可以不考虑次用户,而次用户要避免对主用户的干扰。我们假设 n 和 m 满足关系 $n = m^\beta$,其中 β 是一个正数。信道的功率增益是 $g(r) = \dfrac{1}{r^\alpha}$,其中 r 是发射机和接收机之间的距离,$a>2$ 是路损因子。主、次网络都是随机自组织网络,本章提出的主、次网络的工作协议与文献[6]的工作协议相似,其与文献[6]的区别体现在以下两个方面:①假设次用户知道主用户接收机的位置,因此主、次用户都采用 9-TDMA 协议;②次用户采用方向性传输,因此一个活动次用户栅格可能同时有多条传输链路。其中第二个方面是本章提出协议与文献[6]的主要区别。主网络的工作协议如下。

① 将单位正方形区域划分为小正方形,其面积为 $a_p = \dfrac{K_1 \log n}{n}, K_1 > 1$。这样的一个小正方形称为一个主用户栅格。

② 将主用户栅格分簇,每个簇内有 9 个主用户栅格,主用户采用 9-TDMA 传输协议,即主用户的每个传输帧包含 9 个传输时隙,如图 8-2 所示,每个时长为 t_p 的传输时隙分配给簇内的一个主用户栅格传输。在每个主用户传输时隙,簇内的主用户栅格按照循环的方式交替处于活跃状态,向相邻的栅格传输数据,如图 8-2 所示。

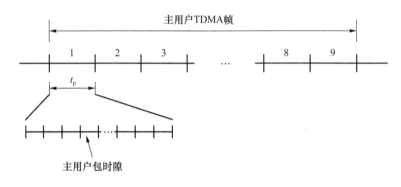

图 8-2　主用户的帧格式

注:这个图是通过修改文献[6]中的图 3 得到的,将 25-TDMA 改为 9-TDMA。

③ 如图 8-3 所示,主用户的数据按照水平数据路径(Horizontal Data Path,HDP)和垂直传输路径(Vertical Data Path,VDP)从源节点传输到宿节点,这种路由方式标记为 HDP-VDP 路由。 个活动栅格里面的节点轮流担任中继节点传输数据,以维持节点的能量均衡。

④ 由于有多条主用户路由通过一个主用户栅格,同时一个栅格内部也在产生数据,所以当一个主用户栅格处于活动状态时,它将自己的传输时隙进一步分为多个包时隙,每个包时隙用于为一条经过或者源于这个栅格的主用户路由传输数据,如图 8-3 所示。关于通过一个主用户栅格的路由数目,我们在后文的引理中予以研究。

⑤ 每个主用户栅格的节点只能向相邻栅格的主用户发送数据,也就是说,在每个传输时隙,主用户发射节点的发射功率是 $P_0 a_p^{\alpha/2}$,其中 P_0 是常数。

次网络的工作协议如下:

① 将单位正方形划分为小正方形,其面积为 $a_s = \dfrac{K_2 \log n}{n}, K_2 > 1$。这样的一个小正方形称为一个次用户栅格,一个主用户的保护区是指包含 9 个次用户栅格的正方形,其中主用户接收器在中间的栅格内。当次用户发射机落到主用户保护区的时候,次用户将检测角度域的频谱空洞,如果没有频谱机会,次用户将缓存自己的数据,等到另一个时域或者角度域的频谱机

会出现时再传输数据,次用户的传输采用多跳路由协议。

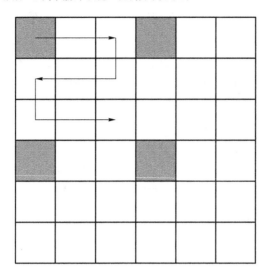

图 8-3　循环传输方案:以 4 个簇为例,每个簇内有 9 个栅格,
9 个栅格循环处于活跃状态,向相邻栅格传输数据

② 将次用户栅格分簇,每个簇有 9 个次用户栅格。次用户采用 9-TDMA 传输方案,该方案类似文献[6]中的传输方案,一个次用户的传输帧长等于主用户的一个传输时隙,一个次用户的传输时隙进一步划分为次用户的包时隙,用于传输经过或者源于次用户栅格的次用户路由的数据,如图 8-4 所示。

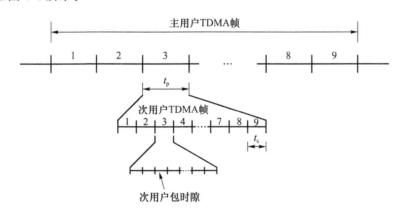

图 8-4　次用户的帧格式

注:这个图是通过修改文献[6]中的图 4 得到的,将 25-TDMA 改为 9-TDMA。

③ 如图 8-5 所示,次用户的数据按照水平数据路径和垂直传输路径从源节点传输到宿节点,这种路由方式标记为 HDP-VDP 路由。次用户的发射机使用方向性到达(Direction of Arrival, DOA)估计算法来搜索角度域的频谱空洞。如果一个频谱空洞存在,次用户就采用功率 $P_1 a_s^{\alpha/2}$ 来传输,其中 P_1 是常数。不同于文献[5]和[6]中的方案,在这里一个活动次用户栅格内部可以有多个次用户传输数据,只要它们能够找到频谱机会。

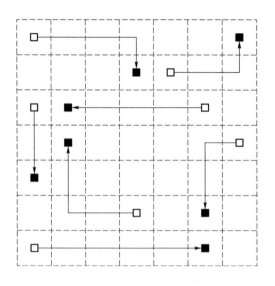

图 8-5　HDP 和 VDP 路由示意

8.2.2　连通性的定义

第 i 个主用户收发链路的数据速率如下：

$$R_{\mathrm{p}}(i) = \log\left(1 + \frac{P_{\mathrm{p}}(i)\,g\,(\|X_{\mathrm{p,tx}}(i) - X_{\mathrm{p,rx}}(i)\|)}{N_0 + I_{\mathrm{p}}(i) + I_{\mathrm{sp}}(i)}\right) \tag{8-1}$$

其中 $P_{\mathrm{p}}(i)$ 是第 i 个主用户发射机的发射功率，$X_{\mathrm{p,tx}}(i)$ 和 $X_{\mathrm{p,rx}}(i)$ 分别是第 i 个主用户发射机和接收机的位置，$I_{\mathrm{p}}(i)$ 是第 i 个主用户接收机接收到的来自主网络的聚合干扰，$I_{\mathrm{sp}}(i)$ 是第 i 个主用户接收到的来自次网络的聚合干扰，N_0 是加性高斯白噪声的功率谱密度。在本章中，我们将带宽归一化为 1。次用户的收发链路的数据速率同理如下：

$$R_{\mathrm{s}}(j) = \log\left(1 + \frac{P_{\mathrm{s}}(j)\,g\,(\|X_{\mathrm{s,tx}}(j) - X_{\mathrm{s,rx}}(j)\|)}{N_0 + I_{\mathrm{s}}(i) + I_{\mathrm{ps}}(j)}\right) \tag{8-2}$$

其中 $P_{\mathrm{s}}(j)$ 是第 j 个次用户的发射功率，$X_{\mathrm{s,tx}}(j)$ 和 $X_{\mathrm{s,rx}}(j)$ 分别是第 j 个次用户发射机和接收机的位置，$I_{\mathrm{s}}(j)$ 是第 j 个次用户接收到的来自次网络内部的聚合干扰，$I_{\mathrm{ps}}(j)$ 是第 j 个次用户接收到的来自主网络的聚合干扰。我们分别标记主用户和次用户的单点吞吐量为 $\lambda_{\mathrm{p}}(m)$ 和 $\lambda_{\mathrm{p}}(n)$，这个标记符号与文献[5]、[6]相同。

因为主用户的存在，次用户栅格有可能落入主用户的保护区，从而导致次用户通信链路的中断。假设 m 个主用户随机部署在单位面积内，如果我们考虑主用户业务在时域的动态性，那么 m 被认为是活动主用户的数目。我们提供了 3 个连通性的定义，从 3 个层面考察了网络连通性。

① 单点的连通性：对于一个特定的次用户节点，如果它以高概率不是一个孤立的节点，那么我们就可以保证这个节点的连通性。

② 单路径的连通性：对于一个特定的次用户源-宿对，如果以高概率存在一条连接它们的路径，那么我们就可以保证这条路径的连通性。

③ 全网的连通性：如果所有的节点都以高概率不孤立，那么我们就可以保证全网的连通性。

8.2.3　方向性频谱机会的定义

在这一部分,我们首先提出角度域频谱机会(空洞)的概念,然后我们在引理 8-1 和引理 8-2 给出角度域频谱机会的统计特性,最后我们在引理 8-4 中研究次用户干扰中的主用户数目。

如图 8-6 所示,在一个圆形区域,在圆心处有一个次用户和若干随机分布的主用户,标记次用户的位置为 X,标记主用户的位置为 $Y_1, Y_2, \cdots, Y_L$,其中 L 是环绕次用户的主用户的数目。例如,在图 8-6 中,我们有 $L = 5$。画一条参考线 XP,其水平夹角为 0。标记射线 XP 和 XY_i 之间的角度为 α_i,那么对于 $i < L$ 的情况,$\angle Y_i X Y_{i+1}$ 为

$$\angle Y_i X Y_{i+1} = \alpha_{i+1} - \alpha_i \stackrel{\triangle}{=} \Delta_i \tag{8-3}$$

其中 Δ_i 代表了次用户的一个角度域频谱机会(或角度域频谱空洞)。如果次用户发射机可以在这个角度内将信息发送给次用户接收机,那么次用户对主用户的干扰是很小的(如果我们忽略方向性天线的旁瓣)。当 $i = L$ 的时候,角度 $\angle Y_L X Y_1$ 如下:

$$\angle Y_L X Y_1 = \alpha_1 - \alpha_L + 2\pi \stackrel{\triangle}{=} \Delta_L \tag{8-4}$$

其中 Δ_L 代表了次用户的另一个角度域频谱机会。次用户可以使用 DOA 估计算法来发现角度域频谱机会。在多个主用户存在的时候,次用户可以使用 MUSIC 算法(基于矩阵特征空间分解的算法)来发现多个主用户的方向。另外,次用户必须使用一个天线阵列来发现角度域频谱机会,同时利用天线阵列进行波束赋形,以实现定向传输。

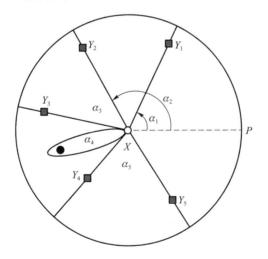

○ 次用户发射机　● 次用户接收机　■ 主用户

图 8-6　次用户的角度域频谱机会

对于一个周围有 L 个主用户的次用户,它有 L 个角度域频谱空洞(即有 L 个角度)。当 L 增大的时候,这些角度将会变小,因此利用角度域频谱空洞将会更加困难。角度域频谱空洞的统计特性在引理 8-1 和引理 8-2 中给出。

引理 8-1[19]　对于一个随机变量 $X_1, X_2, \cdots, X_L$ 的递增序列,其中 $X_i, i = 1, \cdots, L$ 是区间 $[0,1]$ 上的均匀分布随机变量,假设 $r < s$,则 X_r 和 X_s 之间的距离 $W_{rs} = X_s - X_r$ 的概率密度函数为

$$f_{W_{rs}}(w_{rs}) = \frac{1}{B(s-r, L-s+r+1)} w_{rs}^{s-r-1} (1-w_{rs})^{L-s+r} \tag{8-5}$$

其中 $0 \leqslant w_{rs} \leqslant 1$，且有

$$B(a,b) = \int_0^1 t^{a-1}(1-t)^{b-1} \mathrm{d}t, a > 0, b > 0 \tag{8-6}$$

基于引理 8-1，我们有下述引理。

引理 8-2 一个角度域频谱空洞（标记为 Δ）的概率密度函数为

$$f_\Delta(\delta) = \frac{L\left(1-\dfrac{\delta}{2\pi}\right)^{L-1}}{2\pi}, 0 \leqslant \delta \leqslant 2\pi \tag{8-7}$$

并且 Δ 的期望值为

$$E[\Delta] = \frac{2\pi}{L+1} \tag{8-8}$$

证明： 角度值序列 $\Delta_1, \Delta_2, \cdots, \Delta_L$ 是一个随机变量序列，它们不是独立的，因为有如下关系：

$$\sum_{i=0}^L \Delta_i = 2\pi \tag{8-9}$$

然而，如图 8-6 所示，角度值 $\alpha_i(i=1,2,\cdots,L)$ 是独立同分布随机变量，且服从 0 到 2π 之间的均匀分布，α_i 的概率密度函数如下：

$$f(\alpha) = \frac{1}{2\pi}, 0 < \alpha \leqslant 2\pi \tag{8-10}$$

角度值 $\alpha_i(i=1,2,\cdots,L)$ 是递增序列，即 $\alpha_1 \leqslant \alpha_2 \leqslant \cdots \leqslant \alpha_L$。另外，$\delta_i = \alpha_{i+1} - \alpha_i, i < L$ 是随机变量 α_{i+1} 和 α_i 的距离。在次序统计量的理论中[19]，均匀分布随机变量的距离在引理 8-1 中给出。令引理 8-1 中的 $s = r+1$，这样 $W_r = X_{r+1} - X_r$，且它的概率密度函数如下：

$$f_{W_r}(w_r) = \frac{1}{B(1,L)}(1-w_r)^{L-1}, 0 \leqslant w_r \leqslant 1 \quad (\text{距离 PDF}) \tag{8-11}$$

令 $X_i = x_i = \frac{\alpha_i}{2\pi} \sim U(0,1)$。因为我们假定了关系 $W_r = X_{r+1} - X_r$，所以我们有关系 $\Delta_r = \delta_r = \alpha_{r+1} - \alpha_r = 2\pi W_r$，根据式(8-11)，我们得到 Δ_r 的概率密度函数：

$$f_{\Delta_r}(\delta_r) = \frac{L\left(1-\dfrac{\delta_r}{2\pi}\right)^{L-1}}{2\pi}, 0 \leqslant \delta_r \leqslant 2\pi \tag{8-12}$$

其中在推导中我们使用了关系 $B(1,L) = \dfrac{1}{L}$。尽管各个 Δ_i 是不独立的，但是它们是同分布的，因此忽略下标 r，角度域频谱空洞的概率密度函数如下：

$$f_\Delta(\delta) = \frac{L\left(1-\dfrac{\delta}{2\pi}\right)^{L-1}}{2\pi}, 0 \leqslant \delta \leqslant 2\pi \tag{8-13}$$

并且角度域频谱空洞的期望如下：

$$E[\Delta] = \int_0^{2\pi} \delta f_\Delta(\delta) \mathrm{d}\delta = \frac{2\pi}{L+1} \tag{8-14}$$

♯

在前面的讨论中，我们没有考虑方向性天线和主用户，如果我们假设图 8-7 中的主用户是主用户接收机，那么一切的假设和结论都是合理的，但是主用户的接收机必须发射一个指示信

号[13]（beacon signal）以让次用户检测到。反之，如果我们假设图 8-7 中的"主用户"是主用户发射机，那么为了消除次用户对主用户接收机的干扰，两个角度的余量是需要的。如图 8-7 所示，虚线圆的圆心在主用户发射机的位置，虚线圆的半径是主用户的传输距离，如果 P_1 和 P_2 是这两个圆的切点，那么对于次用户来说角度余量是 $\varepsilon_1 = \angle Y_1 X P_1$ 和 $\varepsilon_2 = \angle Y_2 X P_2$，当次用户的发射占用这两个角度的时候，主用户的接收机有可能会受到干扰。因此在这种情况下次用户的角度域频谱空洞大小为 $\angle P_1 X P_2 = \delta - \varepsilon_1 - \varepsilon_2$。

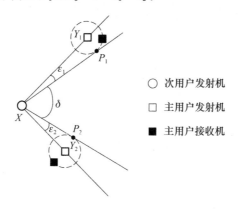

图 8-7　次用户检测主用户发射机的方向

如果次用户在角度 $\angle P_1 X P_2$ 之内进行方向性传输，那么次用户发射机对主用户接收机的干扰可以得到控制。为了简化分析，我们假设 $\varepsilon_1 = \varepsilon_2 = \varepsilon$，因此角度域频谱空洞的大小为

$$\Delta' = [\Delta - \varepsilon_1 - \varepsilon_2]^+ = [\Delta - 2\varepsilon]^+ \tag{8-15}$$

其中 $[^*]^+ = \max\{^*, 0\}$ 且 $\varepsilon \ll \pi$，Δ' 的统计特性在如下引理中给出。

引理 8-3　Δ' 的概率密度函数是

$$f_{\Delta'}(\delta') = \frac{L\left(1 - \dfrac{\delta' + 2\varepsilon}{2\pi}\right)^{L-1}}{2\pi}, \quad 0 \leqslant \delta' \leqslant 2\pi - 2\varepsilon \tag{8-16}$$

且其均值为

$$E[\Delta'] = \frac{(\pi - \varepsilon)^{L+1}}{\pi^{L+1}} \frac{2\pi}{L+1} \tag{8-17}$$

证明：Δ' 的累积分布函数为

$$F(\delta') = \Pr\{\Delta' < \delta'\} = \Pr\{\delta < \delta' + 2\varepsilon\} = \int_0^{\delta' + 2\varepsilon} f_\Delta(\delta)\,\mathrm{d}\delta \tag{8-18}$$

因此 Δ' 的概率密度函数是

$$f_{\Delta'}(\delta') = \frac{\mathrm{d}F(\delta')}{\mathrm{d}\delta'} = f_\Delta(\delta' + 2\varepsilon) \tag{8-19}$$

经过一些变换，我们就能得到引理中的结论。

$\sharp$

注意到引理 8-3 是引理 8-2 在 $\varepsilon = 0$ 时的一个特例，因为 $E[\Delta'] < E[\Delta]$，所以次用户检测主用户发射机时的角度域频谱空洞比次用户检测主用户接收机时的小。但是在后续的分析中，为了简化分析，我们采用引理 8-2 的结论，实际上，采用引理 8-3 的结论也不会影响容量阶数的分析。

当方向性天线的主瓣宽度有最小值 δ_{th} 的时候，根据引理 8-2，一个角度域频谱空洞可用的

概率为

$$\Pr\{\Delta > \delta_{\text{th}}\} = \left(1 - \frac{\delta_{\text{th}}}{2\pi}\right)^L \to 0,\text{当}\ L \to 0\ \text{的时候（角度域频谱空洞可用概率）}\quad (8\text{-}20)$$

其中 L 是在次用户干扰区中的主用户个数。次用户的干扰区是由 9 个次用户栅格构成的正方形，其中次用户的发射机在中心栅格。注意到在式(8-20)中，L 个主用户分布在一个圆形内部，但是次用户的干扰区是一个正方形，但是这种形状上的差异可以忽略，因为 $\Pr\{\Delta > \delta_{\text{th}}\}$ 的一个紧的上(下)界可以通过考虑干扰区的外接圆(内切圆)来获得。次用户干扰区的主用户数目 L 的规律在如下引理中给出。

引理 8-4 标记在一个次用户的干扰区中主用户个数为 L，其中 L 是 n（或者 m）的一个函数，那么对于不同的 β 值，我们有如下 3 个情形。

① 当 $\beta > 1$ 的时候，对于任何正数 ε，我们有

$$\lim_{n \to \infty} \Pr\{L \geqslant \varepsilon\} = 0 \quad (8\text{-}21)$$

即 L 将以高概率 1 趋于 0。

② 当 $\beta = 1$ 的时候，我们有

$$9K\left(\frac{1}{2} - \frac{1}{e}\right)\log n \leqslant L \leqslant 9Ke\log n \quad (8\text{-}22)$$

此式子将以高概率成立，即 $L = \Theta(\log n)$。

③ 当 $\beta < 1$ 的时候，我们有

$$9K\left(\frac{1}{2} - \frac{1}{e}\right)\log n \leqslant L \leqslant 9Ken^{1/\beta - 1}\log n \quad (8\text{-}23)$$

此式子将以高概率成立。

证明： 这个引理研究了次用户干扰区中的主用户个数。对于一个特定的次用户栅格，一个主用户 $X_i, i = 1, 2, \cdots, m$ 落到这个次用户栅格中的概率为 $p_n = 9a_s = \dfrac{9K\log n}{n}$，这是一个贝努利事件。标记在次用户干扰区中主用户个数为 L，其中 L 服从参数为 (p_n, m) 的贝努利分布，因此 L 的期望值如下：

$$E[L] = p_n m = 9Kn^{1/\beta - 1}\log n \quad (8\text{-}24)$$

注意到当 $\beta > 1$ 的时候，我们有 $\lim\limits_{n \to \infty} E[L] = 0$。我们使用 Markov 不等式来决定 L 的上界，对于一个正数 ε，我们有

$$\Pr\{L > \varepsilon\} \leqslant \frac{E[L]}{\varepsilon} \to 0 \quad (8\text{-}25)$$

令 $\varepsilon = \dfrac{1}{2}$，则我们有 $\Pr\left\{L > \dfrac{1}{2}\right\} \to 0$。因为 L 是一个正整数，所以 L 以高概率趋于 0。

当 $\beta \leqslant 1$ 的时候，我们使用 Chernoff 不等式来获得 L 的下界，如下：

$$\Pr\{L \leqslant a\} \leqslant \min_{t < 0} \frac{E[e^{tL}]}{e^{ta}}$$

$$\overset{(a)}{=} \min_{t < 0} \frac{(1 + (e^t - 1)p_n)^m}{e^{ta}}$$

$$\overset{(b)}{\leqslant} \frac{(1 + (e^{-\phi} - 1)p_n)^m}{e^{-\phi a}} \quad (\text{Chernoff 下界}) \quad (8\text{-}26)$$

$$\overset{(c)}{\leqslant} \frac{\exp\left(\dfrac{m\log n^{9K(e^{-\phi} - 1)}}{n}\right)}{e^{-\phi a}}$$

其中 (a) 是将 $E[e^{tL}]$ 的值代入后得到的，(b) 是将 t 替换为负常数 $-\phi$ 得到的，$\phi > 0$。根据不等式 $1+x \leqslant e^x$，我们有 $(1+(e^{-\phi}-1)p_n)^m \leqslant \exp\left(\dfrac{m\log n^{9X(e^{-\phi}-1)}}{n}\right)$，因此我们得到 (c)。当 $\beta \leqslant 1$ 的时候，将 $\phi=1$，$m=n^{1/\beta}$ 和 $a=9K\left(\dfrac{1}{2}-\dfrac{1}{e}\right)\log n$ 代入式 (8-26)，我们得到式 (8-27)：

$$
\begin{aligned}
\Pr\{L \leqslant a\} &\leqslant \frac{\exp\left(\dfrac{n^{1/\beta}\log n^{9K(e^{-1}-1)}}{n}\right)}{\exp\left(-9K\left(\dfrac{1}{2}-e^{-1}\right)\log n\right)} \\[2mm]
&\overset{(d)}{\leqslant} \frac{\exp\left(\log n^{9K(e^{-1}-1)}\right)}{\exp\left(-9K\left(\dfrac{1}{2}-e^{-1}\right)\log n\right)} \\[2mm]
&= \frac{n^{9K(e^{-1}-1)}}{n^{-9K\left(\frac{1}{2}-e^{-1}\right)}} \\[2mm]
&= \frac{1}{n^{9K\left(\frac{1}{2}-e^{-1}\right)}}
\end{aligned}
\tag{8-27}
$$

其中能推导出 (d) 是因为 $n^{1/\beta} \geqslant n$。因为 $9K\left(\dfrac{1}{2}-e^{-1}\right) > 0$，我们有 $\dfrac{1}{n^{9K\left(\frac{1}{2}-e^{-1}\right)}} \to 0$。因此对于 $\beta \leqslant 1$ 的情形，L 的下界以高概率是 $9K\left(\dfrac{1}{2}-e^{-1}\right)\log n$。实际上，因为 $K>1$，我们有 $9K\left(\dfrac{1}{2}-e^{-1}\right)>1$。使用一致界 (union bound)，在任何一个次用户栅格内的主用户个数超过 $9K\left(\dfrac{1}{2}-e^{-1}\right)\log n$ 的概率小于 $\dfrac{n}{K\log n}\dfrac{1}{n^{9K\left(\frac{1}{2}-e^{-1}\right)}} \to 0$，这意味着在所有次用户的干扰区之内，主用户个数的下界是 $9K\left(\dfrac{1}{2}-e^{-1}\right)\log n$。

为了找到 L 的上界，我们再次使用 Chernoff 不等式，如下：

$$
\begin{aligned}
\Pr\{L \geqslant a\} &\leqslant \min_{t>0}\frac{E\left[e^{tL}\right]}{e^{ta}} \\[2mm]
&= \min_{t>0}\frac{(1+(e^t-1)p_n)^m}{e^{ta}} \\[2mm]
&\overset{(e)}{\leqslant} \frac{(1+(e^\phi-1)p_n)^m}{e^{\phi a}} \quad \text{(Chernoff 上界)} \\[2mm]
&\overset{(f)}{\leqslant} \frac{\exp\left(\dfrac{m\log n^{9K(e^\phi-1)}}{n}\right)}{e^{\phi a}}
\end{aligned}
\tag{8-28}
$$

其中 (e) 和 (f) 分别使用了类似 (b) 和 (c) 的技巧，且 ϕ 是一个正数。我们分析如下两个情形。

① 对于 $\beta=1$ 的情形，将 $\phi=1$，$m=n$ 和 $a=9Ke\log n$ 代入式 (8-28)，我们有如下关系（其中 e 为自然常数）：

$$
\begin{aligned}
\Pr\{L \geqslant a\} &\leqslant \frac{\exp\left(\dfrac{n\log n^{9K(e-1)}}{n}\right)}{e^{9Ke\log n}} \\[2mm]
&= \frac{n^{9K(e-1)}}{n^{9Ke}} = \frac{1}{n^{9K}}
\end{aligned}
\tag{8-29}
$$

因为 $9K>0$，我们有 $\frac{1}{n^{9K}} \to 0$。因此对于 $\beta=1$ 的情形，L 的上界以高概率为 $9K\mathrm{e}\log n$。和之前的讨论类似，我们有关系 $9K>1$（因为 $K>1$）。使用一致界，在任何一个次用户栅格内部主用户个数超过 $9K\mathrm{e}\log n$ 的概率小于 $\frac{n}{K\log n} \frac{1}{n^{9K}} \to 0$。

② 对于 $\beta<1$ 的情形，将 $m=n^{1/\beta}$ 和 $a=9K\mathrm{e}n^{1/\beta-1}\log n$ 代入式(8-28)，我们得到

$$\Pr\{L>a\} \leqslant \frac{\exp\left(\frac{n^{1/\beta}\log n^{9K(\mathrm{e}-1)}}{n}\right)}{\mathrm{e}^{9K\mathrm{e}n^{1/\beta-1}\log n}} = \frac{1}{n^{9Kn^{1/\beta-1}}} \tag{8-30}$$

因为 $9Kn^{1/\beta-1}>0$，我们有 $\frac{1}{n^{9Kn^{1/\beta-1}}} \to 0$，这意味着 $9K\mathrm{e}n^{1/\beta-1}\log n$ 以高概率是 L 的上界。类似之前的讨论，我们有 $9Kn^{1/\beta-1}>1$，因此 $\frac{n}{K\log n} \frac{1}{n^{9Kn^{1/\beta-1}}} \to 0$。也就是说，在任何一个次用户栅格内部，主用户的个数超过 $9K\mathrm{e}n^{1/\beta-1}\log n$ 的概率趋于 0。

♯

根据引理 8-4 和引理 8-2，当 $\beta>1$ 的时候，频谱机会将存在。因此在对于角度域频谱空洞的吞吐量的探索中，我们只考虑 $\beta>1$ 的情形。在这一章中，我们进行如下 4 个情形的吞吐量和连通性研究：全向发射和全向接收（Omnidirectional Transmit and Omnidirectional Receive，OTOR）、定向发射和全向接收（Directional Transmission and Omnidirectional Reception，DTOR）、全向发射和定向接收（Omnidirectional Transmitting and Directed Reception，OTDR）、定向发射和定向接收（Directed Transmit and Directed Receive，DTDR）。

8.3 允许次用户等待的网络连通性分析

当次用户的传输遇到主用户保护区时，次用户的传输被阻断，这在传统意义上可以认为次用户的传输中断，但是在这里以及文献[6]的次网络协议中，次用户可以选择缓存自己的数据，等待新的频谱机会，当主用户保护区消失的时候，次用户就可以开始新的传输。于是我们可以认为虽然次用户经历了等待的时间，但是次用户的传输并没有中断。在本节，我们分析允许次用户等待的网络连通性。

根据引理 8-4，当 $\beta>1$ 的时候，一个次用户干扰区内的主用户个数以概率趋于 0，也就是说，对于由 9 个次用户栅格组成的一个簇来说，主用户出现在这个簇内的概率趋于 0。这意味着对于绝大多数次用户栅格，这些栅格将以高概率具有频谱机会。但是因为主用户的个数非零，所以必然存在一些次用户栅格里面有主用户，如图 8-8 所示。当主用户（接收器）落入到次用户栅格内部的时候，围着这个次用户栅格的 9 个次用户栅格组成一个簇成为主用户保护区，在主用户保护区内部的次用户都不能发射信号，以控制次用户对主用户的干扰。因为主用户采用 HDP-VDP 路由方式，所以对于一个主用户栅格来说，最大可能有 4 个主用户栅格向它传输信息，如图 8-8(a)和 8-8(b)所示。实际上很少有邻居栅格都向中心栅格传输信息的情形，但是我们在这里考虑最差的情形。在最差的情形里次用户在一个主用户传输帧长的时间里有 5/9 的时间处于活跃状态，即次用户可以利用 5 个主用户传输时隙

来传输自己的信息,而一个主用户的时隙即对应一个次用户的传输帧长,所以对于任何一个次用户栅格,在一个主用户传输帧长的时间里,这个次用户栅格必然具有传输机会。所以当主次用户采用上述网络协议的时候,必然能够保证次用户的信息从源节点传送到目的节点,而不至于中断。

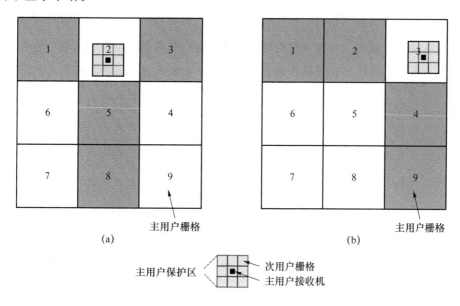

图 8-8　主用户保护区内的次用户的传输机会

既然次网络采用上述的网络协议能够保证链路的连通性,那么我们下面分析认知无线电网络的容量尺度律。

8.4　认知无线电网络采用方向性传输的容量分析

为了获得主网络(次网络)的单点吞吐量,我们需要研究一个主用户栅格(次用户栅格)可以支持的数据速率和通过一个主用户栅格(次用户栅格)的同时路由数目。本节提出了引理 8-5～8-10。在推导主用户单点吞吐量的时候,引理 8-5 研究了一个主用户栅格可以支持的数据速率,引理 8-6 考察了通过一个主用户栅格的路由数目。在推导次网络单点吞吐量的时候,引理 8-7、引理 8-8、引理 8-9 和引理 8-10 探索了一个次用户栅格可以支持的数据速率。因为次网络和主网路都采用 HDP-VDP 路由协议,通过一个次用户栅格的次用户路由数目类似于通过一个主用户栅格的主用户路由数目。

8.4.1　主网络的吞吐量

为了得到主用户的吞吐量,我们需要引理 8-5 和引理 8-6。

引理 8-5　对于任何一个主用户接收机来说,如果一个次用户栅格内部最多只有一个次用户发射机干扰这个主用户接收机,那么每个主用户栅格可以支持的数据速率为 K_1,其中 K_1

是一个和 m、n 无关的常数。

证明： 第 i 个主用户栅格的数据速率为

$$R_{\mathrm{p}}(i) = \frac{1}{9}\log\left(1 + \frac{P_{\mathrm{p}}(i)g(\|X_{\mathrm{p,tx}}(i) - X_{\mathrm{p,rx}}(i)\|)}{N_0 + I_{\mathrm{p}}(i) + I_{\mathrm{sp}}(i)}\right) \tag{8-31}$$

其中 $\frac{1}{9}$ 标记了由 9-TDMA 传输协议带来的数据速率损失，$I_{\mathrm{p}}(i)$ 是主用户接收器 i 接收到的来自主网络内部的干扰，$I_{\mathrm{sp}}(i)$ 是主用户接收器 i 接收到的来自次网络的干扰。如果一个次用户栅格中最多有一个次用户发射机干扰主用户，那么文献[5]和[6]都证明了 $I_{\mathrm{p}}(i)$ 和 $I_{\mathrm{sp}}(i)$ 是有限的（如果次用户也采用 9-TDMA 协议[5]或者 25-TDMA 协议[6]）。因此主用户接收机的干扰是有限的，即我们有

$$I_{\mathrm{sp}}(i) \leqslant I_{\mathrm{sp}} < \infty \tag{8-32}$$

$$I_{\mathrm{p}}(i) \leqslant I_{\mathrm{p}} < \infty \tag{8-33}$$

因此我们有如下关系：

$$\begin{aligned} R_{\mathrm{p}}(i) &> \frac{1}{9}\log\left(1 + \frac{P_0\left(\sqrt{a_{\mathrm{p}}}\right)^{\alpha}\left(\sqrt{5a_{\mathrm{p}}}\right)^{-\alpha}}{N_0 + I_{\mathrm{p}} + I_{\mathrm{sp}}}\right) \\ &= \frac{1}{9}\log\left(1 + \frac{P_0\left(\sqrt{5}\right)^{-\alpha}}{N_0 + I_{\mathrm{p}} + I_{\mathrm{sp}}}\right) \triangleq K_1 < \infty \end{aligned} \tag{8-34}$$

$\#$

图 8-9 为引理 8-5 的一个示例，对于 DTOR 的情形，如果在一个次用户栅格内部，次用户发射机的主瓣不重叠，那么每个次用户栅格中最多只有一个次用户干扰主用户，那么根据引理 8-5，每个主用户栅格可以支持恒定的数据速率，即 K_1。

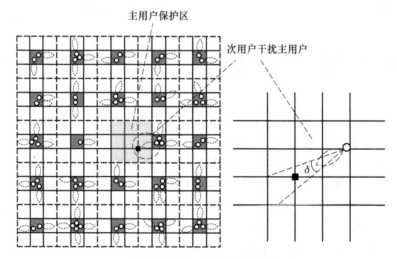

■ 主用户接收机　○ 次用户发射机

图 8-9　次用户发射机干扰主用户接收机的情形（虚线区域标记了一个次用户的 9-TDMA 簇，阴影区域的栅格是活动的次用户栅格）

引理 8-6[5]　如果主网络采用文献[5]中的网络协议，那么通过一个主用户栅格的主用户路由数目的上界以高概率是 $4\sqrt{2m\log m}$。

而主用户的吞吐量在如下定理中给出。

定理 8-1　主网络能够获得的单点吞吐量是 $\lambda_{\mathrm{p}}(m)=\Theta\left(\dfrac{1}{\sqrt{m\log m}}\right)$。

证明：如果引理 8-5 和引理 8-6 得到满足，那么文献[5]、[6]和[20]中的结论已经得到证明：存在一个 TDMA 传输方案，使得数据速率 K_1 被 $4\sqrt{2m\log m}$ 条路由共享。我们只需要将主用户的传输时隙划分为 $\Theta(\sqrt{m\log m})$ 个包时隙，每条路由使用一个包时隙，因此主网络的单点吞吐量为 $\Theta\left(\dfrac{1}{\sqrt{m\log m}}\right)$。

♯

8.4.2　次网络的吞吐量：OTOR

OTOR 的情形已经在文献[5]和[6]中得到了研究，他们证明了次网络的单点吞吐量为 $\Theta\left(\dfrac{1}{\sqrt{n\log n}}\right)$，这和一个独立网络的吞吐量尺度律是一致的。在下文，我们针对有方向性发射或者接收的情形来计算次网络的吞吐量尺度律。

8.4.3　次网络的吞吐量：DTOR

对于一个次用户栅格中的次用户发射机，我们有如下引理。

引理 8-7　按照本章设定的网络协议，每个次用户栅格中的次用户发射机能够支持的数据速率为 K_2，其中 K_2 是一个与 m 或 n 无关的常数。

♯

引理 8-7 的证明过程类似引理 8-5，因此我们忽略其证明过程。

对于 DTOR 的情形，如果一个次用户栅格中的每个次用户发射机的主瓣不重叠，那么每个次用户栅格能够支持的数据速率为 K_2。标记第 i 个次用户发射机的主瓣宽度为 Δ_i，为了获得次网络最高的吞吐量，我们采用最紧凑的情形，即 $\sum_{i=1}^{\xi}\Delta_i=2\pi$，在这种情况下，一个次用户栅格的角度域频谱空洞全部被占用了。这时一个次用户栅格能够支持的数据速率为 ξK_2，相比于没有方向性传输的次用户栅格的数据速率，该数据速率提升了 ξ 倍。如果次用户的主瓣宽度为 $\delta=o\left(\dfrac{1}{\log n}\right)$，我们有如下引理。

引理 8-8　如果次用户发射机的主瓣宽度为 $\delta=o\left(\dfrac{1}{\log n}\right)$，那么一个次用户栅格以高概率支持的数据速率为 $\Theta(\log n)$。

证明：根据引理 8-7，一个次用户栅格中的次用户数目为 $\Theta(\log n)$。当次用户发射机的主瓣宽度为 $\delta=o\left(\dfrac{1}{\log n}\right)$ 的时候，在一个活跃的次用户栅格里面，所有的次用户发射机都能够传输，且它们的主瓣不重叠。因为一个次用户栅格有 $\Theta(\log n)=c_2\log n$ 个发射节点，根据引理 8-7，一个次用户栅格能够支持的数据速率为 $c_2 K_2\log n=\Theta(\log n)$。

♯

引理 8-9 如果 $K\left(\frac{1}{2}-\frac{1}{e}\right)>1$，那么在一个次用户栅格中次用户的数目为 $\Theta(\log n)$。

证明: 根据式(8-21)和引理 8-8，在一个次用户栅格中次用户数目的上界是 $\Theta(\log n)$。使用类似引理 8-4 的证明方法，使用条件 $K\left(\frac{1}{2}-\frac{1}{e}\right)>1$ 就能证明次用户栅格中次用户数目的下界也是 $\Theta(\log n)$。

$$\sharp$$

引理 8-10 如果次用户发射机的主瓣宽度为 $\delta=\omega\left(\frac{1}{\log n}\right)$，那么每个次用户栅格能够支持的数据速率均为 $\frac{2\pi}{\delta}K_2$。

证明: 当 $\beta>1$ 的时候，次用户的角度域频谱空洞将以高概率存在(引理 8-4)，但是一个次用户栅格中次用户的数目为 $\Theta(\log n)\rightarrow\infty$，因此在一个次用户栅格里面，次用户发射机主瓣的数目 ξ(即活跃的次用户发射机的数目)在渐近的意义上比次用户的数目少。在这种情况下，ξ 的最大值是 $\frac{2\pi}{\delta}$，一个次用户栅格能够支持的最大数据速率即 $\frac{2\pi}{\delta}K_2$。

$$\sharp$$

类似引理 8-6，穿过一个次用户栅格的次用户路由数目的上界以高概率是 $4\sqrt{2n\log n}$。根据引理 8-7、引理 8-8 和引理 8-10，次用户的吞吐量尺度律在如下定理中给出。

定理 8-2 在 DTOR 的情形下，次用户按照给定的网络协议部署，当次用户发射器的主瓣宽度为 $\delta=o\left(\frac{1}{\log n}\right)$ 的时候，次网络能够以高概率获得单点吞吐量 $\lambda_s(n)=\Theta\left(\sqrt{\frac{\log n}{n}}\right)$。当 $\delta=\omega\left(\frac{1}{\log n}\right)$ 的时候，相比于没有方向性传输的情形，次用户的吞吐量增益为 $\frac{2\pi}{\delta}$。

证明: 当 $\delta=o\left(\frac{1}{\log n}\right)$ 的时候，一个次用户栅格可以支持的数据速率为 $K_2c_2\log n$，这些数据速率被 $4\sqrt{2n\log n}$ 条路由共享，因此次网络的单点吞吐量是 $\Theta\left(\sqrt{\frac{\log n}{n}}\right)$。当 $\delta=\omega\left(\frac{1}{\log n}\right)$ 的时候，相比于没有方向性传输的情形，次用户栅格的数据速率增益是 $\frac{2\pi}{\delta}$，因此次网络的吞吐量增益也是 $\frac{2\pi}{\delta}$。当次用户没有传输机会但需要缓存数据的时候，根据文献[6]中的引理 5，次用户栅格的数据速率需要乘以一个"机会因子(opportunistic factor)"，而机会因子是一个常数，因此次用户的容量尺度律不受影响。

$$\sharp$$

8.4.4 次网络的吞吐量:OTDR

对于 OTDR 的情形，标记次用户接收机的主瓣宽度为 ϕ。那么如果 $\phi=\omega\left(\frac{1}{\log n}\right)$，一个次用户栅格能够支持的数据速率为 $\frac{2\pi}{\phi}K_2$。如果 $\phi=o\left(\frac{1}{\log n}\right)$，一个次用户栅格能够支持的数据

速率为 $K_2 c_2 \log n$，因此我们有下述定理。

定理 8-3　对于 OTDR 的情形下，在给定的次网络协议之下，当次用户接收机的主瓣宽度为 $\phi = o\left(\dfrac{1}{\log n}\right)$ 的时候，次网络可以以高概率获得单点吞吐量 $\lambda_s(n) = \Theta\left(\sqrt{\dfrac{\log n}{n}}\right)$。当 $\phi = \omega\left(\dfrac{1}{\log n}\right)$，相比于没有方向性传输的情形，次网络的单点吞吐量增益是 $\dfrac{2\pi}{\phi}$。

#

8.4.5　次网络的吞吐量：DTDR

对于 DTDR 的情形，如果 $\delta\phi = \omega\left(\dfrac{1}{\log n}\right)$，那么一个次用户栅格能够支持的数据速率为 $\dfrac{4\pi^2}{\delta\phi} K_2$。如果 $\delta\phi = o\left(\dfrac{1}{\log n}\right)$，那么一个次用户栅格能够支持的数据速率为 $K_2 c_2 \log n$。因此我们有如下定理。

定理 8-4　对于 DRDT 的情形，在给定的次网络协议配置之下，如果次用户发射机和接收机的主瓣宽度有关系 $\delta\phi = o\left(\dfrac{1}{\log n}\right)$，那么次网络将以高概率获得单点吞吐量 $\lambda_s(n) = \Theta\left(\sqrt{\dfrac{\log n}{n}}\right)$。当 $\delta\phi = \omega\left(\dfrac{1}{\log n}\right)$ 的时候，相比于没有方向性传输的情形，次网络能够获得的吞吐量增益是 $\dfrac{4\pi^2}{\delta\phi}$。

#

8.5　不允许次用户等待的网络连通性分析

当次用户的传输遇到主用户保护区时，次用户的传输被阻断，这在传统意义上可以认为次用户的传输中断，但是次用户可以选择缓存数据，等待新的频谱机会，当主用户保护区消失的时候，次用户就可以开始新的传输。之前我们分析了允许次用户等待的次网络的连通性，在这部分，为了更加全面地分析次网络的连通性，我们分析不允许次用户等待的网络连通性。

在主用户不存在的情况下，次用户在 8.2 节中的网络协议之下可以维持其连通性，即每个次用户栅格以高概率至少有一个次用户。然而，当主用户出现的时候，次用户栅格有可能落入主用户的保护区，这样就会造成次用户路径的中断，如图 8-10(a) 所示。但是在主用户保护区的次用户仍然可以接收数据，如图 8-10(a) 所示。在本章中，我们假设 m 个主用户在单位面积的区域随机部署，如果我们考虑主用户业务的时间动态性，则 m 被认为是活跃主用户的数目。注意到 n 和 m 分别是次用户和主用户的密度，因为主、次用户都部署在单位面积的区域中。当次用户采用方向性发射和方向性接收的时候，主用户的保护区缩小了，这时次用户中断事件发生的概率也降低了，如图 8-10(b) 所示。

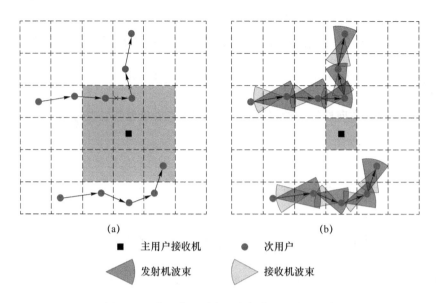

(a)　　　　　　　　　　　　　　(b)

　■　主用户接收机　　　●　次用户

　发射机波束　　　　　接收机波束

图 8-10　次用户遇到主用户保护区:阴影区域

8.5.1　次网络在 HDP-VDP 路由下的连通性

在 8.2 节的网络协议配置下,只要某个次用户不落入任何一个主用户的保护区,就能保证这个次用户不是孤点,因此次用户的连通性取决于主用户。我们首先探索在次用户的干扰区内的主用户个数,其中次用户的干扰区由 9 个次用户栅格构成,次用户的发射机在中心栅格。一个主用户落入次用户的干扰区则等价于次用户落入主用户的保护区。在引理 8-4 中,我们给出了落入次用户干扰区的主用户个数,这为连通性的研究提供了依据。

1. 次用户单点的连通性

因为我们假设 $n=m^{\beta}$,因此用 n 表示的上、下界也可以用 m 来表示,于是我们有引理 8-4 的另一个版本,其中使用 m 来表示上、下界。根据引理 8-4,当 $\beta>1$ 的时候,在一个次用户干扰区中主用户个数以高概率趋于 0,因此我们有下述定理。

定理 8-5　当 $\beta>1$ 的时候,若次用户使用 HDP-VDP 路由,那么我们能够以高概率保证一个孤立次用户的连通性。

＃

2. 次用户单路径的连通性

我们在这部分研究一条次用户路径的的干扰区。如图 8-10 所示,阴影区域即一条次用户路径的干扰区,它是路径上所有次用户干扰区的并集。一个主用户如果落入次用户路径的干扰区之内,就会遭受到次用户发射器的干扰。我们探索一条次用户路径的连通性,有如下定理。

定理 8-6　当 $\beta>2$ 的时候,若使用 HDP-VDP 路由方案,那么我们能够以高概率保证一条次用户路径的连通性。

证明:如图 8-11(a)和 8-11(b)所示,如果在次用户路径的干扰区之内没有主用户存在,那么次用户路径的连通性能够得到保证。因为这条路径的源和宿节点的距离为 $\Theta(1)$,因此这条路径的跳数为

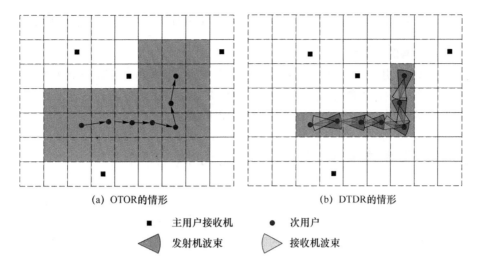

(a) OTOR的情形　　　　　　　　(b) DTDR的情形

■ 主用户接收机　　　● 次用户

◣ 发射机波束　　　◁ 接收机波束

图 8-11　次用户单路径的连通性：如果没有主用户在阴影区域，即能保证一条链路的连通性

$$M = \Theta\left(\frac{1}{\sqrt{a_s}}\right) = \Theta\left(\sqrt{\frac{n}{\log n}}\right) \overset{\Delta}{=} c_1 \sqrt{\frac{n}{\log n}} \tag{8-35}$$

其中 c_1 是一个常数，a_s 是次用户栅格的面积。对于 OTOR 的情形，次用户路径上的次用户栅格数目（即次用户路径的保护区内部次用户栅格的数目）为

$$N = c_1 \sqrt{\frac{n}{\log n}} + \left(c_1 \sqrt{\frac{n}{\log n}} - 2\right) + \left(c_1 \sqrt{\frac{n}{\log n}} + 2\right) = 3c_1 \sqrt{\frac{n}{\log n}} \tag{8-36}$$

对于 DTOR、OTDR 和 DTDR 的情形，次用户路径上的次用户栅格数目少于 $N = 3c_1 \sqrt{\dfrac{n}{\log n}}$，如图 8-11(b)所示。我们探索在 $N = 3c_1 \sqrt{\dfrac{n}{\log n}}$ 个栅格里面没有主用户存在的概率。标记在 N 个次用户栅格里面主用户的数目为 Ω。类似引理 8-4 的证明，Ω 是一个服从贝努利分布的随机变量，参数为 (p_n^*, m)，其中 p_n^* 表示如下：

$$p_n^* = 3c_1 \sqrt{\frac{n}{\log n}} \frac{K \log n}{n} = 3Kc_1 \sqrt{\frac{\log n}{n}} \tag{8-37}$$

因此 Ω 的期望值如下：

$$E[\Omega] = p_n^* m = 3Kc_1 n^{\frac{1}{\beta} - \frac{1}{2}} \sqrt{\log n} \tag{8-38}$$

当 $\beta > 2$ 的时候，我们有 $E[\Omega] \to 0$，使用马尔可夫不等式，对于任意正数 ε，我们有

$$\Pr\{\Omega > \varepsilon\} \leqslant \frac{E[\Omega]}{\varepsilon} \to 0 \tag{8-39}$$

令 $\varepsilon = \dfrac{1}{2}$，我们有 $\Pr\left\{\Omega > \dfrac{1}{2}\right\} \to 0$。因为 Ω 是一个正整数，所以在次用户路径的保护区之内，以高概率不存在主用户。

当 $1 < \beta < 2$ 的时候，使用和引理 8-4 类似的技巧，我们能得到 Ω 的下界为 $3Kc_1 \left(\dfrac{1}{2} - e^{-1}\right) \sqrt{\log n}$，它在 $n \to \infty$ 的时候不趋于 0。因此 $\beta > 2$ 是保证在 HDP-VDP 路由下一条次用户路径连通性的充分且必要条件。

♯

注意到对于 DTOR、OTDR 和 DTDR 的情形，一条次用户路径的保护区内部的次用户栅格

数目是 $\Theta\left(\sqrt{\dfrac{n}{\log n}}\right)$ 阶数的,因此定理 8-5、定理 8-6 对于 DTOR、OTDR、DTDR 的情形都适用。

3. 次用户全网的连通性

因为主用户和次用户共享相同的地理区域和频谱资源,所以一定有一个次用户栅格至少有一个主用户,因此我们不能保证从这个次用户栅格出发的次用户路径的连通性。因此对于主、次用户共存的情形,次用户全网的连通性不能得到满足。

8.5.2　次网络在环绕路由下的连通性

根据定理 8-6,为了保证一条次用户路径的连通性,我们必须保证 $\beta>2$,也就是说,次用户的密度比主用户的密度高很多。为了在次用户不是十分密集的情况下获得次用户的连通性,次用户的路由可以在遇到主用户保护区的时候环绕过去,如图 8-12 所示。这种路由方案在文献[5]中被提出,但是文献[5]没有对其作充分的分析。在环绕路由之下,我们总结了次用户的中断情形。

① 次用户路径的源节点落入主用户的保护区,如图 8-13(a)和图 8-13(b)所示,其中次用户路径的源是在主用户保护区,因此此次用户的路径在一开始就发生了中断。

② 当主用户的保护区包围了一个次用户的源节点或者宿节点时,次用户的路径就发生了中断,如图 8-13(c)和(d)所示。

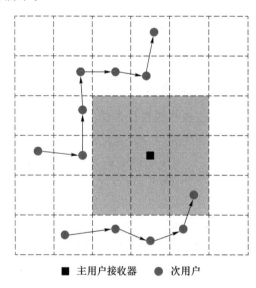

■ 主用户接收器　● 次用户

图 8-12　次用户环绕路由:遇到主用户保护区阻挡的时候环绕过去

为了研究在环绕路由下次用户路径的连通性,我们首先定义保护区链条(Preservation Region Chain,PRC)的概念。

定义 8-1　PRC 是一系列主用户保护区的集合,并且每一个 PRC 内部的保护区都有相邻的保护区存在。

图 8-14 给出了一些 PRC 的例子,其中图 8-14(a)和(c)不能阻挡一条次用户路径,而图 8-14(b)能阻挡源节点或者宿节点在里面的次用户路径。在研究 PRC 之前,我们需要如下定义。

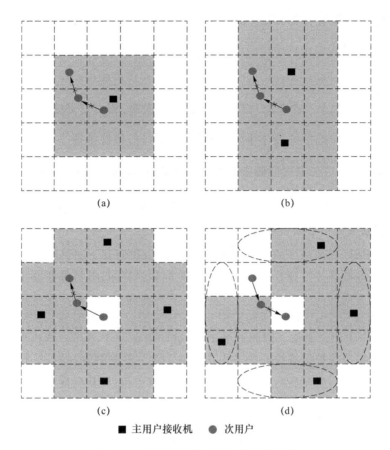

(a)　　　　　　　　　　　　　(b)

(c)　　　　　　　　　　　　　(d)

■ 主用户接收机　　● 次用户

图 8-13　主用户阻挡次用户传输的情形

注:"×"表示一个中断。

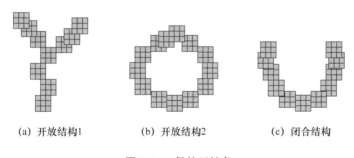

(a) 开放结构1　　　　(b) 开放结构2　　　　(c) 闭合结构

图 8-14　保护区链条

定义 8-2　将单位面积的区域划分为 $\dfrac{m}{2\log m}$ 个小正方形,并将其定义为主用户栅格,主用户栅格的面积是 $a_{\mathrm{p}}=\dfrac{2\log m}{m}$。

在文献[20]中有一个关于主用户栅格的引理,即文献[20]中的引理 5.7,如引理 8-11 所述。

引理 8-11　每个主用户栅格至少有一个主用户,至多有不超过 $2e\log m$ 个主用户。

关于 PRC,我们有如下引理。

引理 8-12　如果 $\beta>1$,任何 PRC 以高概率不能穿越一个主用户栅格。

证明：如果 $\beta > 1$，那么一个主用户栅格包含 N_m 个次用户栅格，且 N_m 取值如下：

$$N_m = \Theta\left(\frac{\frac{2\log m}{m}}{\frac{K\log n}{n}}\right) = c_2 m^{\beta-1} \tag{8-40}$$

其中 c_2 是一个常数。如果一个 PRC 穿越一个主用户栅格，那么它需要主用户栅格内部至少存在 $\frac{\sqrt{N_m}}{3} = \frac{\sqrt{c_2}}{3} m^{\frac{\beta-1}{2}}$ 个主用户，这个 PRC 内部的主用户保护区形成一条直线，且各个保护区不重叠。根据引理 8-11，在主用户栅格内部至多存在 $2\mathrm{e}\log m$ 个主用户，并且我们注意到当 m 足够大的时候有 $2\mathrm{e}\log m < \frac{\sqrt{N_m}}{3}$。因此在任何一个主用户栅格内部，都没有足够多的主用户来支持一个可以穿越这个主用户栅格的 PRC。

对于在一个 PRC 内部最多的主用户保护区的数目，我们有下述引理。

引理 8-13 如果 $\beta > 1$，在任何一个 PRC 内部最多的主用户保护区数目以高概率为 $18\mathrm{e}\log m$。

证明：我们选择一个 PRC 内部的主用户保护区，当 $\beta > 1$ 的时候，根据引理 8-12，这个 PRC 不能穿越一个主用户栅格。因此这个 PRC 被局限在 9 个主用户栅格形成的簇之内，其中 PRC 的一个主用户保护区在中心的主用户栅格之内。根据引理 8-11，9 个主用户栅格之内的主用户个数最多是 $18\mathrm{e}\log m$，因此在 PRC 之内最多的主用户保护区个数以高概率是 $18\mathrm{e}\log m$。

♯

如果次用户采用环绕路由，那么我们有如下引理。

引理 8-14 如果 $\beta > 1$，那么被主用户保护区或者 PRC 阻挡的次用户的数量以高概率最多是 $\Theta(m(\log m)^2)$。

证明：我们标记所有主用户保护区的面积为 A_1，标记被 PRC 隔离的孤立区域的面积为 A_2，因此次用户的传输被主用户阻断的区域面积为 $A = A_1 + A_2$。当主用户保护区不重叠的时候，A_1 有一个上界，如下：

$$A_1 \leqslant 9m \frac{K\log n}{n} = 9Kn^{1/\beta-1}\log n \tag{8-41}$$

如图 8-15 所示，被 PRC 阻断的最大孤立区域是一个四分之一圆，根据引理 8-14，一个 PRC 最多有 $18\mathrm{e}\log m$ 个主用户保护区，每个主用户保护区最多贡献 $6\sqrt{a_\mathrm{s}}$ 的长度给四分之一圆的周长，因此四分之一圆的半径最多是 $\frac{216\mathrm{e}\sqrt{a_\mathrm{s}}\log m}{\pi}$。我们假设每个 PRC 围成一个四分之一圆，因此能够找到被 PRC 包围的孤立区域的面积上界：

$$A_2 \leqslant \frac{m}{18\mathrm{e}\log m} \frac{\pi}{4} \left(\frac{216\mathrm{e}\sqrt{a_\mathrm{s}}\log m}{\pi}\right)^2 = \frac{648\mathrm{e}}{\pi} a_\mathrm{s} m \log m \tag{8-42}$$

根据式(8-41)和式(8-42)，我们可以得到 A 的上界：

$$A \leqslant 9\beta\left(K + \frac{72\mathrm{e}}{\pi} K\log m\right) m^{1-\beta}\log m \overset{\triangle}{=} A_u \tag{8-43}$$

我们分析在面积为 A 的主用户阻断区域内部的次用户数目时，将次用户数目标记为 N_A，这是一个服从贝努利分布的随机变量，参数为 (A_u, n)。使用 Chernoff 不等式，我们得到

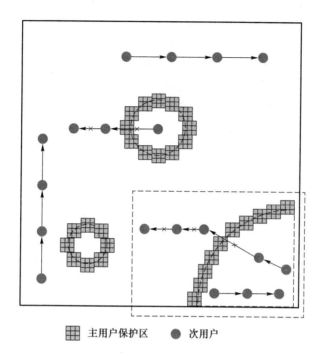

图 8-15　主用户阻断次用户的最大区域

注:其中"×"表示中断,该图是通过修改文献[5]中的图 8 得到的。

$$\begin{aligned}
\Pr\{N_A > A_u en\} &\leqslant \min_{t>0}\frac{E\left[e^{tN_A}\right]}{e^{tA_u en}} \\
&\stackrel{(a)}{=} \min_{t>0}\frac{(1+(e^t-1)A_u)^n}{\exp(tA_u en)} \\
&\stackrel{(b)}{\leqslant} \frac{(1+(e-1)A_u)^n}{\exp(enA_u)} \quad (\text{NA 的上界}) \\
&\stackrel{(c)}{\leqslant} \frac{\exp((e-1)nA_u)}{\exp(enA_u)} \\
&= \exp(-nA_n) \rightarrow 0
\end{aligned} \tag{8-44}$$

其中(a)通过代入 $E[e^{tN_A}]$ 的值得到,(b)通过将 t 替换为 1 得到,根据不等式 $1+x\leqslant e^x$,我们得到(c)。根据式(8-44),我们得到 N_A 的上界为 $A_u en = \Theta(m(\log m)^2)$。

$\sharp$

根据引理 8-14,被主用户的传输阻断的次用户的比例为

$$\frac{1}{n}\Theta(m(\log m)^2) = \Theta\left(\frac{(\log m)^2}{m^{\beta-1}}\right) = \Theta\left(\frac{(\log n)^2}{n^{1-1/\beta}}\right) \rightarrow 0 \tag{8-45}$$

因此我们有下述定理。

定理 8-7　在 $\beta>1$ 的时候,如果使用环绕路由,那么我们能够以高概率保证一个单独次用户的连通性。

在环绕路由之下,我们在 $\beta>1$ 的条件下就可以保证一个单独次用户的连通性。对于一条次用户路径的连通性,我们有如下定理。

定理 8-8　在 $\beta>1$ 的时候,如果使用环绕路由,那么我们能够以高概率保证一条次用户路径的连通性。

　　证明：根据前面的论述，我们知道次用户路径的源节点和目的节点都以高概率不被 PRC 阻断。另外，我们将证明 PRC 以高概率不会阻断次用户路径的传输。如图 8-16 所示，一个次用户路径到达一个主用户栅格时，为了阻断这个次用户路径，PRC 必须包围主用户栅格（或者跨越主用户栅格的一条边）。但是，根据引理 8-12，一个 PRC 不能穿越主用户栅格，因此 PRC 不可能封锁一个主用户栅格来阻断次用户路径的传输。次用户路径将会绕过 PRC，并且最终到达宿节点，如图 8-16 所示。

#

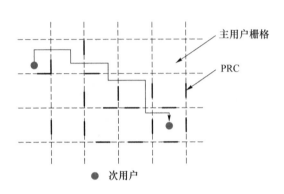

图 8-16　环绕路由

　　虽然环绕路由在 $\beta>1$ 的条件下可以保证次用户路径的连通性，环绕路由仍然不能满足所有次用户的连通性。另外，当 $\beta\leqslant1$ 的时候，根据引理 8-4，在次用户干扰区的主用户个数以高概率至少为 1，因此主用户的保护区将始终覆盖次用户，即使用环绕路由也不能保证次网络的连通性。最后，对于 DTOR、OTDR、DTDR 的情形，当 $\beta>1$ 的时候，使用环绕路由可以以高概率保证次用户路径的连通性。另外，DTOR、OTDR、DTDR 情形下的次用户连通概率比 OTOR 情形下的高，因为在方向性传输下，次网络的干扰区面积更小，但是在这种情况下次网络连通性的要求仍然是 $\beta>1$，这与 OTOR 的情形下的要求相同。

8.6　本章小结

　　在本章中，我们证明了次用户采用角度域频谱机会可以提升次网络的容量。如果次用户发射机的主瓣宽度为 $\delta=o\left(\dfrac{1}{\log n}\right)$，那么对于 DTOR 来说，次网络可以获得单点吞吐量 $\Theta\left(\sqrt{\dfrac{\log n}{n}}\right)$，这是没有方向性传输的情形的 $\Theta(\log n)$ 倍。类似地，如果次用户接收器的主瓣宽度为 $\phi=o\left(\dfrac{1}{\log n}\right)$，那么对于 OTDR 来说，次用户能获得单点吞吐量容量 $\Theta\left(\sqrt{\dfrac{\log n}{n}}\right)$。如果 $\delta\phi=o\left(\dfrac{1}{\log n}\right)$，那么对于 DTDR 来说，次用户能获得单点吞吐量容量 $\Theta\left(\sqrt{\dfrac{\log n}{n}}\right)$。反之，如果 $\delta=\omega\left(\dfrac{1}{\log n}\right)$，那么对于 DTOR 来说，次用户获得的吞吐量是没有采用方向性传输方案的容量的 $\dfrac{2\pi}{\delta}$ 倍。如果 $\phi=\omega\left(\dfrac{1}{\log n}\right)$，那么对于 OTDR 来说，次用户获得的吞吐量是没有采用方向性传输

方案的容量的 $\dfrac{2\pi}{\phi}$ 倍。如果 $\delta\phi=\omega\left(\dfrac{1}{\log n}\right)$，那么对于 DTDR 来说，次用户获得的吞吐量是没有采用方向性传输方案的容量的 $\dfrac{4\pi^2}{\delta\phi}$ 倍。

我们也根据两种路由方案，即 HDP-VDP 路由和环绕路由，探索了随机认知自组织网络的连通性。假设主、次网络同时存在于同一单位面积区域内，其中主用户个数为 m，次用户个数为 n，且 m 和 n 有关系 $n=m^\beta$，我们得到了如下结论。

① 如果次网络采用 HDP-VDP 路由，那么当 $\beta>1$ 的时候，我们能够保证单个次用户的连通性；当 $\beta>2$ 的时候，我们能够保证一条次用户路径的连通性。

② 如果使用环绕路由，那么当 $\beta>1$ 的时候，我们能够保证单个次用户和单条次用户路径的连通性。

③ 在任何一种路由方案之下，都不能保证次用户全网的连通性。

④ 当 $\beta\leqslant1$ 的时候，对于 HDP-VDP 路由和环绕路由，我们都不能保证次网络的连通性。

⑤ 次用户采用方向性传输会提升次网络的连通概率，但是不会改变上述结论。

本章参考文献

[1]　MITOLA J. Cognitive radio：an integrated agent architecture for software defined radio［EB/OL］. （2000-05-08）［2024-04-01］. http://www2. ic. uff. br/～ejulio/doutorado/artigos/10. 1. 1. 13. 1199. pdf.

[2]　WANG B, LIU K J R. Advances in cognitive radio networks：a survey［J］. IEEE Journal of Selected Topics in Signal Processing，2011,5(1):5-23.

[3]　YUCEK T, ARSLAN H. A survey of spectrum sensing algorithms for cognitive radio applications［J］. IEEE Communications Surveys & Tutorials, 2009,11(1):116-130.

[4]　GUPTA P, KUMAR P R. The capacity of wireless networks［J］. IEEE Transactions on Information Theory, 2000,46(2):388-404.

[5]　JEON S-W, DEVROYE N, VU M, et al. Cognitive networks achieve throughput scaling of a homogeneous network［J］. IEEE Transactions on Information Theory, 2011,57(8):5103-5115.

[6]　YIN C, GAO L, CUI S. Scaling laws for overlaid wireless networks：a cognitive radio network versus a primary network［J］. IEEE/ACM Transactions on Networking, 2010,18(4):1317-1329.

[7]　HUANG W, WANG X. Capacity scaling of general cognitive networks［J］. IEEE/ACM Transactions on Networking, 2011,20(5):1501-1513.

[8]　YI S, PEI Y, KALYANARAMAN S. On the capacity improvement of ad hoc wireless networks using directional antennas［C］//The ACM International Symposium on Mobile Ad Hoc Networking and Computing (ACM MobiHoc). 2003：108-116.

[9]　LI P, ZHANG C, FANG Y. The capacity of wireless ad hoc networks using directional antennas［J］. IEEE Transactions on Mobile Computing, 2011,10(10):1374-

1387.

[10] ZHAO G, MA J, LI G Y, et al. Spatial spectrum holes for cognitive radio with relay-assisted directional transmission[J]. IEEE Transaction Wireless Communications, 2009,8(10):5270-5279.

[11] ZHANG J, JIA X. Capacity analysis of wireless mesh networks with omni or directional antennas[C]//The 28th IEEE Conference on Computer Communications (INFOCOM). IEEE, 2009: 2881 - 2885.

[12] DAI H-N, NG K-W, WONG R C-W, et al. On the capacity of multi-channel wireless networks using directional antennas[C]//The 27th IEEE Conference on Computer Communications (INFOCOM). IEEE, 2008: 628-636.

[13] WANG X, LIU J, CHEN W, et al. CORE-4: Cognition oriented relaying exploiting 4-D spectrum holes [C]// Wireless Communications and Mobile Computing Conference (IWCMC). IEEE, 2011: 1982-1987.

[14] GUPTA P, KUMAR P R. Critical power for asymptotic connectivity [C]// Proceedings of the 37th IEEE Conference on Decision and Control. IEEE, 1998:1106-1110.

[15] ZHANG H, HOU J. On the critical total power for asymptotic k-connectivity in wireless networks[C]//24th Annual Joint Conference of the IEEE Computer and Communications Societies (INFOCOM). IEEE, 2005: 466-476.

[16] REN W, ZHAO Q, SWAMI A. On the connectivity and multihop delay of Ad Hoc cognitive radio networks[J]. IEEE Journal on Selected Areas in Communications, 2011,29(4):805-818.

[17] AO W C, CHENG S, CHEN K. Connectivity of multiple cooperative cognitive radio Ad Hoc networks[J]. IEEE Journal on Selected Areas in Communications, 2012,30 (2):263-270.

[18] ABBAGNALE A, CUOMO F, CIPOLLONE E. Measuring the connectivity of a cognitive radio ad-hoc network[J]. IEEE Communications Letters, 2010,14(5): 417-419.

[19] DAVID H A, NAGARAJA H N. Order statistics[M]. New York: A John Wiley & Sons, INC., Publication, 2003.

[20] FENG X, KUMAR P R. Scaling laws for ad hoc wireless networks: an information theoretic approach[J]. Foundations and Trends in Networking, 2006,1(2): 145-270.

第 9 章

无线网络高度维频谱机会

9.1 研究背景

在第 2 章中我们从一个宏观的视角研究了多维频谱信息表征、测量和传递理论。在第 3 章中，我们重点研究了空时频谱空洞的位置。在第 7 章和第 8 章中，我们研究了角度维频谱机会的利用，证明了利用方向性传输可以进一步提升认知无线电网络的容量，提升频谱利用率。在这一章，我们探索认知无线电网络利用新的通信维度（即高度维）得到的频谱机会，可以证明认知无线电网络利用高度维频谱机会可以进一步提升认知无线电网络的容量和频谱利用率。需要注意的是，角度维和高度维频谱机会严格意义上都是空间维度的频谱机会，但是为了分类学的需要，我们认为它们是新的通信维度。

认知无线电网络作为一种重要的频谱高效利用技术，它可以灵活地利用多个维度的频谱空洞，进而提升频谱的利用效率，同时提升认知无线电网络的容量[1-3]。特别地，文献[3]提出了包括频谱、时间、地理空间、码、角度等多个维度的频谱机会，但是需要注意的是，次用户利用多个维度的频谱机会可以提升频谱利用率和网络容量，但是与此同时次用户的系统复杂度会增加。在文献[4]中，Wang 等人提出了通过认知中继利用时、频、位置、角度 4 个维度的频谱空洞的架构和方法，并验证了同时使用 4 个维度的频谱空洞可以提升认知无线电网络的容量，但是文献[4]主要考察链路级的性能。在文献[5]中，Xu 等人调研了大量关于认知无线电网络通过波束赋形利用角度维频谱空洞的最新成果。在文献[6]中，Zheng 等人研究了认知无线电网络中的鲁棒波束赋形方法。在文献[7]中，我们研究了认知自组织网络利用角度维频谱空洞的网络容量尺度律。所有的这些研究都暗示了认知无线电网络利用多维频谱空洞可以提升以吞吐量容量为代表的网络性能。

无线网络容量研究中具有里程碑意义的成果是 Gupta 和 Kumar 的成果[8]，他们发现：对于 n 个均匀随机分布在单位面积上的自组织节点，网络的单点容量是 $\Theta(1/\sqrt{n\log n})$。因为当网络节点数趋于无穷的时候，网络的容量趋于 0，所以这个容量结果是比较悲观的。从 Gupta 和 Kumar 开创性的成果发表以来，大量学者对多种形式的无线网络的容量进行了研究,试图提升无线网络的容量。其中文献[9]将移动性引入无线自组织网络中,构建了移动自组织网络(Mobile Ad-hoc Network,MANET),Grossglauser 和 Tse 证明了 MANET 的容量可以提升至 $\Theta(1)$,之后文献[10]研究了移动自组织网络的容量和时延之间的权衡关系,文献[11]在新的移动性模型下研究了移动自组织网络的容量和时延规律。也有一些文献将基站引入无线自组织网络中,构建了混合网络[12-13],在混合网络中,长距离传输可以采用基站方式,短距离传输可以采用自组织方式,混合网络结合了两种方式的优势,可以提升网络的容量。之后,在文献[14]中,Shila 等人研究了混合网络的容量和时延之间的权衡关系。在文献[15]中,Wang 等人在衰落信道下研究了混合网络的吞吐量尺度律。另外,无线网络的三维部署也可以提升网络容量,文献[16]和[17]是最早研究三维无线网络容量尺度律的文献,证明了三维网络部署可以提高无线网络信息传输的自由度,提升网络容量。在此基础上,Li 等人在文献[18]和[19]中使用新的方法得到了三维随机无线网络的容量尺度律,他们的成果说明:无线网络三维部署虽然会提高网络信息传输的自由度,但是会带来额外的干扰,只有当路损因子足够大(大于3)的情况下三维无线网络容量才会得到明显提升。Hu 等人在文献[20]也研究了三维无线网络的容量,使用渗透理论得到三维无线网络的容量尺度律。此外,也有文献研究网络三维部署的应用,例如,在文献[21]中,Cai 等人研究了三维超宽带(Ultra Wideband,UWB)网络的部署以及容量尺度律。

前面描述的无线网络容量尺度律的研究都是针对单一网络的,而最近因为频谱紧缺和异构网络融合的需要,学界开始广泛研究认知无线电网络的架构设计、频谱检测、频谱接入、性能分析和产业化研究等。在最近关于认知无线电网络容量的研究中,Jeon 等人在文献[22]中探索了认知自组织网络的容量尺度律,得到结论:在 n 个次用户节点和 m 个主用户节点共存的异构场景下,次用户能获得和单独网络同样的容量尺度律 $\Theta(1/\sqrt{n\log n})$。在文献[23]中,Yin 等人在一个更加实际的场景中获得了同样的结论,即次用户只知道主用户发射机的位置,而不知道主用户接收机的位置。这个结论进一步被 Huang 等人在文献[24]中用一个更加普适的模型验证了。而现有的关于认知自组织网络容量尺度律的文献仅仅分析了认知无线电网络利用空时维度频谱空洞的情形,目前关于利用多维频谱空洞的认知无线电网络的容量尺度律的研究较少,我们在文献[7]中研究了认知无线电网络利用角度维频谱空洞情形下的容量尺度律。在本章,我们研究认知无线电网络利用高度维频谱空洞情形下的容量尺度律。

在本章中,我们研究主、次网络都是三维部署的情形。在我们的网络模型中,m 个主用户和 n 个次用户均匀分布在三维单位正方体之内,且 m 和 n 满足如下关系:$n=m^{\beta},\beta>0$。在我们的网络模型下设计网络协议,最终可以保证主、次网络的连通性。并且在网络的干扰得到有效控制的前提下,因为单点承受的路由密度下降了,所以单点的吞吐量容量得到提升。我们得到了主网络和次网络的吞吐量尺度律分别为 $\Theta\left(\dfrac{1}{m^{1/3}(\log m)^{2/3}}\right)$ 和 $\Theta\left(\dfrac{1}{n^{1/3}(\log n)^{2/3}}\right)$,这比二维认知无线电网络部署的容量更大。

本章其余部分的内容安排如下:在 9.2 节,我们介绍了本章的系统模型;在 9.3 节,我们介绍了网络协议及相关定义;在 9.4 节,我们分析了允许次用户等待的网络连通性;在 9.5 节,我们分析了主、次网络的吞吐量尺度律;在 9.6 节,我们总结了本章内容。

9.2 系统模型

当利用高度维频谱空洞构成 3D 认知无线电网络时,3D 部署也可以提升认知无线电网络的容量,下面我们从网络模型和信道模型两个方面介绍 3D 认知无线电网络的系统模型。

9.2.1 网络模型

如图 9-1 所示,主、次用户通信的时候,都是按照均匀分布随机选取一个用户作为源节点,然后在三维单位正方体之内按照均匀分布随机选取一个点,并选取距离这个点最近的用户作为目的节点,源节点和目的节点以多跳的方式进行通信。主用户通信的时候假设次用户不存在,而次用户需要进行干扰控制,以控制其对主用户的干扰。

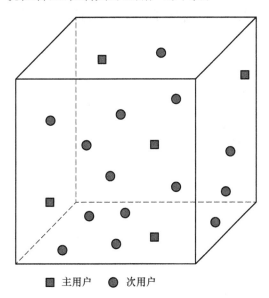

■ 主用户 ● 次用户

图 9-1 认知无线电网络三维部署的系统模型

9.2.2 信道模型

在本章中,信道模型只考虑大尺度衰落,信道的功率增益是 $g(r)=\dfrac{1}{r^{\alpha}}$,其中 r 是发射机和接收机之间的距离,$\alpha>2$ 是路损因子。计算主、次用户的链路容量,采用香农公式得到如下结论:

$$R_{\mathrm{p}}(i)=\log\Big(1+\frac{P_{\mathrm{p}}(i)g\,(\,\|X_{\mathrm{p,tx}}(i)-X_{\mathrm{p,rx}}(i)\|\,)}{N_0+I_{\mathrm{p}}(i)+I_{\mathrm{sp}}(i)}\Big) \quad\text{(主用户链路容量)} \qquad (9\text{-}1)$$

其中 $R_{\mathrm{p}}(i)$ 是第 i 个主用户链路的容量,$P_{\mathrm{p}}(i)$ 是主用户 i 的发射功率,N_0 是高斯白噪声的功率谱密度,$X_{\mathrm{p,tx}}(i)$ 是主用户第 i 条链路的发射节点的位置,在这里用节点的位置来标记节点

的名字，$X_{\mathrm{p,rx}}(i)$ 是主用户第 i 条链路的接收节点的位置，所以 $\|X_{\mathrm{p,tx}}(i)-X_{\mathrm{p,rx}}(i)\|$ 是主用户第 i 条链路的欧氏距离，$g(\|X_{\mathrm{p,tx}}(i)-X_{\mathrm{p,rx}}(i)\|)$ 是链路的功率增益，$I_{\mathrm{p}}(i)$ 是主用户内部的节点对链路 i 的干扰，$I_{\mathrm{sp}}(i)$ 是次用户节点对主用户链路 i 的干扰。

同理，次用户链路容量的表达如下：

$$R_{\mathrm{s}}(j)=\log\left(1+\frac{P_{\mathrm{s}}(j)g(\|X_{\mathrm{s,tx}}(j)-X_{\mathrm{s,rx}}(j)\|)}{N_0+I_{\mathrm{s}}(j)+I_{\mathrm{ps}}(j)}\right) \quad (\text{次用户链路容量}) \qquad (9\text{-}2)$$

其中 $R_{\mathrm{s}}(j)$ 是第 j 个次用户链路的容量，$P_{\mathrm{s}}(j)$ 是次用户 j 的发射功率，N_0 是高斯白噪声的功率谱密度，$X_{\mathrm{s,tx}}(j)$ 和 $X_{\mathrm{s,rx}}(j)$ 分别是第 j 个次用户发射机和接收机的位置坐标，故 $\|X_{\mathrm{s,tx}}(j)-X_{\mathrm{s,rx}}(j)\|$ 是第 j 条次用户链路的欧氏距离，$g(\|X_{\mathrm{s,tx}}(j)-X_{\mathrm{s,rx}}(j)\|)$ 是链路的功率增益，$I_{\mathrm{s}}(j)$ 是次网络内部对第 j 个次用户接收机的干扰，$I_{\mathrm{ps}}(j)$ 是主网络对第 j 个次用户接收机的干扰。

9.3 网络协议和相关定义

9.3.1 吞吐量的定义

在本章中，我们探索 3D 认知无线电网络的网络吞吐量。如果具有 k 个节点的网络的每个节点的吞吐量是 $\lambda(k)$，那么意味着网络中的每个（发射）节点都可以以 $\lambda(k)$ 的速率发射数据，而整个网络还能维持稳定工作。

9.3.2 主、次用户的网络协议

先不区分主、次用户，用 k 来标记一个网络的用户个数，这个网络有可能是主网络或者次网络。那么 k 个节点均匀分布在 3D 正方体空间内部，任意一个节点都可能为源节点，当某个节点为源节点的时候，随机选一个节点为它的目的节点。如图 9.2 所示，整个网络的路由方式为直线路由方式，即源节点和目的节点之间连一条直线，经过的每一个小正方体之内的节点转发这条路由上的数据，转发节点可以按照能量均衡的原则来选取，即避免一个节点持续转发数据，应该让一个小正方体内的所有节点轮流转发数据。为了维持路由的连通性，小正方体的边长应该是 $s_k=\left(\dfrac{c_0\log k}{k}\right)^{1/3}$，并且有如下引理。

引理 9-1 如果 $c_0>1$，标记任何一个小正方体内的节点数为 N，那么我们有如下结论：

$$c_0\left(\frac{1}{2}-\frac{1}{\mathrm{e}}\right)\log k\leqslant N\leqslant c_0\,\mathrm{e}\log k \qquad (9\text{-}3)$$

证明：这个引理探索了每个小正方体内部的节点个数。对于一个特定的小正方体，节点 $i\in\{1,2,\cdots,n\}$ 落到小正方体内部的事件是一个贝努利事件，其概率是 $p_k=v_{\mathrm{s}}=\dfrac{c_0\log k}{k}$，标记落到这个小正方体内部的节点个数为 N，其中 N 是一个服从贝努利分布的随机变量，其参数是 (p_k, k)。我们使用 Chernoff 界来获取 N 的下界，如下：

$$\Pr\{N \leqslant a\} \leqslant \min_{t<0} \frac{E[e^{tN}]}{e^{ta}} \overset{(a)}{=} \min_{t<0} \frac{(1+(e^t-1)p_k)^k}{e^{ta}}$$
$$\overset{(b)}{\leqslant} \frac{(1+(e^{-\phi}-1)p_k)^k}{e^{-\phi a}} \overset{(c)}{\leqslant} \frac{k^{c_0(e^{-\phi}-1)}}{e^{-\phi a}} \tag{9-4}$$

其中(a)是通过代入 $E[e^{tN}]$ 的值得到的，(b)是通过将 t 替换成一个负数 $-\phi$ 得到的，$\phi>0$。根据不等式 $1+x \leqslant e^x$，我们得到 $(1+(e^{-\phi}-1)p_k)^k \leqslant k^{9c_0(e^{-\phi}-1)}$，因此得到(c)。将 $\phi=1$ 和 $a=c_0\left(\dfrac{1}{2}-\dfrac{1}{e}\right)\log k$ 代入式(9-4)，我们得到如下结论：

$$\Pr\{N \leqslant a\} \leqslant \frac{k^{c_0(e^{-\phi}-1)}}{e^{-\phi a}} = k^{-\frac{c_0}{2}} \tag{9-5}$$

当 $k \to \infty$ 的时候，我们有 $\Pr\left\{N \leqslant c_0\left(\dfrac{1}{2}-\dfrac{1}{e}\right)\log k\right\} \to 0$，因此 $N \geqslant c_0\left(\dfrac{1}{2}-\dfrac{1}{e}\right)\log k$ 以高概率满足。

为了找到 N 的上界，我们再次使用 Chernoff 不等式，如下：

$$\Pr\{N \geqslant b\} \leqslant \min_{t>0} \frac{E[e^{tN}]}{e^{tb}} = \min_{t>0} \frac{(1+(e^t-1)p_k)^k}{e^{tb}}$$
$$\leqslant \frac{(1+(e^{\phi}-1)p_k)^k}{e^{\phi b}} \leqslant \frac{k^{c_0(e^{\phi}-1)}}{e^{\phi b}} \tag{9-6}$$

将 $\phi=1$ 和 $b=c_0 e \log k$ 代入式(9-6)，我们得到如下结论：

$$\Pr\{N \geqslant b\} \leqslant \frac{1}{k^{c_0}} \tag{9-7}$$

当 $k \to \infty$ 的时候，我们有 $\Pr\{N \geqslant c_0 e \log k\} \to 0$，因此 $N \geqslant c_0 e \log k$ 以高概率得到满足。

♯

我们使用引理 9-1 来决定小正方体的边长，对于主网络来说，定义小正方体为"主用户立方体"，其边长设置为 $s_m=\left(\dfrac{c_0 \log m}{m}\right)^{1/3}$，这样可以保证主网络路由的连通性；对于次网络来说，定义小正方体为"次用户立方体"，其边长设置为 $s_n=\left(\dfrac{c_0 \log n}{n}\right)^{1/3}$，这样可以保证每个次用户正方体之内都有节点存在，这样可以保证次网络路由的连通性。

主、次用户的网络协议的相关信息如下。

① 本章主、次网络都采用 27-TDMA 协议传输数据，即主(次)网络的每个簇之内都有 27 个主(次)立方体。

② 主、次用户的路由方式：如图 9-2 所示，由源节点到目的节点画一条直线，然后数据传输的路由选择直线切割的立方体，按照三维坐标系的"水平-垂直-竖直"3 个方向传输，如图 9-3 所示，这实际上是 HDP-VDP 路由的演变过程。

③ 主用户的发射功率是 $P_0 s_m^{\alpha/2}$，次用户的发射功率为 $P_1 s_n^{\alpha/2}$。

④ 与第 4 章不同的地方是，在本章我们不考虑方向性传输，因此一个活跃的立方体只能有一个节点发射数据。

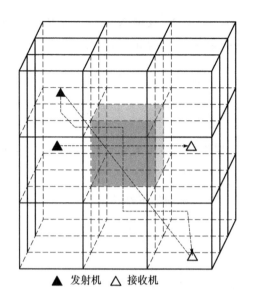

▲ 发射机　△ 接收机

图 9-2　三维空间的直线路由

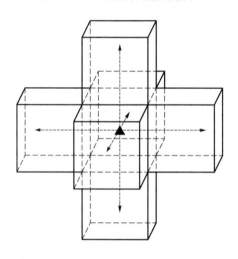

图 9-3　路由方向:一个立方体的数据向 6 个邻居之一发送

　　前面独立地分析了主网络和次网络,但是主、次网络在同一区域共存的时候会相互影响和制约,因为主用户是授权用户,因此为了使得两个网络正常工作,就需要协调次网络,最直接的协调方法是控制次网络的部署密度,进一步控制次网络的发射功率。次用户的密度要比主用户高,且次用户的发射半径要比主用户的发射半径小,这样才能灵活利用主网络的频谱空洞。为了保证主、次网络能够正常工作,次用户的路由需要灵活避让主用户,避让准则是:

　　① 次用户的传输不能干扰主用户;

　　② 次用户要灵活避让来自主用户的干扰,维持自己的正常通信。

　　如图 9-4 所示,围绕着次用户(发射机)的 27 个小立方体组成次用户的干扰区。如果一个主用户出现在次用户的干扰区之内,则次用户就会干扰主用户的传输。所以,次用户的干扰区之内不能有主用户出现,考察次用户干扰区之内的主用户个数,设这个数目是 L,则有如下引理。

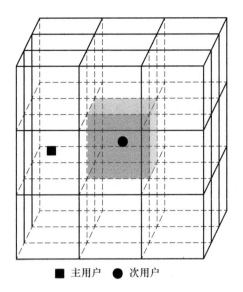

■ 主用户　● 次用户

图 9-4　次用户的干扰区

引理 9-2　标记在一个次用户干扰区之内的主用户个数为 L，其中 L 是 m 或 n 的函数。对于不同的 β 值，我们有如下结论。

- 如果 $\beta > 1$，那么对于任意正数 ε，我们有

$$\lim_{n \to \infty} \Pr\{L \geqslant \varepsilon\} = 0 \tag{9-8}$$

也就是说，L 以概率趋于 0。

- 如果 $\beta = 1$，那么我们以高概率有

$$27K\left(\frac{1}{2} - \frac{1}{e}\right)\log n \leqslant L \leqslant 27Ke\log n \tag{9-9}$$

也就是说，$L = \Theta(\log n)$。

- 如果 $\beta < 1$，那么我们以高概率有

$$27K\left(\frac{1}{2} - \frac{1}{e}\right)\log n \leqslant L \leqslant 27Ke n^{1/\beta - 1}\log n \tag{9-10}$$

证明：这个引理探索了在次用户干扰区之内的主用户个数，对于一个特定的次用户保护区，一个主用户（比如 $X_i, i = 1, 2, \cdots, m$）落入这个保护区的事件为贝努利事件，其概率为 $p_n = 27v_s = \dfrac{27K\log n}{n}$。标记在这个保护区的主用户个数为 L，其中 L 是一个服从贝努利分布的随机变量，其参数是 (p_n, m)，并且 L 的期望值如下：

$$E[L] = p_n m = 27K n^{1/\beta - 1}\log n \tag{9-11}$$

注意到当 $\beta > 1$ 的时候，我们有 $\lim_{n \to \infty} E[L] = 0$。我们使用 Markov 不等式来决定 L 的上界，对于任意正数 ε，我们有

$$\Pr\{L > \varepsilon\} \leqslant \frac{E[L]}{\varepsilon} \to 0 \tag{9-12}$$

令 $\varepsilon = \dfrac{1}{2}$，然后我们有 $\Pr\left\{L > \dfrac{1}{2}\right\} \to 0$。因为 L 是一个正整数，所以 L 以高概率趋于零。

当 $\beta \leqslant 1$ 的时候，我们再次使用 Chernoff 不等式获得 L 的下界，如下：

$$\Pr\{L\leqslant a\}\leqslant\min_{t<0}\frac{E\left[e^{tL}\right]}{e^{ta}}\overset{(a)}{=}\min_{t<0}\frac{(1+(e^{t}-1)p_n)^m}{e^{ta}}$$

$$\overset{(b)}{\leqslant}\frac{(1+(e^{-\phi}-1)p_n)^m}{e^{-\phi a}}\overset{(c)}{\leqslant}\frac{\exp\left(\frac{m\log n^{27K(e^{-\phi}-1)}}{n}\right)}{e^{-\phi a}}$$

(9-13)

其中(a)是通过代入 $E[e^{tL}]$ 的值得到的,(b)是通过将 t 替换成负常数 $-\phi$ 得到的,$\phi>0$。根据不等式 $1+x\leqslant e^x$,我们有 $(1+(e^{-\phi}-1)p_n)^m\leqslant\exp\left(\frac{m\log n^{27K(e^{-\phi}-1)}}{n}\right)$,因此得到(c)。对于 $\beta\leqslant1$ 的情形,将 $\phi=1$,$m=n^{1/\beta}$ 和 $a=27K\left(\frac{1}{2}-\frac{1}{e}\right)\log n$ 代入式(9-13),我们得到

$$\Pr\{L\leqslant a\}\leqslant\frac{\exp\left(\frac{n^{1/\beta}\log n^{27K(e^{-1}-1)}}{n}\right)}{\exp\left(-27K\left(\frac{1}{2}-e^{-1}\right)\log n\right)}$$

$$\overset{(d)}{\leqslant}\frac{\exp\left(\log n^{27K(e^{-1}-1)}\right)}{\exp\left(-27K\left(\frac{1}{2}-e^{-1}\right)\log n\right)}=\frac{n^{27K(e^{-1}-1)}}{n^{-27K\left(\frac{1}{2}-e^{-1}\right)}}=\frac{1}{n^{27K\left(\frac{1}{2}-e^{-1}\right)}}$$

(9-14)

其中(d)是由 $n^{1/\beta}\geqslant n$ 得来的。因为 $27K\left(\frac{1}{2}-e^{-1}\right)>0$,我们有 $\frac{1}{n^{27K\left(\frac{1}{2}-e^{-1}\right)}}\to0$,因此对于 $\beta\leqslant1$,L 的下界以高概率是 $27K\left(\frac{1}{2}-e^{-1}\right)\log n$。实际上因为 $K>1$,我们有 $27K\left(\frac{1}{2}-e^{-1}\right)>1$。因此在任何一个次用户干扰区之内的主用户个数多于 $27K\left(\frac{1}{2}-e^{-1}\right)\log n$ 的概率都小于 $\frac{n}{K\log n}\frac{1}{n^{27K\left(\frac{1}{2}-e^{-1}\right)}}\to0$,这意味着在所有次用户干扰区之内的主用户个数的下界是 $27K\left(\frac{1}{2}-e^{-1}\right)\log n$。

为了找到 L 的上界,我们使用 Chernoff 不等式,如下:

$$\Pr\{L\geqslant a\}\leqslant\min_{t>0}\frac{E\left[e^{tL}\right]}{e^{ta}}=\min_{t>0}\frac{(1+(e^{t}-1)p_n)^m}{e^{ta}}$$

$$\overset{(e)}{\leqslant}\frac{(1+(e^{\phi}-1)p_n)^m}{e^{\phi a}}\overset{(f)}{\leqslant}\frac{\exp\left(\frac{m\log n^{27K(e^{\phi}-1)}}{n}\right)}{e^{\phi a}}$$

(9-15)

其中(e)和(f)分别使用了类似(b)和(c)的技巧,ϕ 是一个正数。我们分析如下两种情形。

- 对于 $\beta=1$ 的情形,将 $\phi=1$,$m=n$ 和 $a=27Ke\log n$ 代入式(9-15),我们有

$$\Pr\{L\geqslant a\}\leqslant\frac{\exp\left(\frac{n\log n^{27K(e-1)}}{n}\right)}{e^{27Ke\log n}}=\frac{n^{27K(e-1)}}{n^{27Ke}}=\frac{1}{n^{27K}}$$

(9-16)

因为 $27K>0$,所以我们有 $\frac{1}{n^{27K}}\to0$。对于 $\beta=1$ 的情形,L 的上界以高概率是 $27Ke\log n$。类似之前的讨论,因为 $K>1$,所以我们有 $27K>1$。使用一致界,在任何一个次用户的干扰区之内,主用户个数超过 $27Ke\log n$ 的概率都小于 $\frac{n}{K\log n}\frac{1}{n^{27K}}\to0$。

- 对于 $\beta<1$ 的情形,将 $m=n^{1/\beta}$ 和 $a=27Ken^{1/\beta-1}\log n$ 代入式(9-15),我们有

$$\Pr\{L>a\} \leqslant \frac{\exp\left(\dfrac{n^{1/\beta}\log n^{27K(\mathrm{e}-1)}}{n}\right)}{\mathrm{e}^{27K\mathrm{e}n^{1/\beta-1}\log n}} = \frac{1}{n^{27Kn^{1/\beta-1}}} \tag{9-17}$$

因为 $27Kn^{1/\beta-1}>0$，所以我们有 $\dfrac{1}{n^{27Kn^{1/\beta-1}}}\to 0$，这意味着 $27K\mathrm{e}n^{1/\beta-1}\log n$ 以高概率是 L 的上界。类似之前的讨论，我们有 $27Kn^{1/\beta-1}>1$，因此 $\dfrac{n}{K\log n}\dfrac{1}{n^{27Kn^{1/\beta-1}}}\to 0$。也就是说，在任何一个次用户干扰区之内主用户个数超过 $27K\mathrm{e}n^{1/\beta-1}\log n$ 的概率都趋于 0。

♯

从引理 9-2 中我们知道，当且仅当 $\beta>1$ 的时候，在次用户干扰区之内的主用户个数趋于 0，这时能保证次用户不受主用户的干扰，也能保证次网络存在频谱机会，因为当主用户在次用户的干扰区之内的时候，次用户是不能传输数据的。

9.4　允许次用户等待的网络连通性分析

当次用户的传输遇到主用户保护区时，次用户的传输被阻断，这在传统意义上可以认为次用户的传输中断，但是在本章以及文献[6]的次网络协议中，次用户可以选择缓存自己的数据，等待新的频谱机会，当主用户保护区消失的时候，次用户就可以开始新的传输。于是我们可以认为，虽然次用户经历了等待的时间，但是次用户的传输没有中断。在本节，我们进行允许次用户等待的网络连通性分析。

根据引理 9-2，当 $\beta>1$ 的时候，一个次用户干扰区内的主用户个数以高概率趋于 0，也就是说，对于由 27 个次用户立方体组成的一个簇来说，主用户出现在这个簇内的概率趋于 0。这意味着绝大多数次用户立方体以高概率具有频谱机会。但是因为主用户的个数非零，所以必然存在一些次用户立方体里面有主用户的存在。当主用户（接收机）落入次用户立方体内部的时候，围着主用户立方体的 27 个次用户立方体组成一个簇，成为主用户保护区，在主用户保护区内部的次用户都不能发射信号，以控制对主用户的干扰。

这里我们可以知道对于一个主用户立方体来说，最多可能有 6 个主用户立方体向它传输信息。实际上很少有邻居立方体都向中心立方体传输信息的情形，但是我们在这里考虑最差的情形。在最差的情形里，次用户在一个主用户传输帧长的时间里，有 21/27 的时间处于活跃状态，即次用户可以利用 21 个主用户传输时隙来传输自己的信息，而一个主用户的时隙即对应一个次用户的传输帧长，所以对于任何一个次用户立方体，在一个主用户传输帧长的时间里，这个次用户立方体必然具有传输机会。所以当主、次用户采用上述的网络协议的时候，必然能够保证次用户的信息从源节点传送到目的节点，传输不至于中断。

既然次网络采用上述的网络协议能够保证链路的连通性，那么我们下面分析认知无线电网络的容量尺度律。

9.5　吞吐量尺度律

在计算网络的吞吐量尺度律之前，首先计算链路的容量。根据文献[1]，无线网络的节点采用 3D 部署时的干扰比无线网络的节点采用 2D 部署时的大，这是因为在 3D 部署时节点多接收一个维度的干扰。但是在路损因子 $\alpha>3$ 的情况下,节点接收到的干扰为常数。选择一个参考主用户,则主用户接收到的来自主网络和次网络的干扰都是常数,因此根据主用户链路容量,参考主用户的链路容量也是常数。同理,选择一个参考次用户,根据次用户链路容量,参考次用户的链路容量也是常数。

9.5.1 主网络的吞吐量尺度律

如图 9-2 所示,如果随机地选择源节点和目的节点,源节点和目的节点以直线路由通信,经过每一个小正方体,这个小正方体里面的节点负责转发这条路由上面的数据。另外,当节点数目趋于无穷的时候,经过每个小正方体的路由数目是趋于无穷的,所以 3D 认知无线电网络的吞吐量受制于两个因素:一是每个小正方体支持的数据速率;二是经过小正方体的路由数。

一般来说,在 3D 网络部署下,节点的部署密度太大会造成节点之间的强烈干扰,因为对于 2D 网络部署来说,3D 网络部署下节点多接收一个维度的无线干扰。但是由于 3D 认知无线电网络可以容纳更多的节点,所以在干扰得到有效控制以后,它的整体网络的容量是增加的。下面我们假设独立 3D 认知无线电网络的节点数目是 n,计算一个小正方体内部容纳的路由数目。

引理 9-3 对于任何一条路由 R_i 和一个小正方体 $C(j,k,l)$,其中 j,k,l 分别是小正方体的横、纵、竖方向上的编号,存在一个常数 c_1,使得如下的结论成立:

$$\Pr\{R_i \text{ 切割 } C(j,k,l)\} \leqslant c_1 \left(\frac{\log n}{n}\right)^{2/3} \tag{9-18}$$

证明: 对于一个特定的小正方体 V,它的外接球的半径是 $r_n = \frac{\sqrt{3}}{2}\left(\frac{c_0 \log n}{n}\right)^{1/3}$。以路由 R_i 的源节点为顶点,画一个锥,使得锥的轴线 $X_i B$ 的长度为 $\sqrt{3}$,以保证它至少覆盖正方体的一个顶点,如图 9-5 所示。于是,路由 R_i 经过正方体 V 的条件是路由 R_i 的宿节点 Y_i 在图 9-5 所示的阴影区域之内。因为整个区域的面积是 1,所以阴影区域的面积就是路由 R_i 切割小正方体 V 的概率,因为计算这个阴影区域的精确面积有难度,所以只使用这个面积的上界,路由切割小正方体的概率为 Min{1,圆锥的体积}。

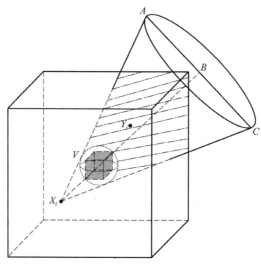

图 9-5 一条路由切割小立方体

圆锥体积的上界是 $\frac{\sqrt{3}\pi r_n^2}{x^2}$，$X_i$ 是均匀分布的，令 X 为源节点到外接球球心的距离，则 X 的概率密度函数是 $f(x)=c_2 x^2$，所以有

$$\Pr\{R_i \cap V\} \leqslant \int_{r_n}^{\sqrt{3}} \min\left(\frac{\sqrt{3}\pi r_n^2}{x^2}, 1\right) c_2 x^2 \,\mathrm{d}x \leqslant c_1 \left(\frac{\log n}{n}\right)^{2/3} \tag{9-19}$$

#

下面计算通过一个小正方体的路由数目，有如下引理。

引理 9-4 只要 $c_3 > c_1$，对于经过一个小正方体的路由数目，我们就有如下结论：

$$\Pr\{经过一个小正方体的路由数目超过 c_3 n^{1/3} (\log n)^{2/3}\} \to 0$$

证明：考察一个小正方体 V，总共有 n 条路由，每条路由经过小正方体的概率的上界是 $c_1 \left(\frac{\log n}{n}\right)^{2/3} \triangleq p$（引理 9-3）。令示性变量 $I_i=1$ 代表第 i 条路由经过小正方体 V，否则 $I_i=0$。

所以经过正方体 V 的路由数目是 $Z_n = \sum_{i=1}^{n} I_i$，根据 Chernoff 不等式来寻找 Z_n 的上界，对于任意正数 a, x，有如下不等式：

$$\Pr\{Z_n > x\} \leqslant \frac{E[\exp(aZ_n)]}{\exp(ax)} \tag{9-20}$$

仿照证明引理 9-1 的证明技巧，我们有

$$\begin{aligned} E[\exp(aZ_n)] &= (1+(e^a-1)p)^n \leqslant \exp(n(e^a-1)p) \\ &\leqslant \exp(c_1(e^a-1)n^{1/3}(\log n)^{2/3}) \end{aligned} \tag{9-21}$$

令 $x=c_3 n^{1/3}(\log n)^{2/3}$，将其代入式 (9-20)，得到

$$\Pr\{Z_n > c_3 n^{2/3}(\log n)^{1/3}\} \leqslant \exp((c_1(e^a-1)-c_3)n^{1/3}(\log n)^{2/3}) \tag{9-22}$$

只要令 $c_3 > c_1$，就可以取到合适的 a，使得上述概率随着 n 的增大趋于 0。现在要证明所有正方体经过的路由数目都不可能超过 $x=c_3 n^{1/3}(\log n)^{2/3}$，即某一个正方体经过的路由数目超过 $x=c_3 n^{1/3}(\log n)^{2/3}$ 的概率为 0。使用一致界证明即可，如下：

$$\Pr\{某一个正方体切割的路由数目超过 c_2 n^{1/3}(\log n)^{2/3}\} \leqslant \frac{1}{s_n^3}\exp((c(e^a-1)-c_2)n^{2/3}(\log n)^{1/3}) \to 0 \tag{9-23}$$

#

根据前面的分析，在 $\alpha > 3$ 的情形下，一条链路的容量是恒定的，假设其为 C。因此存在一个 TDMA 传输方案，使得恒定的数据速率 C 被 $c_3 n^{1/3}(\log n)^{2/3}$ 条路由共享。我们只需要将整个时隙划分为 $c_3 n^{1/3}(\log n)^{2/3}$ 个包时隙，每条路由使用一个包时隙，因此最终可以得到 3D 认知无线电网络的单点吞吐量尺度律：

$$\lambda_{3D} = \Theta\left(\frac{1}{n^{1/3}(\log n)^{2/3}}\right) \tag{9-24}$$

而对于 2D 认知无线电网络来说，单点吞吐量尺度律为

$$\lambda_{2D} = \Theta\left(\frac{1}{m^{1/2}(\log m)^{1/2}}\right) \tag{9-25}$$

注意，如果将相同数量的节点部署在 2D 和 3D 认知无线电网络中，那么会有 $m=n$，这时 3D 认知无线电网络的吞吐量比 2D 认知无线电网络的高，即在相同数量的节点部署的情况下，3D 认知无线电网络的容量较 2D 认知无线电网络的大。不仅 3D 认知无线电网络的单点

吞吐量比 2D 认知无线电网络的高,而且对于整个网络的吞吐量,3D 认知无线电网络的容量也比 2D 认知无线电网络的大。因为主网络工作的时候是假设次网络不存在的,因此主网络的吞吐量尺度律和一个独立网络的吞吐量尺度律相同,即主网络的单点吞吐量尺度律为 $\lambda_p(m) = \Theta\left(\dfrac{1}{m^{1/3}(\log m)^{2/3}}\right)$。

9.5.2　次网络的吞吐量尺度律

在引理 9-2 中,我们证明了在主、次网络都是 3D 部署的情况下,必须满足 $\beta > 1$ 的条件,才能保证次用户的干扰区之内以高概率没有主用户存在,这时次用户存在频谱机会。在 9.4 节我们证明了次用户采用本章的网络协议可以保证次用户路由的连通性。如果合理配置主、次网络的密度,次用户按照本章的网络协议部署,且路损因子 $\alpha > 3$,那么次用户的收发链路也能维持恒定的速率(因为主网络对次用户节点的干扰和次用户内部对次用户节点的干扰都是常数),且可以证明通过次用户立方体的路由数目的上界为 $c_4 n^{1/3}(\log n)^{2/3}$(我们不赘述这个证明),所以存在一个 TDMA 传输方案,使得恒定的数据速率被 $c_4 n^{1/3}(\log n)^{2/3}$ 条路由共享。我们只需要将整个时隙划分为 $c_4 n^{1/3}(\log n)^{2/3}$ 个包时隙,每条路由使用一个包时隙,因此最终可以得到,3D 认知无线电网络的单点吞吐量尺度律是 $\lambda_s(n) = \Theta\left(\dfrac{1}{n^{1/3}(\log n)^{2/3}}\right)$。

9.6　本章小结

为了进一步提升认知无线电网络的容量,我们在本章中探索了高度维频谱机会,构造了3D 认知无线电网络,充分利用高度维来提升认知无线电网络的容量。首先我们进行 3D 认知无线电网络干扰分析,认知无线电网络采用高度维频谱机在提升网络容量的同时,也会在干扰协调方面带来挑战。然后我们设计 3D 认知无线电网络的网络协议,以保证主、次网络正常工作。最后我们分析 3D 认知无线电网络的容量,理论证明了相比于采用 2D 部署,3D 部署采用高度维频谱机会可以提升网络容量。

本章参考文献

[1]　MITOLA J. Cognitive radio：an integrated agent architecture for software defined radio[EB/OL].（2000-05-08）[2024-04-01]. http://www2. ic. uff. br/~ ejulio/ doutorado/artigos/10. 1. 1. 13. 1199. pdf.

[2]　WANG B, LIU K J R. Advances in cognitive radio networks：a survey[J]. IEEE Journal of Selected Topics in Signal Processing, 2011,5(1)：5-23.

[3]　YUCEK T, ARSLAN H. A survey of spectrum sensing algorithms for cognitive radio applications[J]. IEEE Communications Surveys & Tutorials, 2009,11(1)：116-130.

[4]　WANG X, LIU J, CHEN W, et al. CORE-4：Cognition oriented relaying exploiting 4-

D spectrum holes[C]//Wireless Communications and Mobile Computing Conference (IWCMC). IEEE, 2011: 1982-1987.

[5] XU Y, ZHAO X, LIANG Y-C. Robust power control and beamforming in cognitive radio networks: a survey[J]. IEEE Communications Surveys & Tutorials, 2015, 17 (4): 1834-1857.

[6] ZHENG G, MA S, WONG K, et al. Robust beamforming in cognitive radio[J]. IEEE Transactions on Wireless Communications, 2010, 9(2): 570-576.

[7] WEI Z, FENG Z, ZHANG Q, et al. The asymptotic throughput and connectivity of cognitive radio networks with directional transmission[J]. Journal of Communications and Networks, 2014, 16(2): 227-237.

[8] GUPTA P, KUMAR P R. The capacity of wireless networks[J]. IEEE Transactions on Information Theory, 2000, 46(2): 388-404.

[9] GROSSGLAUSER M, TSE D N C. Mobility increases the capacity of ad hoc wireless networks[J]. IEEE/ACM Transactions on Networking, 2002, 10(4): 477-486.

[10] YAO S, WANG X, TIAN X, et al. Delay-throughput tradeoff with correlated mobility of ad-hoc networks [C]//IEEE International Conference on Computer Communications (INFOCOM). IEEE, 2014: 2589-2597.

[11] LIU J, KATO N, MA J, et al. Throughput and delay tradeoffs for mobile ad hoc networks with reference point group mobility[J]. IEEE Transactions on Wireless Communications, 2015, 14(3): 1266-1279.

[12] LIU B, LIU Z, TOWSLEY D. On the capacity of hybrid wireless networks[C]// IEEE International Conference on Computer Communications (INFOCOM). IEEE, 2003: 1543-1552.

[13] ZEMLIANOV A, VECIANA G. Capacity of ad hoc wireless networks with infrastructure support[J]. IEEE Journal on Selected Areas in Communications, 2005, 23(3): 657-667.

[14] SHILA D M, CHENG Y, ANJALI T. Throughput and delay analysis of hybrid wireless networks with multi-hop uplinks [C]//IEEE International Conference on Computer Communications (INFOCOM). IEEE, 2011: 1476-1484.

[15] WANG X, LIANG Q. On the Throughput capacity and performance analysis of hybrid wireless networks over fading channels[J]. IEEE Transactions on Wireless Communications, 2013, 12(6): 2930-2940.

[16] GUPTA P, KUMAR P R. Internets in the sky: the capacity of three dimensional wireless networks[J]. Communications in Information and Systems, 2001, 1(1): 33-49.

[17] FRANCESCHETTI M, MIGLIORE M D, MINERO P. Outer bound to the capacity scaling of three dimensional wireless networks[C]//IEEE International Symposium on Information Theory (ISIT). IEEE, 2008: 1123-1127.

[18] LI P, PAN M, FANG Y. The capacity of three-dimensional wireless ad hoc networks [C]//Proc. IEEE INFOCOM. IEEE, 2011: 1485-1493.

[19] LI P, PAN M, FANG Y. Capacity bounds of three-dimensional wireless ad hoc networks[J]. IEEE/ACM Trans. Netw. , 2012,20(4): 1304-1315.

[20] HU C, WANG X, YANG Z, et al. A geometry study on the capacity of wireless networks via percolation[J]. IEEE Transactions on Communications, 2010,58(10): 2916-2925.

[21] CAI L X, SHEN X, MARK J W. Capacity analysis of UWB networks in three-dimensional space[J]. Journal of Communications and Networks, 2009,11(3): 287-296.

[22] JEON S-W, DEVROYE N, VU M, et al. Cognitive networks achieve throughput scaling of a homogeneous network[J]. IEEE Transactions on Information Theory, 2011,57(8): 5103-5115.

[23] YIN C, GAO L, CUI S. Scaling laws for overlaid wireless networks: a cognitive radio network versus a primary network [J]. IEEE/ACM Transactions on Networking, 2010,18(4): 1317-1329.

[24] HUANG W, WANG X. Capacity scaling of general cognitive networks[J]. IEEE/ACM Transactions on Networking, 2011,20(5): 1501-1513.